Werner Lechner
Norbert Lohl

Analyse digitaler Signale

Aus dem Programm
Nachrichtentechnik

Signale
von F. R. Connor

Rauschen
von F. R. Connor

Modulation
von F. R. Connor

Signalübertragung
von H. Schumny

Schaltungen der Nachrichtentechnik
von D. Stoll

Datenfernübertragung
von P. Welzel

System- und Signaltheorie
von O. Mildenberger

Informationstheorie und Codierung
von O. Mildenberger

Vieweg

Werner Lechner
Norbert Lohl

Analyse
digitaler Signale

**Grundlagen und Anwendungen
mathematischer Analysemethoden
auf diskrete Zeitfolgen**

Mit 67 Bildern und 31 Aufgaben mit Lösungen

Herausgegeben von Wolfgang Schneider

Friedr. Vieweg & Sohn   Braunschweig / Wiesbaden

Der Verlag Vieweg ist ein Unternehmen der Verlagsgruppe Bertelsmann International.

Druck und buchbinderische Verarbeitung: Langelüddecke, Braunschweig
Printed in Germany

ISBN 3-528-04727-5

Vorwort

Das vorliegende Buch **Analyse digitaler Signale**, Grundlagen und Anwendungen mathematischer Analysemethoden auf diskrete Zeitfolgen, stellt die wichtigsten Verfahren zur Analyse digitaler Signale vor:

- Digitale Filtertechnik

- Frequenzanalyse-Verfahren

- Regressions- und Korrelationsverfahren

- Trendanalyse-Verfahren

- Modellierung von Zufallsprozessen

- Kalmanfiltertechnik.

Neben den dazu notwendigen mathematischen Grundlagen werden einfache Anwendungsbeispiele zur besseren Erläuterung der behandelten Verfahren vorgestellt.

Die Idee zu diesem Buch entstand, als die beiden Autoren bei ihrer Arbeit über viele Jahre hinweg feststellten, daß es eine geschlossene Darstellung der Analysemethoden auf der Grundlage statistischer Erkenntnisse in der nationalen und internationalen Literatur nicht gab und bis heute nicht gibt. So machten sie aus der Not eine Tugend und glauben, auf diesem Wege für die Ausbildung an Universitäten, Hochschulen, Fachhochschulen aber auch für die Arbeit an Forschungsinstitutionen und bei der industriellen Anwendung endlich eine überschaubare Basis für die statistische Auswertung von digitalen Meßfolgen mit dem vorliegenden Werk geschaffen zu haben.

Die Techniken der Analyse digitaler Signale geschickt zu nutzen und zusammenzuführen ist die Aufgabe der Systemingenieure. Die Autoren möchten mit diesem Fachbuch zur Anwendung dieser Verfahren ermuntern und sie wünschen sich, daß die mathematischen Verfahren der Statistik aus dem Schattendasein theoretisch-mathematischer Abhandlungen endlich hervortreten und sich dem Ingenieur in der beruflichen Praxis damit ein äußerst nützliches Handwerkszeug erschließt.

Anregungen für Änderungen und Erweiterungen nehmen die Autoren gerne entgegen und danken auf diesem Wege dem Herausgeber, Herrn Prof. Dr.-Ing. Wolfgang Schneider, und der Friedr. Vieweg & Sohn Verlagsgesellschaft mbH für die gewährte Unterstützung beim Entstehen dieses Buches.

Die Autoren danken vor allem aber ihren Lehrern an der Technischen Universität Braunschweig, Herrn Prof. Dr.-Ing. Werner Leonhard, bzw. Herrn Prof. Dr.-Ing. Gunther Schänzer, für die systematische Hinführung zu dem Thema des Buches und für viele richtungsweisende fachliche Hinweise.

Braunschweig und Hannover, 1990

Werner Lechner und *Norbert Lohl*

Inhaltsverzeichnis

Kapitel 1

Einleitung

Das vorliegende Buch versucht die Lücke zu schließen zwischen den in vielfacher Form vorhandenen theoretischen Abhandlungen über die mathematischen Verfahren der Statistik und den täglich immer wiederkehrenden praktischen Problemen der Ingenieure bei der Analyse digitaler Signale in Wissenschaft und Industrie. Aus der Sicht der Autoren bestand tatsächlich ein Mangel an einer transparenten, verständlichen, anwendungsorientierten Darstellung der so interessanten wie nützlichen statistischen Analyseverfahren. Diese erschließen uns nämlich ein schier unerschöpfliches Feld von Möglichkeiten zur Verbesserung der digitalen Meßdatenverarbeitung und dienen als Basis der damit überhaupt erst realisierbaren Erstellung mathematischer Modelle. Im Zeitalter der „digitalen Revolution" mit ständig neuen, leistungsfähigeren und kleineren Digitalrechnern ist die Anwendungsbreite dieser Analyseverfahren kaum mehr übersehbar. Kein Ingenieur, der mitgestalten will, wird sich der Notwendigkeit, ja der Faszination entziehen können, seine Modellvorstellungen mit Hilfe der Verfahren der statistischen Analyse digitaler Signale, wenn sie überschaubar und klar in der Anwendung erscheinen, zu realisieren.

Die Betonung dieses Buches liegt also in der praktischen Anwendung digitaler Signal-Analyseverfahren. Es enthält deshalb in „Kochrezeptform" die wesentlichen Beziehungen sowohl in theoretisch „sauberer" , als auch in Digitalrechnern unmittelbar anzuwendender Form. Die Autoren bemühten sich bewußt, den roten Faden der digitalen Analyseverfahren nicht durch eine unerschöpfliche Fülle von mathematisch-theoretischen Her- und Überleitungsbeziehungen zu „verschütten" . Durch die Angabe ergänzender Literaturquellen soll aber die Möglichkeit für den Leser geschaffen werden, in ihn interessierenden Bereichen die Spur nach Ursprung und Herleitung der jeweiligen mathematischen Grundlagen aufnehmen zu können.

An mathematischen Vorkenntnissen genügen die grundlegenden Beziehungen der Differential- und Integralrechnung, der Vektorrechnung und der komplexen Zahlendarstellung. Um dem Leser einen einfachen mathematischen Zugang zu den statistischen Verfahren zu ermöglichen, enthält das einführende Kapitel „Mathematische Grundlagen" alle für das Verständnis des Buches erforderlichen elementaren Begriffe bzw. Rechenverfahren, einschließlich der Grundlagen der mathematischen Statistik. Weitere und speziellere mathematische Verfahren sind in den einzelnen Kapiteln des vorliegenden Buches dann in anwendungsorientierter Form erläutert.

Die Autoren haben sich somit ganz bewußt auf das ihrer Meinung nach wesentliche konzentriert, ohne dabei auf Verständnis fördernde Hintergründe ganz zu verzichten. Der Leitfaden war: Theorie soviel wie nötig, Anschaulichkeit und Handhabbarkeit soviel wie möglich. Denn: das vorliegende Buch erhebt nicht den Anspruch, den Mathematikern die Mathematik zu erklären, sondern den Ingenieuren in der Praxis ein „Handwerkszeug" anzubieten, das bisher zu sehr brach lag. Nicht zuletzt aber soll das Buch Grundlage für eine anwendungsorientierte Einführung in das Gebiet der Systemtheorie sein. Und auch hier haben sich die Autoren ein hohes Ziel gesteckt: durch ein Höchstmaß an Verständlichkeit, Schnörkellosigkeit und Klarheit wollen sie den Leser zur Anwendung der faszinierenden und vielfältigen digitalen Analyse-Verfahren motivieren.

Die Verwendung unterschiedlicher Schriftarten dient der eindeutigen Kennzeichung von mathematischen Operatoren sowie der Unterscheidung zwischen theoretischen Textpassagen und praktischen Rechenbeispielen. Die folgende Tabelle 1.1 erläutert die verwendeten Schriftarten und gibt jeweils ein entsprechendes Beispiel an.

normaler Text	Schriftart	Textbeispiel
Grundbegriffe	**Fettschrift**	**Zustandsvektor**
Beispiele	kleine Schrift	Beispiel 1:
mathem. Text	Schriftart	Formelbeispiel
mathem. Größe	*italic − Schrift*	u, v, w
Vektorgröße	*kleineFettschrift*	x, y, z
Matrizen	*große Fettschrift*	A, B, C, I
komplexe Größen	unterstrichene Buchstaben	$\underline{z} = a + jb$
ganzzahlige Zählindizes	Kleinbuchstaben	x_k bzw. $x(k)$

Tab.: 1.1 : Bedeutung der verschiedenen Schriftarten

Die wichtigsten der verwendeten Formelzeichen sind in der Tabelle 1.2 aufgelistet. Alle weiteren Formelzeichen sind daraus abgeleitet.

Mittelwert	$\bar{x}$
Varianz	σ^2
geschätzte Größen	$\hat{x}$
Korrelationsfunktion	$\rho(\tau)$
Kovarianzfunktion	$\varphi(\tau)$
Erwartungswert	$E[\ ]$
Wahrscheinlichkeit	p
Abtastzeit	T_A bzw. Δt
Übertragungsfunktion	$H(\omega)$
Frequenz, Kreisfrequenz	f , ω
Spektrum	Θ

Tab. 1.2 : Elementare Formelzeichen

Die Anwendungsbeispiele beziehen sich auf viele unterschiedliche technische Fachdisziplinen, die ohne digitale Meßdatenverarbeitung nicht mehr denkbar sind, wobei ein Ende der Entwicklung noch gar nicht abzusehen ist. Im Gegenteil: im Verbund mit immer leistungsfähigeren Rechenanlagen und digitalen Informationsübertragungstechniken verbinden sich immer mehr heute noch getrennnte Fachdisziplinen, wie z.B. die Nachrichtentechnik, die Physik, die Regelungstechnik, die Elektrotechnik und der Maschinenbau, die Medizintechnik sowie Produktionstechnik, etc. .

Derart komplexe und globale Anwendungsbereiche erfordern jedoch hochintegrierte Systembeziehungen unter Verwendung automatisierter statistischer Analysemethoden. Die Bausteine dazu enthalten die Buchabschnitte

- Digitale Filtertechniken

- Frequenzanalyse-Verfahren

- Regressions- und Korrelationstechniken

- Trendanalyse-Verfahren

- Modellierung zufälliger Prozesse

- Kalman-Filtertechnik

Am Ende eines jeden Kapitels findet der Leser themenbezogene Aufgaben, wobei als Hilfestellung die Lösungswege oder die Lösung selbst angegeben sind.

Kapitel 2

Mathematische Grundlagen

Das vorliegende Buch „Analyse digitaler Signale" beginnt mit einem Kapitel über mathematische Grundlagen. Dies mag dem mathematisch versierten Leser als überflüssig erscheinen, stellt jedoch für Studenten und Ingenieure, die sich mathematisch betrachtet eher zu den unsicheren zählen, eine wertvolle Orientierung dar. Aus der kaum noch überschaubaren Zahl mathematischer Fachgebiete wurden gerade jene vier ausgewählt, die für die Analyse digitaler Signale von grundlegender Bedeutung sind:

- Lineare Gleichungssysteme

- Wahrscheinlichkeitsrechnung

- Komplexe Rechnung

- Lineare Differentialgleichungen mit konstanten Koeffizienten

Das folgende Kapitel über mathematische Grundlagen stellt diese Fachgebiete am Beispiel praxisorientierter Anwendungen vor und dabei wird dann klar, daß es innerhalb dieser Fachgebiete mathematische Methoden gibt, die von enormer Leistungsfähigkeit sind und gleichzeitig durch ihre mathematische Eleganz derart beeindrucken, daß man sich kaum vorstellen kann, wie man überhaupt jemals ohne diese Methoden zurecht kam.

Die aufgezählten mathematischen Fachgebiete werden nur insoweit behandelt, als es für die Anwendung der Verfahren erforderlich ist. Die Autoren wollten ja kein Mathematikbuch verfassen, sondern jene mathematischen Methoden erläutern, die eine direkte praktische und effiziente Anwendung ermöglichen. So befaßt sich zum Beispiel der Abschnitt 2.4 nur mit den linearen Differentialgleichungen mit konstanten Koeffizienten, obwohl, wie allgemein bekannt ist, das Gebiet der Differentialgleichungen eine in sich abgeschlossene, umfangreiche mathematische Fachdisziplin darstellt. Für die Analyse digitaler Signale genügen jedoch die mathematischen Lösungsverfahren für lineare Differentialgleichungen mit konstanten Koeffizienten.

2.1 Lineare Gleichungssysteme

Die Eigenschaft „linear" im Zusammenhang mit Gleichungssystemen verunsichert zunächst, denn in den seltensten Fällen ist ein Gleichungssystem, das ein praktisches Problem beschreibt, linear. Die Verwendung nichtlinearer Gleichungssysteme zur Analyse digitaler Signale erhöht jedoch häufig in dramatischer Weise den Rechenaufwand und geschlossene Lösungsverfahren sind eher die Ausnahme als die Regel. Zum Glück lassen sich die meisten allgemeinen Gleichungssysteme mit Hilfe geeigneter mathematischer Verfahren innerhalb eines begrenzten Bereiches um den **Arbeitspunkt** linearisieren.

Die Linearisierung bzw. das daraus resultierende Gleichungssystem entspricht nur einer angenäherter Lösung, jedoch kann man die Abweichungen zur Orignalfunktion bei erhöhtem numerischen Rechenaufwand beliebig klein halten. Da es sich bei den Orignalfunktionen letztlich auch nur um approximative mathematische Beschreibungen physikalischer Phänomene handelt, stellen linearisierte Gleichungssysteme in den meisten Fällen eine vollwertige mathematische Form dar. Im Mittelpunkt dieser mathematischen Verfahren steht die Zustandsvariablen - Darstellung.

2.1.1 Zustandsvariablen-Darstellung

Die **Zustandsvariablen-Darstellung** in Matrizenform stellt die gesuchte endgültige Schreibweise eines gegebenen, allgemeinen Gleichungssystems dar. Viele wichtige mathematische Verfahren gehen von dieser Schreibweise aus. Um jedoch ein allgemeines, d.h. eventuell auch ein nichtlineares, Gleichungssystem in diese Darstellung überführen zu können, sind 3 grundsätzliche Umformungsschritte erforderlich:

- Linearisierung des allgemeinen Gleichungssystemes.
- Rekursive Darstellung der Gleichungsanteile.
- Einführung abkürzender Matrizen- und Vektorschreibweisen.

Diese Umformungsschritte sollen nun an einem einfachen Sonderfall schrittweise erläutert und anschließend auf allgemeine Gleichungssysteme erweitert werden. Die gegebene nichtlineare Gleichung, die einen gemittelten Zusammenhang zwischen der Windstärke und der Flughöhe im Bereich Hannover beschreibt, lautet :

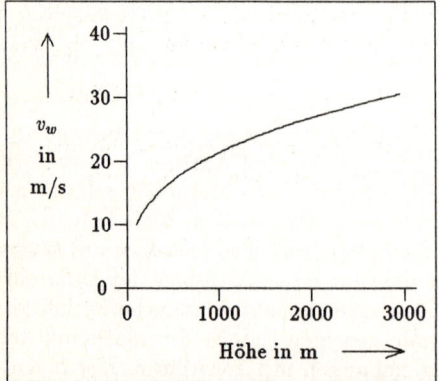

$$v_w = v_{w0} \cdot \left(\frac{h}{h_0} \right)^{\varepsilon} \; ; \varepsilon = 0,33; h \geq h_0$$

v_{w0} entspricht der Windstärke in der Bezugshöhe h_0. Für die Werte

Bild 2.1: Windstärke als Funktion der Höhe

$$v_{w0} = 10\text{m/s} \quad \text{bzw.} \quad h_0 = 100\text{m}$$

ergibt sich der im Bild 2.1 dargestellte Verlauf der Windstärke über der Höhe.

Die Ausgangsgleichung enthält insgesamt 5 physikalische Größen:

$$v_w, \ v_{w0}, \ h, \ h_0, \ \varepsilon$$

Dies entspricht mathematisch betrachtet einer Funktion mit 4 Variablen, die in eine lineare Kombination der einzelnen Variablen umzuformen ist. Es muß gelten:

$$v_w = f(v_{wo}, h, h_0, \varepsilon) \approx a_1 \cdot v_{w0} + a_2 \cdot h + a_3 \cdot h_0 + a_4 \cdot \varepsilon$$

Die Berechnung der Variablen a_1 bis a_4 basiert auf der Bildung der partiellen Ableitungen. Es entsteht dann ein Ausdruck, den man in der Mathematk als das **totale Differential** einer Funktion bezeichnet:

$$dv_w = \frac{\partial v_w}{\partial v_{w0}} \cdot dv_{w0} + \frac{\partial v_w}{\partial h} \cdot dh + \frac{\partial v_w}{\partial h_0} \cdot dh_0 + \frac{\partial v_w}{\partial \varepsilon} \cdot d\varepsilon$$

Der eigentliche Vorgang der Linearisierung besteht nun darin, die differentiellen Größen durch endliche Differenzen zu ersetzen:

$$dv_w, \ dv_{w0}, \ dh, \ dh_0, \ d\varepsilon \quad \rightarrow \quad \Delta v_w, \ \Delta v_{w0}, \ \Delta h, \ \Delta h_0, \ \Delta \varepsilon$$

Damit geht das totale Differential in eine Gleichung mit endlichen Differenzen über:

$$\Delta v_w = \frac{\partial v_w}{\partial v_{w0}} \cdot \Delta v_{w0} + \frac{\partial v_w}{\partial h} \cdot \Delta h + \frac{\partial v_w}{\partial h_0} \cdot \Delta h_0 + \frac{\partial v_w}{\partial \varepsilon} \cdot \Delta \varepsilon$$

Die endlichen Differenzen stellen gegenüber den Differentialen eine Näherung dar, wobei der systematische Fehler mit abnehmenden Schrittweiten, d.h. kleiner werdenden Differenzen, gegen Null geht.

Die lineare Form entsteht schließlich durch den Übergang auf eine rekursive Darstellung, bei der sich der neue Wert der Funktion an der Stelle $x_o + \Delta x$ aus dem alten Wert x_o durch eine rekursive Linearkombination der Form

Neuer Wert = Alter Wert + Änderung der Funktion im Intervall

ergibt. Diese Beziehung ist der eigentliche Schlüssel zur Erzeugung von linearen Gleichungssystemen, wobei sich die Änderung der Funktion im Intervall über die partiellen Ableitungen berechnen läßt. In mathematischer Schreibweise folgt somit:

$$f(x_0 + \Delta x) = f(x_0) + \Delta f(x_0) \quad \rightarrow \quad f(k+1) = f(k) + \Delta f(k)$$

Der Übergang von x_0 nach $x_0 + \Delta x$ entspricht einem Algorithmus, bei dem eine ganzzahlige Variable k jeweils um 1 erhöht (inkrementiert) wird. Der Zähler k nimmt dann die Werte $0, 1, 2, 3, \ldots, \infty$ an.

Für die Funktion der Windstärke über der Höhe folgt somit in der **rekursiven Schreibweise:** :

$$v_w(k+1) = v_w(k) + \Delta v_w(k)$$

$$\Delta v_w(k) = \left[\frac{\partial v_w}{\partial v_{w0}} \cdot \Delta v_{w0} + \frac{\partial v_w}{\partial h} \cdot \Delta h + \frac{\partial v_w}{\partial h_0} \cdot \Delta h_0 + \frac{\partial v_w}{\partial \varepsilon} \cdot \Delta \varepsilon \right] (k)$$

Die Berechnung der partiellen Ableitungen der Ausgangsgleichung ergibt folgende Funktionen:

$$\frac{\partial v_w}{\partial v_{w0}} = \left(\frac{h}{h_0}\right)^\varepsilon$$

$$\frac{\partial v_w}{\partial h} = v_{w0} \cdot \left(\frac{\varepsilon}{h_0}\right) \cdot \left(\frac{h}{h_0}\right)^{\varepsilon-1}$$

$$\frac{\partial v_w}{\partial h_0} = v_{w0} \left(\frac{-\varepsilon}{h_0}\right) \left(\frac{h}{h_0}\right)^\varepsilon$$

$$\frac{\partial v_w}{\partial \varepsilon} = v_{w0} \left(\frac{h}{h_0}\right)^\varepsilon \ln\left(\frac{h}{h_0}\right)$$

Damit folgt als Zwischenergebnis der Umformungen eine lineare Form der nichtlinearen Ausgangsgleichung:

$$v_w(k+1) = v_w(k) \;+\; \left(\frac{h}{h_0}\right)^\varepsilon \cdot \Delta v_{w0}(k)$$

$$+\; v_{w0} \cdot \left(\frac{\varepsilon}{h_0}\right) \cdot \left(\frac{h}{h_0}\right)^{\varepsilon-1} \cdot \Delta h(k)$$

$$+\; v_{w0} \left(\frac{-\varepsilon}{h_0}\right) \left(\frac{h}{h_0}\right)^\varepsilon \cdot \Delta h_0(k)$$

$$+\; v_{w0} \left(\frac{h}{h_0}\right)^\varepsilon \ln\left(\frac{h}{h_0}\right) \cdot \Delta\varepsilon(k)$$

Dieses Gleichungssystem beschreibt in einer linearen Form das Verhalten der Windstärke über der Höhe und der Funktionsverlauf geht für ausreichend kleine Werte von Δ in den Funktionsverlauf der gegebenen nichtlinearen Ausgangsgleichung über. Dies läßt sich leicht überprüfen, wenn man folgende Werte annimmt:

$$v_{w0} = 10m/s; \; h_0 = 100m; \; \varepsilon = 0,33 \quad \text{und} \quad \Delta v_{w0} = \Delta h_0 = \Delta\varepsilon = 0$$

Mit diesen Zahlenwerten folgt dann:

$$v_w(k+1) = v_w(k) + v_{w0} \left(\frac{\varepsilon}{h_0}\right) \left(\frac{h(k)}{h_0}\right)^{\varepsilon-1} \Delta h(k)$$

$$= v_w(k) + 10 \cdot \frac{0,33}{100} \cdot \left(\frac{h(k)}{100}\right)^{-0,67} \cdot \Delta h(k)$$

Der Fehler dieser Näherung hängt nur von der Wahl der Schrittweite Δh ab. Allerdings führt eine sehr kleine Schrittweite zu einer entsprechenden Erhöhung der Rechenzeit, denn bei z.B. $T_A = 1$ ms ist das Gleichungssystem insgesamt 1000-mal pro Sekunde auszuwerten. Bei Systemen, die besonders stark ausgeprägte Nichtlinearitäten aufweisen, ist es unter Umständen günstiger, die Reihenentwicklung nicht schon nach der 1. Ableitung abzubrechen, sondern die Anteile der 2. Ableitung noch zu berücksichtigen. Je nach Art des vorliegenden Gleichungssystems ist die Einsparung an Rechenzeit aufgrund der verlängerten Abtastzeit größer, als die gleichzeitige Zunahme der Rechenzeit, die sich aus der Erweiterung des Gleichungs- systems um die höheren Ableitungen ergibt. Gleichungssysteme, die mit höheren Ableitungen arbeiten, kennzeichnet man mit der Eigenschaft **extended**.

Das Bild 2.2 stellt die Verläufe der Ausgangsgleichung und die der linearen Näherungen für drei unterschiedliche Schrittweiten gegenüber. Man erkennt, wie mit zunehmender Schrittweite der Fehler ansteigt. Dies war zu erwarten, denn bei jedem Rechenzyklus arbeitet der Algorithmus mit der Tangente der Orginalfunk- tion. Der Fehler ist auch stets positiv, weil die Tangente an den jeweiligen Abtast- punkten grundsätzlich eine zu große Steigung aufweist. Bei Funktionen mit wech- selnden Steigungen können sich diese Fehler unter günstigen Umständen teilweise aufheben. Um einen vernachlässigbaren Fehler zu erhalten, ist eine Schrittweite von $\Delta h = 10m$ erforderlich.

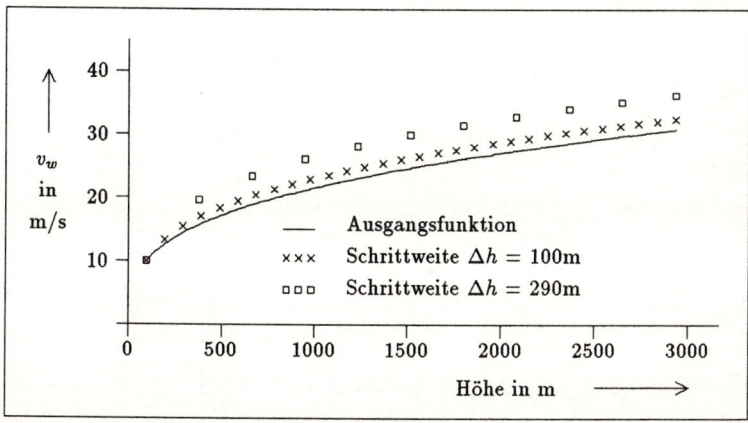

Bild 2.2: Rekursive Form für unterschiedliche Schrittweiten

Mancher Leser, der bis jetzt mit Geduld den Ausführungen gefolgt ist, wird sich nun jedoch fragen, warum die Autoren die an sich harmlose Ausgangsgleichung in einen derart aufwendigen, k-mal auszuwertenden, rekursiven Algorithmus um- formen. Tatsächlich ist von der Auswertung rekursiver Gleichungen mittels Blei- stift, Papier und Taschenrechner dringend abzuraten, denn ein Fehler, der sich bei den ersten Rekursionsschritten einschleicht, macht die restliche Rechnung wert- los. In der Welt der digitalen, programmierbaren Rechenanlagen stellt sich diese Problematik jedoch ganz anders dar. Ein rekursiver Algorithmus spiegelt sich in einer Programmschleife wieder und für ausreichende Rechenleistung garantieren Co-Prozessoren. Hinzu kommt ein weiterer Vorteil: Das Verhalten der Ausgangs- gleichung kann nun für alle Variationen der 4 Variablen untersucht werden.

Die linearisierte Ausgangsgleichung erfordert noch ergänzende Gleichungen zur vollständigen Beschreibung des Verhaltens der Zustandsvariablen. Für den Son- derfall des Windmodells galten bisher folgende Annahmen:

$$\Delta v_{w0}(k+1) = \Delta v_{w0}(k)$$
$$\Delta h(k+1) = \Delta h(k)$$
$$\Delta h_0(k+1) = \Delta h_0(k)$$
$$\Delta\varepsilon(k+1) = \Delta\varepsilon(k)$$

Mit den vollständigen Systemgleichungen sind allgemeine Untersuchungen zu deren Verhalten möglich und es entsteht insgesamt ein Satz von linearen Gleichungen, welcher sich besonders vorteilhaft in einer abkürzenden Schreibweise darstellen läßt. Dazu interpretiert man die einzelnen Variablen als die Komponenten eines Vektors x und schreibt:

$$x = \begin{pmatrix} v_w \\ \Delta v_{w0} \\ \Delta h \\ \Delta h_0 \\ \Delta\varepsilon \end{pmatrix} = \begin{pmatrix} x_1 \\ x_2 \\ x_3 \\ x_4 \\ x_5 \end{pmatrix}$$

Der neue Vektor geht dann aus dem alten durch ein System von 5 Gleichungen hervor, wobei die Koeffizienten a_{ij} den partiellen Ableitungen der Ausgangsgleichung entsprechen.

$$
\begin{aligned}
x_1(k+1) &= x_1(k) &&+ a_{12}\cdot\Delta v_{w0}(k) &&+ a_{13}\cdot\Delta h(k) &&+ a_{14}\cdot\Delta h_0(k) &&+ a_{15}\cdot\Delta\varepsilon(k)\\
x_2(k+1) &= 0 &&+ 1\cdot\Delta v_{w0}(k) &&+ 0 &&+ 0 &&+ 0\\
x_3(k+1) &= 0 &&+ 0 &&+ 1\cdot\Delta h(k) &&+ 0 &&+ 0\\
x_4(k+1) &= 0 &&+ 0 &&+ 0 &&+ 1\cdot\Delta h_0(k) &&+ 0\\
x_5(k+1) &= 0 &&+ 0 &&+ 0 &&+ 0 &&+ 1\cdot\Delta\varepsilon(k)
\end{aligned}
$$

Für die Koeffizienten $a_{12}, a_{13}, a_{14}, a_{15}$ gilt dann:

$$a_{12} = \frac{\partial v_w}{\partial v_{w0}} = \left(\frac{h}{h_0}\right)^{\varepsilon}$$

$$a_{13} = \frac{\partial v_w}{\partial h} = v_{w0}\cdot\left(\frac{\varepsilon}{h_0}\right)\cdot\left(\frac{h}{h_0}\right)^{\varepsilon-1}$$

$$a_{14} = \frac{\partial v_w}{\partial h_0} = v_{w0}\left(\frac{-\varepsilon}{h_0}\right)\left(\frac{h}{h_0}\right)^{\varepsilon}$$

$$a_{15} = \frac{\partial v_w}{\partial\varepsilon} = v_{w0}\left(\frac{h}{h_0}\right)^{\varepsilon}\ln\left(\frac{h}{h_0}\right)$$

Trennt man die Zustandsvariablen von den Koeffizienten a_{ij} ab, dann folgt:

$$x(k+1) = \underbrace{\begin{pmatrix} 1 & a_{12} & a_{13} & a_{14} & a_{15} \\ 0 & 1 & 0 & 0 & 0 \\ 0 & 0 & 1 & 0 & 0 \\ 0 & 0 & 0 & 1 & 0 \\ 0 & 0 & 0 & 0 & 1 \end{pmatrix}}_{A}\cdot x(k)$$

Die dargestellte Anordnung der Koeffizienten bezeichnet man als Matrix. Eine spezielle Rechenregel definiert, wie eine Matrix mit einem Vektor zu multiplizieren ist. Durch Vergleich der Koeffizienten folgt unmittelbar

$$x_i(k+1) = \sum_{j=1}^{5} a_{ij}(k) \cdot x_j(k) \ ; \qquad i = 1, 2, \dots, 5$$

Diese Rechenregel läßt sich anschaulich als „**Multiplizieren um die Ecke**" bezeichnen.

Damit sind die 3 Schritte der Linearisierung eines allgemeinen Gleichungssystems, der rekursiven Darstellung der Gleichungsanteile und der Einführung abkürzender Schreibweisen abgeschlossen. Stellt man die Ausgangsgleichung und das Endergebnis gegenüber

$$v_w = v_{w0} \left(\frac{h}{h_0} \right)^{\epsilon} \qquad \rightarrow \qquad \boldsymbol{x}(k+1) = \boldsymbol{A} \cdot \boldsymbol{x}(k)$$

dann erkennt man die Eleganz dieser Darstellungsweise, denn beliebige Systeme lassen sich durch die einfache mathematische Form

$$\boldsymbol{x}(k+1) = \boldsymbol{A} \cdot \boldsymbol{x}(k) \ ; \ k = 0, 1, 2, \dots, \infty \qquad (2.1)$$

beschreiben. Falls keine weiteren Indizes auftreten, ist für die Gleichung (2.1) auch eine weitere abkürzende Schreibweise üblich:

$$\boldsymbol{x}_{k+1} = \boldsymbol{A} \cdot \boldsymbol{x}_k \ ; \ k = 0, 1, 2, \dots, \infty \qquad (2.2)$$

Das einfache Beispiel des gemittelten Windprofiles weist schon darauf hin, welches gewaltige Anwendungspotential diese neuartige Darstellungsform enthält. Tatsächlich ist es mit dieser Schreibweise möglich, das dynamische Verhalten von Fahrzeugen, Schiffen und Flugzeugen, den Ablauf von Produktionsprozessen, usw. durch einen Vektor $\boldsymbol{x}$ und eine Matrix $\boldsymbol{A}$ mathematisch zu beschreiben. Das Problem liegt dann, wie auch am relativ großen Rechenaufwand der gewählten einfachen Ausgangsgleichung deutlich wurde, in der mathematisch möglichst genauen und physikalisch möglichst realistischen Herleitung der Matrix $\boldsymbol{A}$.

Die Variablen a_1 bis a_4 sowie der Wert der Funktion selbst können sich wegen ihrer physikalischen Natur nicht sprunghaft ändern, man bezeichnet sie deshalb allgemein als **Zustandsvariable**.

Den Vorgang der Kurvendiskussion nennt man **Simulation** .

Die linearen, rekursiven Gleichungssysteme heißen **mathematisches Modell**.

Die Gleichungssysteme selbst nennt man **Systemgleichungen** und die Matrix $\boldsymbol{A}$ **Systemmatrix**.

Um dem Leser die Scheu vor der Anwendung dieser Vektor- und Matrizenschreibweisen zu nehmen, werden nun die wichtigsten Rechenregeln erläutert.

2.1.2   Rechenregeln für Matrizen

Die Rechenregeln für Matrizen gliedern sich in jene Rechenarten, die auch bei skalaren Größen üblich sind und in Rechenarten, für die keine direkt entsprechende skalare Rechenart existiert. Aus der Fülle möglicher Matrizenoperationen werden die wichtigsten zusammengestellt und jeweils durch ein einfaches Beispiel anschaulich erläutert. Viele dieser Regeln sind auf Rechenanlagen mittels einer geeigneten Programmiersprache oder als Programmbibliothek direkt verfügbar und lassen sich, ähnlich einem Aufruf einer trigonometrischen oder exponentiellen Funktion, verwenden, ohne daß der Benutzer den Algorithmus im einzelnen genau kennen muß. Trotzdem ist eine Grundkenntnis der Algorithmen erforderlich, um die geeigneten Matrizenoperationen auswählen und um Rechenergebnisse kritisch interpretieren zu können.

Die Kenngrößen einer Matrix sind wie folgt definiert:

- Name der Matrix in Form eines großen Buchstabens (z.B. A)

- Zeilenzahl n und Spaltenzahl m der Matrix

- Elemente a_{ij} der Matrix, wobei der Index i die Zeile ($i = 1 \dots n$) und der Index j die Spalte ($j = 1 \dots m$) angibt, in der das Element a_{ij} zu plazieren ist.

BEISPIEL 2.1: Als Beispiel sei eine 2 × 3 - Matrix, d.h. n = 2, m = 3, gegeben:

$$A = \begin{pmatrix} 1 & 1 & 2 \\ 2 & 1 & 2 \end{pmatrix} \quad \rightarrow \quad a_{13} = a_{21} = a_{23} = 2 \ \text{bzw.} \ a_{11} = a_{12} = a_{22} = 1$$

Mit den genannten Kenngrößen einer Matrix lassen sich nun die einzelnen Rechenregeln erklären.

Addition und Subtraktion

Matrizen werden addiert bzw. subtrahiert, indem man die einzelnen Elemente addiert bzw. subtrahiert. Mathematisch formuliert heißt dies:

$$C = A \pm B \qquad \rightarrow \qquad c_{ij} = a_{ij} \pm b_{ij}; \ i = 1 \dots n, \ j = 1 \dots m \qquad (2.3)$$

Die Zeilen- und Spaltenzahlen aller 3 Matrizen A, B, C müssen gleich sein:

$$n_A = n_B = n_C \qquad \text{und} \qquad m_A = m_B = m_C \qquad (2.4)$$

Bei der Programmierung einer Matrizenaddition ist durch Kontrollabfragen sicherzustellen, daß die Bedingungen der Gleichungen (2.4) zutreffen.

Skalare Multiplikation

Bei den Rechenregeln zur Multiplikation ist zwischen der Multiplikation einer Matrix mit einem Skalar und der Multiplikation von Matrizen zu unterscheiden. Eine skalare Multiplikation bietet keine besonderen Schwierigkeiten, denn jedes einzelne Matrixelement übernimmt den Skalar α als Faktor

$$\boldsymbol{B} = \alpha \cdot \boldsymbol{A} \quad \rightarrow \quad b_{ij} = \alpha \cdot a_{ij} \quad i = 1\ldots n \, , \, j = 1\ldots m \qquad (2.5)$$

Matrizen-Multiplikation

Bei der Multiplikation von Matrizen gilt eine neuartige Rechenregel, bei der die Matrizenelemente einer Zeile der ersten Matrix mit den Matrizenelementen einer Spalte der zweiten Matrix eine Summe von Produkten formen:

$$\boldsymbol{C} = \boldsymbol{A} \cdot \boldsymbol{B} \quad \rightarrow \quad c_{ij} = \sum_{k=1}^{m} a_{ik} \cdot b_{kj}$$
$$i = 1\ldots n_A, \, j = 1\ldots m_B, \, k = 1\ldots m_A \qquad (2.6)$$

Auch hier gelten für die Zeilen - und Spaltenzahlen einschränkende Bedingungen

$$n_C = n_A \, ; \qquad m_A = n_B \, ; \qquad m_C = m_B \qquad (2.7)$$

Außerdem ist stets daran zu denken, daß die Reihenfolge der Multiplikationen zu beachten ist, denn es gilt für allgemeine Matrizen:

$$\boldsymbol{AB} \neq \boldsymbol{BA} \qquad (2.8)$$

BEISPIEL 2.2: Folgende Matrizengleichung ist zahlenmäßig auszuwerten

$$C = (A - B)^2 \quad \text{mit } A = \begin{pmatrix} 1 & 2 \\ 2 & 1 \end{pmatrix} \text{ und } B = \begin{pmatrix} 2 & 1 \\ 1 & -1 \end{pmatrix}$$

Zunächst subtrahiert man die Matrizen

$$C = \begin{pmatrix} 1-2 & 2-1 \\ 2-1 & 1-(-1) \end{pmatrix}^2 = \begin{pmatrix} -1 & 1 \\ 1 & 2 \end{pmatrix}^2$$

und anschließend erfolgt die Multiplikation

$$C = \begin{pmatrix} -1 & 1 \\ 1 & 2 \end{pmatrix} \cdot \begin{pmatrix} -1 & 1 \\ 1 & 2 \end{pmatrix}$$
$$= \begin{pmatrix} (-1)(-1)+(1)(1) & (-1)(1)+(1)(2) \\ 1(-1)+(2)(1) & (1)(1)+(2)(2) \end{pmatrix} = \begin{pmatrix} 2 & 1 \\ 1 & 5 \end{pmatrix}$$

Das Ergebnis für die Matrix C erhält man n i c h t, wenn die Ausgangsgleichung unter Verletzung der Bedingung nach Gleichung (2.8) nach der Binomischen Formel quadriert wird:

$$
\begin{aligned}
C_1 &= (A - B)^2 = A^2 - 2AB + B^2 \\[2mm]
&= \begin{pmatrix} 1 & 2 \\ 2 & 1 \end{pmatrix}\begin{pmatrix} 1 & 2 \\ 2 & 1 \end{pmatrix} - 2\begin{pmatrix} 1 & 2 \\ 2 & 1 \end{pmatrix}\begin{pmatrix} 2 & 1 \\ 1 & -1 \end{pmatrix} + \begin{pmatrix} 2 & 1 \\ 1 & -1 \end{pmatrix}\begin{pmatrix} 2 & 1 \\ 1 & -1 \end{pmatrix} \\[2mm]
&= \begin{pmatrix} 5 & 4 \\ 4 & 5 \end{pmatrix} - 2\begin{pmatrix} 4 & -1 \\ 5 & 1 \end{pmatrix} + \begin{pmatrix} 5 & 1 \\ 1 & 2 \end{pmatrix} \\[2mm]
&= \begin{pmatrix} 5 - 2\cdot 4 + 5 & 4 - 2(-1) + 1 \\ 4 - 2\cdot 4 + 1 & 5 - 2\cdot 1 + 2 \end{pmatrix} = \begin{pmatrix} 2 & 7 \\ -5 & 5 \end{pmatrix} \neq C
\end{aligned}
$$

Um zum Ergebnis $C_1 = C$ zu gelangen, darf man die Binomische Formel nicht zusammenfassen.

$$
\begin{aligned}
C &= (A - B)^2 = A^2 - AB - BA + B^2 \\[2mm]
&= \begin{pmatrix} 1 & 2 \\ 2 & 1 \end{pmatrix}\begin{pmatrix} 1 & 2 \\ 2 & 1 \end{pmatrix} - \begin{pmatrix} 1 & 2 \\ 2 & 1 \end{pmatrix}\begin{pmatrix} 2 & 1 \\ 1 & -1 \end{pmatrix} - \\[2mm]
&\quad - \begin{pmatrix} 2 & 1 \\ 1 & -1 \end{pmatrix}\begin{pmatrix} 1 & 2 \\ 2 & 1 \end{pmatrix} + \begin{pmatrix} 2 & 1 \\ 1 & -1 \end{pmatrix}\begin{pmatrix} 2 & 1 \\ 1 & -1 \end{pmatrix} \\[2mm]
&= \begin{pmatrix} 5 & 4 \\ 4 & 5 \end{pmatrix} - \begin{pmatrix} 4 & -1 \\ 5 & 1 \end{pmatrix} - \begin{pmatrix} 4 & 5 \\ -1 & 1 \end{pmatrix} + \begin{pmatrix} 5 & 1 \\ 1 & 2 \end{pmatrix} \\[2mm]
&= \begin{pmatrix} 5 - 4 - 4 + 5 & 4 - (-1) - 5 + 1 \\ 4 - 5 - (-1) + 1 & 5 - 1 - 1 + 2 \end{pmatrix} = \begin{pmatrix} 2 & 1 \\ 1 & 5 \end{pmatrix}
\end{aligned}
$$

Matrizeninversion

Ein lineares Gleichungssystem mit n - Gleichungen enthält insgesamt n Unbekannte x, $n \times n$ - Koeffizienten a_{ij} sowie n bekannte Werte y:

$$
y = A \cdot x \qquad \rightarrow \qquad \begin{pmatrix} y_1 \\ \vdots \\ y_n \end{pmatrix} = \begin{pmatrix} a_{11} & \cdots & a_{1n} \\ \vdots & & \vdots \\ a_{n1} & \cdots & a_{nn} \end{pmatrix}\begin{pmatrix} x_1 \\ \vdots \\ x_n \end{pmatrix} \tag{2.9}
$$

Die Lösung der Gleichung (2.9) erfordert eine Auflösung nach x, wobei eine Rechenoperation in der Form einer Division nicht existiert. Dafür definiert man eine neuartige Matrix A^{-1}, die **Inverse** der Matrix A. Die Multiplikation der Matrix A mit ihrer Inversen Matrix A^{-1} ergibt dann die **Einheitsmatrix** I. Bei einer Einheitsmatrix I ist die Hauptdiagonale mit Einsen besetzt, alle anderen Matrixelemente sind Null. Die Multiplikation eines Vektors oder einer Matrix mit dieser Einheitsmatrix bildet den Vektor oder die Matrix auf sich selbst ab, d.h. eine Multiplikation mit der Einheitsmatrix läßt den Vektor oder die Matrix unverändert.

Multipliziert man nun die Gleichung (2.9) von links mit A^{-1}, dann gilt:

$$
A^{-1} \cdot y = \underbrace{A^{-1}A}_{I} \cdot x = \begin{pmatrix} 1 & 0 & 0 & \cdot & \cdot & \cdot & 0 \\ 0 & 1 & 0 & \cdot & \cdot & \cdot & 0 \\ 0 & 0 & 1 & \cdot & \cdot & \cdot & 0 \\ \cdot & \cdot & \cdot & \cdot & \cdot & \cdot & 0 \\ \cdot & \cdot & \cdot & \cdot & \cdot & \cdot & 0 \\ \cdot & \cdot & \cdot & \cdot & \cdot & \cdot & 0 \\ 0 & 0 & 0 & 0 & 0 & 0 & 1 \end{pmatrix} \cdot x \tag{2.10}
$$

Nach der Vertauschung von linker und rechter Seite ergibt sich der gesuchte Vektor $\boldsymbol{x}$ zu:

$$\boldsymbol{x} = \boldsymbol{A}^{-1} \cdot \boldsymbol{y} \tag{2.11}$$

Nun bleibt „nur" noch die Aufgabe, die inverse Matrix $\boldsymbol{A}^{-1}$ zu bestimmen. Im Prinzip entspricht die Matrizeninversion der Auflösung eines linearen Gleichungssystems nach einem bestimmten Verfahren, wie z.B dem von Gauß. Die allgemeine Inversion einer 3×3 - Matrix soll dies erläutern.

Gegeben sei ein allgemeines Gleichungssystem mit 3 unabhängigen linearen Gleichungen:

$$\begin{aligned}
a_{11}x_1 + a_{12}x_2 + a_{13}x_3 &= y_1 \\
a_{21}x_1 + a_{22}x_2 + a_{23}x_3 &= y_2 \\
a_{31}x_1 + a_{32}x_2 + a_{33}x_3 &= y_3
\end{aligned}$$

Man stellt die erste Gleichung nach der Unbekannten x_1 um

$$x_1 = \frac{y_1 - a_{12}x_2 - a_{13}x_3}{a_{11}} \qquad a_{11} \neq 0$$

und eliminiert die anderen beiden Unbekannten x_2, x_3:

$$\begin{aligned}
a_{21} \cdot \frac{y_1 - a_{12}x_2 - a_{13}x_3}{a_{11}} + a_{22}x_2 + a_{23}x_3 &= y_2 \\
a_{31} \cdot \frac{y_1 - a_{12}x_2 - a_{13}x_3}{a_{11}} + a_{32}x_2 + a_{33}x_3 &= y_3
\end{aligned}$$

Sortiert nach den Unbekannten x_2, x_3 ergeben sich nun 2 Gleichungen für 2 Unbekannte.

$$\begin{aligned}
\left(a_{22} - a_{21} \cdot \frac{a_{12}}{a_{11}}\right) x_2 + \left(a_{23} - a_{21} \cdot \frac{a_{13}}{a_{11}}\right) x_3 &= y_2 - \frac{a_{21}}{a_{11}} \cdot y_1 \\
\left(a_{32} - a_{31} \cdot \frac{a_{12}}{a_{11}}\right) x_2 + \left(a_{33} - a_{31} \cdot \frac{a_{13}}{a_{11}}\right) x_3 &= y_3 - \frac{a_{31}}{a_{11}} \cdot y_1
\end{aligned}$$

Schließlich erfolgt die Umstellung nach x_2.

$$x_2 = \frac{\left(y_2 - \dfrac{a_{21}}{a_{11}} \cdot y_1\right) - \left(a_{23} - a_{21} \cdot \dfrac{a_{13}}{a_{11}}\right) x_3}{\left(a_{22} - a_{21} \cdot \dfrac{a_{12}}{a_{11}}\right)}$$

Nach der Elimination von x_2 aus der 3. Bestimmungsgleichung folgt:

$$c_1 + \left(a_{33} - a_{31} \cdot \frac{a_{13}}{a_{11}}\right) \cdot x_3 = y_3 - \frac{a_{31}}{a_{11}} y_1$$

$$c_1 = \left(a_{32} - a_{31} \cdot \frac{a_{12}}{a_{11}}\right) \cdot \left[\frac{\left(y_2 - \dfrac{a_{21}}{a_{11}} \cdot y_1\right) - \left(a_{23} - a_{21} \cdot \dfrac{a_{13}}{a_{11}}\right) x_3}{\left(a_{22} - a_{21} \cdot \dfrac{a_{12}}{a_{11}}\right)}\right]$$

Diese Gleichung ist nach x_3 zu ordnen.

$$c_1 \cdot x_3 = c_2 \cdot y_1 + c_3 \cdot y_2 + y_3$$

$$c_1 = \left(a_{33} - a_{31} \cdot \frac{a_{13}}{a_{11}}\right) - \left(a_{32} - a_{31}\frac{a_{12}}{a_{11}}\right) \frac{\left(a_{23} - a_{21} \cdot \frac{a_{13}}{a_{11}}\right)}{\left(a_{22} - a_{21} \cdot \frac{a_{12}}{a_{11}}\right)}$$

$$c_2 = \frac{\left(a_{32} - a_{31} \cdot \frac{a_{12}}{a_{11}}\right)\left(\frac{a_{21}}{a_{11}}\right)}{\left(a_{22} - a_{21} \cdot \frac{a_{12}}{a_{11}}\right)} - \frac{a_{31}}{a_{11}}$$

$$c_3 = -\frac{\left(a_{32} - a_{31} \cdot \frac{a_{12}}{a_{11}}\right)}{\left(a_{22} - a_{21} \cdot \frac{a_{12}}{a_{11}}\right)}$$

Nach der Beseitigung der Doppelbrüche ergeben sich vereinfachte Ausdrücke für die abgekürzten Koeffizienten:

$$c_1 = \frac{a_{33}a_{11} - a_{31}a_{13}}{a_{11}} - \frac{(a_{32}a_{11} - a_{31}a_{12})(a_{23}a_{11} - a_{21}a_{13})}{a_{11}(a_{22}a_{11} - a_{21}a_{12})}$$

$$c_2 = \frac{a_{21}(a_{32}a_{11} - a_{31}a_{12}) - a_{31}(a_{11}a_{22} - a_{21}a_{12})}{a_{11}(a_{11}a_{22} - a_{21}a_{12})}$$

$$c_3 = -\frac{(a_{32}a_{11} - a_{31}a_{12})}{(a_{22}a_{11} - a_{21}a_{12})}$$

Nun multipliziert man noch mit dem Hauptnenner und erhält weiter:

$$c_1 \cdot x_3 = c_2 \cdot y_1 + c_3 \cdot y_2 + c_4 \cdot y_3$$

$$c_1 = (a_{33}a_{11} - a_{31}a_{13})(a_{22}a_{11} - a_{21}a_{12}) - (a_{32}a_{11} - a_{31}a_{12})(a_{23}a_{11} - a_{21}a_{13})$$

$$c_2 = a_{21}(a_{32}a_{11} - a_{31}a_{12}) - a_{31}(a_{11}a_{22} - a_{21}a_{12})$$

$$c_3 = a_{11}(a_{31}a_{12} - a_{32}a_{11})$$

$$c_4 = a_{11}(a_{22}a_{11} - a_{21}a_{12})$$

Im Ausdruck für c_1 heben sich die Produkte $a_{31}a_{13}a_{21}a_{12}$ und im Ausdruck für c_2 die Produkte $a_{21}a_{31}a_{12}$ auf.

Mit den weiteren Abkürzungen det und adj ergibt sich:

$$[\det] \cdot x_3 = \left[\underbrace{a_{21}a_{32}a_{11} - a_{31}a_{11}a_{22}}_{adj_{13}} \right] y_1$$

$$+ \left[\underbrace{a_{11}a_{31}a_{12} - a_{11}a_{32}a_{11}}_{adj_{23}} \right] y_2$$

$$+ \left[\underbrace{a_{11}a_{22}a_{11} - a_{11}a_{21}a_{12}}_{adj_{33}} \right] y_3$$

$$\det = c_1 + c_2$$
$$c_1 = a_{33}a_{11}a_{22}a_{11} - a_{33}a_{11}a_{21}a_{12} - a_{31}a_{13}a_{22}a_{11}$$
$$c_2 = -a_{32}a_{11}a_{32}a_{11} + a_{32}a_{11}a_{21}a_{13} + a_{31}a_{12}a_{23}a_{11}$$

Die Berechnungen der Größe *det* sowie der eckigen Klammern sehen auf den ersten Blick unübersichtlich aus, jedoch liegen hier einfache Bildungsgesetze vor. Diese Bildungsgesetze sind zu erkennen, wenn man zunächst mit a_{11} kürzt und dann geschickt klammert:

$$\det = a_{11}\,(a_{22}a_{33} - a_{32}a_{23}) - a_{12}\,(a_{21}a_{33} - a_{31}a_{23}) + a_{13}\,(a_{21}a_{32} - a_{31}a_{22})$$

bzw.

$$adj_{13} = +(a_{21}a_{32} - a_{31}a_{22})$$
$$adj_{23} = -(a_{31}a_{12} - a_{32}a_{11})$$
$$adj_{33} = +(a_{11}a_{22} - a_{21}a_{12})$$

Die dargestellte Reihenfolge der Multiplikationen kann man sich leicht merken, wenn man die allgemeine 3×3 - Matrix hinschreibt:

$$\begin{pmatrix} a_{11} & a_{12} & a_{13} \\ a_{21} & a_{22} & a_{23} \\ a_{31} & a_{32} & a_{33} \end{pmatrix}$$

Es findet hier eine „Multiplikation über Kreuz" statt, wobei man sich für die Berechnung von det die jeweilige Zeile und Spalte des Elementes a_{ij} in Gedanken als durchgestrichen vorstellen kann. Die Gegenmultiplikation erfolgt stets mit negativem Vorzeichen und die Vorzeichen der einzelnen Multiplikation wechseln entsprechend einem Schachbrettmuster.

Für die gesuchte Lösung x_3 des Gleichungssystems folgt nun eine einfache Beziehung,

$$x_3 = \frac{(adj_{31}) \cdot y_1 + (adj_{32}) \cdot y_2 + (adj_{33}) \cdot y_3}{\det}$$

mit der sich ein beliebiges lineares Gleichungssystem 3. Ordnung nach x_3 auflösen läßt.

Die Inversion einer 3 × 3 - Matrix läßt sich auf n × n - Matrizen verallgemeinern. Betrachtet man nämlich die letzte Gleichung genauer, dann sieht man, daß es sich um die dritte Zeile einer Matrizen - Vektor - Multiplikation handelt, wobei allerdings die Zeilen und Spalten der Matrix vertauscht wurden. Damit gilt für n × n - Matrizen:

$$x = \frac{1}{det} \begin{pmatrix} adj_{11} & \ldots & adj_{1n} \\ \vdots & & \vdots \\ adj_{n1} & \ldots & adj_{nn} \end{pmatrix} \cdot y = A^{-1} \cdot y \; ; \quad det \neq 0 \quad (2.12)$$

Die Abkürzung det bezeichnet man dann als **Determinante** und die Matrix mit den Elementen adj als **adjunkte Matrix**.

Für ein Gleichungssystem, welches z.B. wegen linearer Abhängigkeiten oder wegen physikalisch unsinniger mathematischer Ansätze nicht lösbar ist, nimmt die Determinante den Wert Null an. Deshalb beginnt man bei der Programmierung oder des Aufrufes einer vorhandenen Matrizen-Inversion sinnvollerweise mit der Kontrolle des Wertes der Determinante.

Es sei an dieser Stelle angemerkt, daß es aufwendige Inversions-Algorithmen gibt, die auch bei sehr kleinen Werten für die Determinante noch eine inverse Matrix liefern, jedoch ist das Ergebnis physikalisch betrachtet häufig unsinnig. Daraus sollte der Leser den Rat ziehen, bei numerischen Problemen im Zusammenhang mit der Inversion von Matrizen die mathematischen Ansätze nochmal kritisch zu überprüfen. Bei realistisch modellierten Systemen verursacht eine Inversion keine numerischen Probleme und ein einfacher und schneller Inversionsalgorithmus ist ausreichend.

BEISPIEL 2.3: Die Matrix

$$A = \begin{pmatrix} 1 & 2 & 1 \\ 2 & 1 & 0 \\ 1 & 0 & 1 \end{pmatrix}$$

soll invertiert werden. Für die Determinante ergibt sich dann

$$det = 1 - (1 \cdot 1 - 0 \cdot 0) - 2(2 \cdot 1 - 1 \cdot 0) + 1(2 \cdot 0 - 1 \cdot 1) = -4$$

$$adj_{11} = +(1 \cdot 1 - 0 \cdot 0) = 1$$
$$adj_{12} = -(2 \cdot 1 - 1 \cdot 0) = -2$$
$$adj_{13} = +(2 \cdot 0 - 1 \cdot 1) = -1$$
$$adj_{21} = -(2 \cdot 1 - 0 \cdot 1) = -2$$
$$adj_{22} = +(1 \cdot 1 - 1 \cdot 1) = 0$$
$$adj_{23} = -(1 \cdot 0 - 1 \cdot 2) = 2$$
$$adj_{31} = +(2 \cdot 0 - 1 \cdot 1) = -1$$
$$adj_{32} = -(1 \cdot 0 - 2 \cdot 1) = 2$$
$$adj_{33} = +(1 \cdot 1 - 2 \cdot 2) = -3$$

$$\rightarrow \quad Adj = \begin{pmatrix} 1 & -2 & -1 \\ -2 & 0 & 2 \\ -1 & 2 & -3 \end{pmatrix}$$

Für die inverse Matrix folgt schließlich

$$A^{-1} = \frac{Adj}{det} = \frac{1}{4} \begin{pmatrix} -1 & 2 & 1 \\ 2 & 0 & -2 \\ 1 & -2 & 3 \end{pmatrix}$$

Die Kontrollrechnung bestätigt die Richtigkeit der Berechnungen:

$$A^{-1} \cdot A = \frac{1}{4} \begin{pmatrix} -1 & 2 & 1 \\ 2 & 0 & -2 \\ 1 & -2 & 3 \end{pmatrix} \begin{pmatrix} 1 & 2 & 1 \\ 2 & 1 & 0 \\ 1 & 0 & 1 \end{pmatrix} = \begin{pmatrix} 1 & 0 & 0 \\ 0 & 1 & 0 \\ 0 & 0 & 1 \end{pmatrix}$$

Symmetrische Matrizen

Die Rechenregeln für Matrizen vereinfachen sich bei **symmetrischen Matrizen**, die durch

$$a_{ij} = a_{ji} \tag{2.13}$$

gekennzeichnet sind. Die Matrizenelemente sind hier an der Hauptdiagonalen gespiegelt und bei Vertauschung von Zeilen und Spalten einer symmetrischen Matrix verändert sich die Matrix nicht. Allgemein bezeichnet man dieses Vertauschen von Zeilen und Spalten als **transponieren** und markiert diese Rechenoperation mit dem hochgestellten Buchstaben T. Für eine 3 × 3 - Matrix gilt dann

$$A = \begin{pmatrix} a_{11} & a_{12} & a_{13} \\ a_{21} & a_{22} & a_{23} \\ a_{31} & a_{32} & a_{33} \end{pmatrix} \quad \rightarrow \quad A^T = \begin{pmatrix} a_{11} & a_{21} & a_{31} \\ a_{12} & a_{22} & a_{32} \\ a_{13} & a_{23} & a_{33} \end{pmatrix} \tag{2.14}$$

Falls es sich bei A um eine symmetrische Matrix handelt, gilt dann

$$A^T_{sym} = A_{sym} \tag{2.15}$$

Berechnet man die Transponierte eines Matrizenproduktes wie z.B.

$$\begin{aligned}
(AB)^T &= \left[\begin{pmatrix} a_{11} & a_{12} \\ a_{21} & a_{22} \end{pmatrix} \begin{pmatrix} b_{11} & b_{12} \\ b_{21} & b_{22} \end{pmatrix} \right]^T \\
&= \begin{pmatrix} a_{11}b_{11} + a_{12}b_{21} & a_{11}b_{12} + a_{12}b_{22} \\ a_{21}b_{11} + a_{12}b_{22} & a_{21}b_{12} + a_{22}b_{22} \end{pmatrix}^T \\
&= \begin{pmatrix} a_{11}b_{11} + a_{12}b_{21} & a_{21}b_{11} + a_{22}b_{21} \\ a_{11}b_{12} + a_{12}b_{22} & a_{21}b_{12} + a_{22}b_{22} \end{pmatrix} \tag{2.16}
\end{aligned}$$

und bestimmt dann zum Vergleich,

$$\begin{aligned}
B^T A^T &= \begin{pmatrix} b_{11} & b_{21} \\ b_{12} & b_{22} \end{pmatrix} \begin{pmatrix} a_{11} & a_{21} \\ a_{12} & a_{22} \end{pmatrix} \\
&= \begin{pmatrix} b_{11}a_{11} + b_{21}a_{12} & b_{11}a_{21} + b_{21}a_{22} \\ b_{12}a_{11} + b_{22}a_{12} & b_{12}a_{21} + b_{22}a_{22} \end{pmatrix} \\
&= \begin{pmatrix} a_{11}b_{11} + a_{12}b_{21} & a_{21}b_{11} + a_{22}b_{21} \\ a_{11}b_{12} + a_{12}b_{22} & a_{21}b_{12} + a_{22}b_{22} \end{pmatrix} \tag{2.17}
\end{aligned}$$

dann erkennt man mit der Gleichung (2.16) , daß die Transponierte eines Matrizenproduktes durch Vertauschung der Reihenfolge der Matrizenmultiplikation und
Transponieren der einzelnen Matrizen entsteht.

$$(\boldsymbol{AB})^T = \boldsymbol{B}^T \boldsymbol{A}^T \qquad (2.18)$$

Zweimaliges Transponieren ergibt wieder die Ausgangsmatrix

$$\left[(\boldsymbol{AB})^T\right]^T = \boldsymbol{AB} \qquad (2.19)$$

Für symmetrische Matrizen $\boldsymbol{A}_{sym}, \boldsymbol{B}_{sym}$ folgt mit der Rechenregel (2.18)

$$(\boldsymbol{A}_{sym} \cdot \boldsymbol{B}_{sym})^T = \boldsymbol{B}_{sym}^T \cdot \boldsymbol{A}_{sym}^T = \boldsymbol{B}_{sym} \cdot \boldsymbol{A}_{sym} \qquad (2.20)$$

Da ein Produkt symmetrischer Matrizen wieder eine symmetrische Matrix erzeugt,

$$\begin{aligned}
\boldsymbol{C} &= \boldsymbol{A}_{sym} \cdot \boldsymbol{B}_{sym} \\
c_{ij} &= \sum_{k=1}^{n} a_{ik} b_{kj} = \sum_{k=1}^{n} a_{ki} b_{jk} \\
&= \sum_{k=1}^{n} b_{jk} \cdot a_{ki} = c_{ji}
\end{aligned} \qquad (2.21)$$

ist eine zentrale Eigenschaft von symmetrischen Matrizen zu erkennen, nämlich die
Vertauschbarkeit der Reihenfolge der Multiplikationen.

$$\boldsymbol{A}_{sym} \cdot \boldsymbol{B}_{sym} = \boldsymbol{B}_{sym} \cdot \boldsymbol{A}_{sym} = \boldsymbol{C}_{sym} \qquad (2.22)$$

2.1.3   Transformationsmatrizen

Transformationsmatrizen stellen eine spezielle Matrizenform dar. Im zweidimensionalen Fall transformieren sie beispielsweise einen Vektor $\boldsymbol{x}_n$ im n - Koordinatensystem in einen Vektor $\boldsymbol{x}_b$ im b - Koordinatensystem. Die mathematischen
Beziehungen für eine Drehung um einen Winkel φ sind im Bild 2.3 zur Veranschaulichung dargestellt. Für die Projektionen des $\boldsymbol{x}_b$ - Vektors gilt dann

$$\begin{aligned}
x_{1b} &= x_{1n} \cdot \cos\varphi - x_{2n} \cdot \sin\varphi \\
x_{2b} &= x_{1n} \cdot \sin\varphi + x_{2n} \cdot \cos\varphi
\end{aligned} \qquad (2.23)$$

bzw. in Vektor - Matrizenschreibweise

$$\boldsymbol{x}_b = \begin{pmatrix} \cos\varphi & -\sin\varphi \\ \sin\varphi & \cos\varphi \end{pmatrix} \boldsymbol{x}_n = \boldsymbol{C}_\varphi \cdot \boldsymbol{x}_n \qquad (2.24)$$

Die Matrix $\boldsymbol{C}_\varphi$ besitzt viele, besonders angenehme Eigenschaften: Sie ist leicht zu
invertieren, denn es gilt

$$\boldsymbol{C}_\varphi^{-1} = \boldsymbol{C}_\varphi(-\varphi) = \boldsymbol{C}_\varphi^T \qquad (2.25)$$

und die Determinante ist exakt 1. Bei C_φ handelt sich um eine Drehmatrix, wobei die Drehung um die 3. Achse, die Hochachse, erfolgt. Für einen räumlichen Vektor gibt es 3 Drehachsen

$$
\begin{aligned}
&\text{x - Achse} \quad : \quad \text{Drehwinkel } \phi \\
&\text{y - Achse} \quad : \quad \text{Drehwinkel } \theta \\
&\text{z - Achse} \quad : \quad \text{Drehwinkel } \psi
\end{aligned}
\tag{2.26}
$$

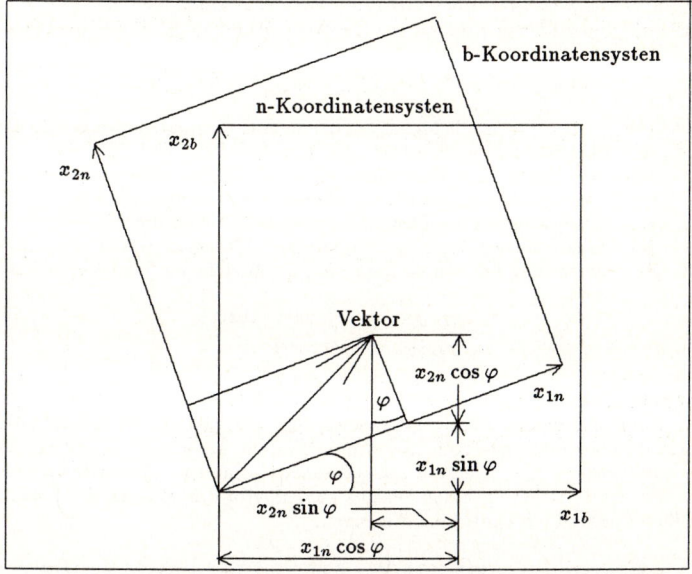

Bild 2.3: Drehung des Koordinatensystems um den Winkel φ

Führt man die Drehungen (Transformationen) der Reihe nach aus, dann erhält man

$$
x_n = \underbrace{C_\phi \cdot C_\theta \cdot C_\psi}_{C_{nb}} \cdot x_b
$$

$$
C_\phi = \begin{pmatrix} 1 & 0 & 0 \\ 0 & \cos\phi & -\sin\phi \\ 0 & \sin\phi & \cos\phi \end{pmatrix}
$$

$$
C_\theta = \begin{pmatrix} \cos\theta & 0 & -\sin\theta \\ 0 & 1 & 0 \\ \sin\theta & 0 & \cos\theta \end{pmatrix}
$$

$$
C_\psi = \begin{pmatrix} \cos\psi & -\sin\psi & 0 \\ \sin\psi & \cos\psi & 0 \\ 0 & 0 & 1 \end{pmatrix}
\tag{2.27}
$$

$$
C_{nb} = \begin{pmatrix}
\cos\theta\cos\psi & \sin\phi\sin\theta\cos\psi & \cos\phi\sin\theta\cos\psi \\
 & -\cos\phi\sin\psi & +\sin\phi\sin\psi \\
\cos\theta\sin\psi & \sin\phi\sin\theta\sin\psi & \cos\phi\sin\theta\sin\psi \\
 & +\cos\phi\cos\psi & -\sin\phi\cos\psi \\
-\sin\theta & \sin\phi\cos\theta & \cos\phi\cos\theta
\end{pmatrix}
\tag{2.28}
$$

Die Matrix C_{nb} tritt in dieser vollständigen Form immer dann auf, wenn eine 3-dimensionale Transformation zu berechnen ist. Typische Anwendungsbeispiele sind die Bewegung eines Körpers im 3-dimensionalen Raum, wie sie bei der Flugzeug-Navigation und generell bei bewegten 3D-Graphiken, z.B. für Simulatoren, auftreten.

BEISPIEL 2.4: Sensoren erfassen die Meßdaten in einem Koordinatensystem, das der Einbaulage bzw. dem Einbauort der Sensoren entspricht. Ein typisches Beispiel stellt in diesem Zusammenhang die Verfolgung eines Luft- oder Raumfahrzeuges mit einem Lasertracker dar. Die Sensoren des Trackers liefern nämlich keinesweges die gesuchte Position x_{NORD}, x_{OST} und x_{HOCH} des Flugobjektes, sondern arbeiten auf der Basis eines räumlichen Koordinatensystems, das durch einen Richtungswinkel (Azimut α), einen Erhebungswinkel (Elevation γ) und eine Schrägentfernung r definiert ist. Die Umrechnung der Sensorsignale erfolgt mittels der Transformationsgleichungen:

$$
\begin{aligned}
x_{NORD} &= r \cdot \cos\gamma \cdot \cos\alpha \\
x_{OST} &= r \cdot \cos\gamma \cdot \sin\alpha \\
x_{HOCH} &= r \cdot \sin\gamma
\end{aligned}
$$

Leider sind den Sensorsignalen noch Fehleranteile $\Delta\alpha$, $\Delta\gamma$ und Δr überlagert, die sich in der **Systemebene**, d.h. im Nord-Ost-Hoch Koordinatensystem, auswirken. Damit entsteht ein nichtlineares Gleichungssystem, das in eine lineare Zustandsvariablen - Darstellung umzuformen ist. Dazu differenziert man partiell nach den Sensorsignalen, gibt das vollständige Differential an und ersetzt die Differentiale durch endliche Differenzen.

$$
\begin{aligned}
\Delta x_{NORD} &= \cos\gamma\cos\alpha\,\Delta r - r\sin\gamma\cos\alpha\,\Delta\gamma - r\cos\gamma\sin\alpha\,\Delta\alpha \\
\Delta x_{OST} &= \cos\gamma\sin\alpha\,\Delta r - r\sin\gamma\sin\alpha\,\Delta\gamma + r\cos\gamma\cos\alpha\,\Delta\alpha \\
\Delta x_{HOCH} &= -\sin\gamma\,\Delta r + r\cos\gamma\,\Delta\gamma
\end{aligned}
$$

Beim Anblick dieser Gleichungen erkennt man sofort die Struktur einer Matrizenschreibweise wieder und es folgt damit:

$$
\underbrace{\begin{pmatrix} \Delta x_{NORD} \\ \Delta x_{OST} \\ \Delta x_{HOCH} \end{pmatrix}}_{\Delta \boldsymbol{x}_n} = \underbrace{\begin{pmatrix} \cos\gamma\cos\alpha & -r\sin\gamma\cos\alpha & r\cos\gamma\sin\alpha \\ \cos\gamma\sin\alpha & -r\sin\gamma\sin\alpha & r\cos\gamma\cos\alpha \\ -\sin\gamma & r\cos\gamma & 0 \end{pmatrix}}_{\boldsymbol{A}} \cdot \underbrace{\begin{pmatrix} \Delta r \\ \Delta\gamma \\ \Delta\alpha \end{pmatrix}}_{\Delta \boldsymbol{x}_{TRACKER}}
\tag{2.29}
$$

Dieses Ergebnis ermöglicht nun eine Abschätzng (Simulation) des Fehlerverhaltens. Geht man von konstanten Sensorfehlern des Trackers aus, dann entstehen Fehlerverläufe, die von den Sensorsignalen in der A-Matrix selbst, d.h. von der der Flugbahn des Flugobjektes abhängen.

Für den Sonderfall einer kreisförmigen Flugbahn (r = 4 nm, 3-min-Kreis) mit dem Tracker im Mittelpunkt, folgt dann z.B. für den Höhenfehler:

$$
\Delta x_{HOCH} = -\sin\left(\frac{2\pi}{3min} \cdot t\right) \cdot \Delta r - 5km \cdot \cos\left(\frac{2\pi}{3min} \cdot t\right) \cdot \Delta\gamma
$$

Die Bild 2.4 zeigt den Verlauf dieses Höhenfehlers für angenommene Sensorfehler von $\Delta r = 10$m

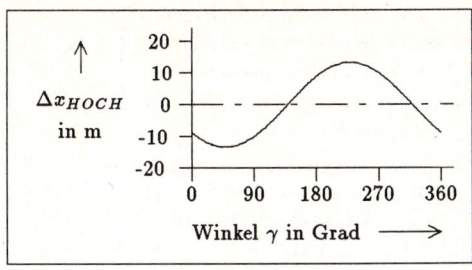

Bild 2.4: Verlauf des Höhenfehlers

und $\Delta \gamma = 0,1$ Grad. Die Untersuchung des vollständigen Fehlerverhaltens sowie die Bestimmung von maximal zulässigen Sensorfehlern bei vorgegebenen Systemfehlern ist nun auf der Basis der linearen Systemgleichung und eines entsprechendes Computerprogrammes (Simulationsprogrammes) möglich. Damit wird nochmals die Leistungsfähigkeit der Zustandsvariablen - Darstellung unterstrichen.

2.2 Wahrscheinlichkeitsrechnung

Unter dem Begriff **Statistik** versteht man häufig Zahlenwerke, wie z.B. Wahlergebnisse, Menge von Niederschlägen, Umsätze, usw. und man bezeichnet die entsprechenden Tabellen und graphischen Darstellungen dann ganz allgemein als Statistik. In einem engen Zusammenhang zu dieser Definition der Statistik steht die **mathematische Statistik** , die sich mit den mathematischen Methoden zur Erzeugung und Auswertung von Signalen befaßt und die im Mittelpunkt des vorliegenden Kapitels steht. Die Signale selbst können aus den verschiedensten Quellen stammen, jedoch handelt es sich häufig um Signale, die auf Messungen zu diskreten Zeitpunkten basieren und deshalb als **diskrete Zeitfolgen** bezeichnet werden. Geht man von einer ausreichend großen Anzahl von Meßwerten aus, dann besteht das Grundproblem darin, interessierende Aussagen und Erkenntnisse durch die Anwendung der mathematischen Methoden der Statistik aus diesen diskreten Zeitfolgen zu gewinnen.

Für den Fall einer sehr großen Anzahl von Meßwerten genügt es häufig, nur eine Teilmenge der Meßwerte zu betrachten, weil die gesuchten Aussagen und Erkenntnisse sich auch aus der Teilmenge gewinnen lassen. Die Teilmenge bezeichnet man dann als **Stichprobe n** aus der **Grundgesamtheit N** , wobei gilt $n \ll N$.

Einer Zeitfolge sind konkrete Zahlenwerte zugeordnet, die man allgemein als die **Maßzahlen** einer Zeitfolge bezeichnet. Die bekannteste Maßzahl ist der Mittelwert.

2.2.1 Mittelwerte und Varianzen

Die beiden wichtigsten Maßzahlen einer Menge von Zahlenwerten sind der **Mittelwert** $\bar{x}$ und die **Varianz** σ^2 bzw. **Standardabweichung** oder **Streuung** s.

Diese Maßzahlen sind für diskrete Zufallsvariable wie folgt definiert:

$$\bar{x} = \frac{1}{N}\sum_{i=1}^{N} x_i \qquad \text{Arithmetischer Mittelwert} \qquad (2.30)$$

$$\bar{x} = \frac{\sum_{i=1}^{N} g_i \cdot x_i}{\sum_{i=1}^{N} g_i} \qquad \text{Gewichteter arithmetischer Mittelwert:} \qquad (2.31)$$

$$\sigma^2 = \frac{1}{N-1}\sum_{i=1}^{N}(x_i - \bar{x})^2 \qquad \text{Varianz (Streuung):} \qquad (2.32)$$

$$s = \sqrt{\sigma^2} = \sigma \qquad \text{Standardabweichung} \qquad (2.33)$$

Liegen dagegen kontinuierliche Variablen vor, dann geht die Summenbildung in die Integration über und es gilt:

$$\bar{x} = \frac{1}{b-a}\int_a^b x\,dx \qquad \text{Arithmetischer Mittelwert} \qquad (2.34)$$

$$\bar{x} = \frac{\int_a^b g(x)\cdot x \cdot dx}{\int_a^b g(x)\cdot dx} \qquad \text{Gewichteter arithmetischer Mittelwert} \qquad (2.35)$$

$$\sigma^2 = \frac{1}{b-a}\int_a^b (x - \bar{x})^2 dx \qquad \text{Varianz (Streuung)} \qquad (2.36)$$

Die Berechnung der Varianz erfordert zunächst die Berechnung des Mittelwertes. Anschließend werden die Differenzen aus Meßwert x und Mittelwert $\bar{x}$ quadratisch aufsummiert und durch die Anzahl $N - 1$ der Meßwerte geteilt. Eine vereinfachte Berechnung der Varianz σ^2 ergibt sich für große Werte von N durch eine mathematische Umformung:

$$\sigma^2 \approx \frac{1}{N}\sum_{i=1}^{N}(x_i - \bar{x})^2 = \frac{1}{N}\sum_{i=1}^{N}(x_i^2 - 2x\bar{x} + \bar{x}^2) = \overline{x^2} - \bar{x}^2 \qquad (2.37)$$

Zur Bestimmung der Varianz σ^2 genügt nun die lineare und quadratische Addition der Meßwerte sowie die Berechnung der Differenz aus dem mittleren Quadrat der Meßwerte und dem Quadrat des Mittelwertes.

BEISPIEL 2.5: Die Berechnung des gewichteten Mittelwertes mit einem konstanten Gewichtsfaktor $g_i = c$ ergibt

$$\bar{x} = \frac{\sum_{i=1}^{N} c \cdot x_i}{\sum_{i=1}^{N} c} = \frac{c \cdot \sum_{i=1}^{N} x_i}{N \cdot c} = \frac{1}{N}\sum_{i=1}^{N} x_i$$

Damit liegt wieder die Formel zur Berechung des allgemeinen Mittelwertes vor.

BEISPIEL 2.6: Für den Mittelwert und die Varianz der Zahlenfolge (1 2 3 4 5 6) eines Würfels ergibt sich

$$\bar{x} = \frac{1}{N}(1 + 2 + 3 + 4 + 5 + 6) = \frac{21}{6} = 3,5$$

$$\sigma^2 = \frac{1}{N}\left[(1 - 3,5)^2 + (2 - 3,5)^2 + (3 - 3,5)^3 + (4 - 3,5)^2(5 - 3,5)^2 + (6 - 3,5)^2\right] = \frac{17,5}{6}$$

$$\sigma = 1,7078$$

Mit der Gleichung (2.37) gilt außerdem

$$\sigma^2 = \frac{1}{6}\left[1^2 + 2^2 + 3^2 + 4^2 + 5^2 + 6^2\right] - (3,5)^2 = \frac{91}{6} - \frac{49}{4} = \frac{35}{12} = \frac{17,5}{6}$$

BEISPIEL 2.7: Ein Ingenieurbüro besteht aus 4 Angestellten mit den Monatsgehältern

$$x = \{2000 \quad 6000 \quad 410 \quad 60000\} DM$$

Als Mittelwert ergibt sich dann

$$\bar{x} = \frac{2000 + 6000 + 410 + 60000}{4} DM = 17102,50 DM$$

Ein Bewerber, der sich für eine freie Stelle interessiert, erhielte somit die Auskunft, daß bei diesem Ingenieurbüro im Mittel im Monat ca. 17000,- DM verdient werden ...

Der Wert von $\bar{x}$, interpretiert als mittleres Gehalt, stellt jedoch eine unsinnige Aussage dar. Damit soll anschaulich erläutert werden, daß eine unkritische Berechnung von Mittelwerten unbedingt zu vermeiden ist. Der folgende Abschnitt behandelt einen weiteren, wichtigen Begriff der Wahrscheinlichkeitsrechnung, mit dem sich solche Fehlinterpretationen von diskreten Zeitfolgen vermeiden lassen.

2.2.2 Häufigkeitsverteilungen

Neben den Maßzahlen des Mittelwertes $\bar{x}$ und der Varianz σ^2 gibt es noch eine dritte wichtige Eigenschaft, die man einer diskreten Zeitfolge zuordnen kann. Es ist dies die **Häufigkeitsverteilung H** die angibt, wie häufig bestimmte Werte der Zufallsvariablen x in der Zahlenmenge auftreten. Das Bild 2.5 stellt die absolute Häufigkeit für die in der rechten Bildhälfte aufgelisteten Zahlenwerte dar. Die Darstellung nach Bild 2.5 erhält man, indem man zählt, wie oft bestimmte Zahlenwerte in der Zeitfolge vorkommen. Der Wert 1 tritt insgesamt einmal, der Wert 3 zweimal, der Wert 5 insgesamt viermal, usw. auf.

Für praktische Anwendungen eignet sich besser die **relative Häufigkeitsverteilung**. Dazu bezieht man die absolute Häufigkeit H auf die gesamte Anzahl der Werte und erhält dadurch eine dimensionslose Größe h, die mathematisch wie folgt definiert ist:

$$\text{relative Häufigkeit} \quad h = \frac{H}{N} ; \quad 0 \leq h \leq 1 \quad \rightarrow \quad \sum_{i=1}^{N} h_i = 1 \qquad (2.38)$$

Bei stetigen Zufallsvariablen erhält man eine Häufigkeitsverteilung indem man den Definitionsbereich der Zufallsvariablen in gleich breite **Klassenintervalle** einteilt und dann abzählt, wieviele Zahlenwerte in einem bestimmten Intervall liegen. Dabei kommt es darauf an, die Anzahl der Intervalle an die Anzahl der Zahlenwerte N anzupassen. Als grobe Abschätzung sei die folgende Formel empfohlen.

$$\text{Anzahl der Intervalle } \quad k \approx 2\sqrt[3]{N} \qquad \rightarrow \qquad \Delta x = \frac{x_{max} - x_{min}}{k} \qquad (2.39)$$

Die graphischen Darstellungen von Häufigkeitsverteilungen erfolgen in sehr unterschiedlicher Weise. Für das Bild 2.5 wurde eine Säulengraphik gewählt.

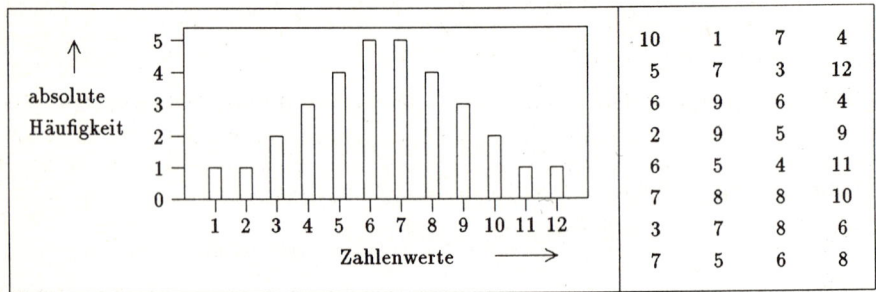

Bild 2.5: Graphische Darstellung der absoluten Häufigkeit

Neben der Darstellung in Form von Säulen sind auch Balken- Kreisdiagramme und räumliche Quader üblich.

2.2.3   Definitionen der Wahrscheinlichkeit

Die mathematische Definition der **Wahrscheinlichkeit** basiert auf dem Grundbegriff der relativen Häufigkeit. Nimmt eine Zufallsvariable einen bestimmten Wert häufiger als andere Werte an, dann ist dieser Wert wahrscheinlicher als die anderen Werte. Das Eintreffen dieses bestimmten Wertes bezeichnet man als **Ereignis**. Das klassische Experiment in diesem Zusammenhang ist das Würfeln. Je länger man würfelt und die geworfenen Augenzahlen protokolliert, desto mehr konvergieren die relativen Häufigkeiten gegen einen Grenzwert. Diesen Grenzwert bezeichnet man als Wahrscheinlichkeit und definiert ihn wie folgt:

$$\text{Wahrscheinlichkeit p} = \lim_{N \to \infty} \frac{H}{N} \qquad ; \qquad 0 \leq p \leq 1 \qquad (2.40)$$

Diese moderne Definition der Wahrscheinlichkeit erweist sich jedoch in der praktischen Handhabung als zu umständlich, denn man möchte den Wert der Wahrscheinlichkeit für das Eintreffen eines Ereignisses auf einfachere Weise als durch ein unendlich oft durchzuführendes Werfen des Würfels erhalten. Dies ist möglich durch die klassische Definition der Wahrscheinlichkeit. Dazu bezieht man die Anzahl der gewünschten Ereignisse auf die Anzahl der insgesamt möglichen Ereignisse. Beim

Würfelspiel entspricht das gewünschte Ereignis z.B. dem Würfeln einer Sechs und insgesamt sind 6 Augenzahlen möglich. Damit folgt entsprechend der klassischen Definition für p

$$\text{klassische Wahrscheinlichkeit: } p = \frac{\text{Anzahl der gewünschten Ereignisse}}{\text{Anzahl der Ereignisse insgesamt}} \quad (2.41)$$

ein Wert von $p = \frac{1}{6}$ für das Ereignis des Werfens einer Sechs.[1]

Allgemein besitzt die Wahrscheinlichkeit für das Ereignis A die folgenden Eigenschaften:

$$
\begin{aligned}
&\text{Wahrscheinlichkeit p}(A), \text{ daß A eintritt}: &&0 \leq p(A) \leq 1 \\
&\text{Wahrscheinlichkeit q, daß A nicht eintritt}: &&q = 1 - p(A) \\
&\text{Wahrscheinlichkeit, daß A nie eintritt}: &&p(A) = 0 \\
&\text{Wahrscheinlichkeit, daß A immer eintritt}: &&p(A) = 1
\end{aligned}
\quad (2.42)
$$

Die Berechnung der Wahrscheinlichkeit nach der klassischen Definition erfordert immer ein sorgfältiges Abzählen der Anzahl der gewünschten Ereignisse und insgesamt möglichen Ereignisse. Die Wahrscheinlichkeit für das Würfeln einer geraden Zahl beträgt z.B. $p = 0.5$, weil 3 Ereignisse $\{2, 4, 6\}$ gewünscht, insgesamt aber 6 Ereignisse $\{1\ 2\ 3\ 4\ 5\ 6\}$ möglich sind.

BEISPIEL 2.8: Die Wahrscheinlichkeit, mit 3 Würfeln genau eine Eins zu werfen, berechnet man am besten über das Ereignis, daß genau keine Eins auftritt. Es sind dann genau 5 Zahlenwerte, nämlich die Augenzahlen 2,3,4,5 und 6, auf die insgesamt 6 Möglichkeiten zu beziehen.

$$p = 1 - \frac{5}{6} \cdot \frac{5}{6} \cdot \frac{5}{6} = 1 - \frac{125}{216} = \frac{91}{216} \approx 0,4$$

2.2.4 Bedingte Wahrscheinlichkeiten

Häufig besteht ein Ereignis A nicht nur aus dem gewünschten Eintreffen einer bestimmten Zahl, sondern unter dem Ereignis A kann man auch Folgen von Ereignissen verstehen, wie z.B. das Würfeln einer Eins, nachdem zuvor eine Sechs geworfen wurde. Dies führt zu einer **Ereignisalgebra**, die in einem engen Zusammenhang zur Mengenlehre steht. Bezeichnet man z.B. das Ereignis des Würfelns einer geraden Zahl mit A und das Werfen einer Sechs mit B, dann entspricht das Ereignis C = A + B einer ODER-Verknüpfung und die Vereinigungsmenge enthält dann die Augenzahlen $\{2, 3, 4, 6\}$. Die Schnittmenge $D = A \cdot B$ umfaßt jedoch nur die Sechs.

Die Wahrscheinlichkeit für das Eintreten eines Ereignisses A, nachdem vorher schon ein Ereignis B eingetreten ist, nennt man **bedingte Wahrscheinlichkeit** und bezeichnet sie mit $p(A|B)$. Fragt man etwa nach der Wahrscheinlichkeit p bei zweimaligem Würfeln genau eine Sechs - d.h. beim ersten oder beim zweiten Wurf,

---

[1]In diesem Zusammenhang sei die sachliche Bemerkung gestattet, daß der Reiz aller Glücksspiele auf dem Unterschied zwischen den beiden Definitionen der Wahrscheinlichkeit basiert. Die Wahrscheinlichkeit eines Hauptgewinnes ist bekanntlich sehr gering, der Spieler hofft jedoch auf das Eintreten dieses Ereignisses schon nach wenigen Versuchen.

nicht aber zweimal eine Sechs - zu erzielen, dann ergibt sich beim ersten Wurf eine Wahrscheinlichkeit von $p(A) = \frac{1}{6}$, beim zweiten Wurf $p(B) = \frac{1}{6}$ und um den Fall des Werfens zweier Sechsen auszuschließen, folgt für die bedingte Wahrscheinlichkeit $p(A|B) = \frac{1}{6} + \frac{1}{6} - \frac{1}{6} \cdot \frac{1}{6}$. Allgemein gelten für die bedingten Wahrscheinlichkeiten die folgenden Rechenregeln:

$$
\begin{aligned}
p(A + B) &= p(A) + p(B) - p(AB) \\
p(AB) &= p(A) \cdot p(B|A) = p(B) \cdot p(A|B) \\
p(ABC) &= p(A) \cdot p(B|A) \cdot p(C|AB)
\end{aligned}
\tag{2.43}
$$

Für unabhängige Ereignisse A, B gilt

$$
p(AB) = p(A) \cdot p(B) \tag{2.44}
$$

BEISPIEL 2.9: Eine Lieferung von 10 Bauteilen enthalte 3 defekte Bauteile. A, B und C seien die Ereignisse des Ziehens eines defekten Bauteiles. Die Wahrscheinlichkeit, bei zwei- bzw. dreimaliger Entnahme keine defekten Bauteile zu erhalten, ergibt sich dann zu

$$
\begin{aligned}
p(AB) &= p(A) \cdot p(B|A) = \frac{7}{10} \cdot \frac{6}{9} = 0,47 \\
p(ABC) &= p(A) \cdot p(B|A) \cdot p(C|AB) = \frac{7}{10} \cdot \frac{6}{9} \cdot \frac{5}{8} = 0,29
\end{aligned}
$$

Beim Zurücklegen der Bauteile sind die Ereignisse unabhängig, d.h.

$$
\begin{aligned}
p(AB) &= p(A) \cdot p(B) = \left(\frac{7}{10}\right)^2 = 0,49 \\
p(ABC) &= p(A) \cdot p(B) \cdot p(C) = \left(\frac{7}{10}\right)^3 = 0,343
\end{aligned}
$$

BEISPIEL 2.10: Beim „Mensch-Ärgere-Dich-Nicht" Würfelspiel darf man dreimal würfeln, wenn sich keine Spielfigur auf dem Feld befindet. Wie groß ist die Wahrscheinlichkeit, daß wenigstens einmal (mindestens) eine Sechs bei den 3 Würfen eintritt ?

Das Abzählen der verschiedenen Möglichkeiten ist in diesem Beispiel ziemlich umständlich. In solchen Fällen berechnet man besser die Wahrscheinlichkeit q, daß genau keine Sechs auftritt. Damit folgt dann

$$
q = \left(\frac{5}{6}\right)^3 \qquad \rightarrow \qquad p = 1 - q = \frac{91}{216} = 42,12\%
$$

2.2.5   Folgen unabhängiger Ereignisse

Unter einer Folge von unabhängigen Ereignissen versteht man das mehrmalige Durchführen eines Zufallsexperimentes, wobei die einzelnen Ereignisse untereinander unabhängig sind. Praktisch entspricht dies z.B. dem mehrfachen Werfen eines Würfels oder der Entnahme und des anschließenden Zurücklegens einer Warenprobe aus einem Paket. Man bezeichnet daher die **Folgen unabhängiger Ereignisse** auch als Ziehen mit Zurücklegen. Durch das Zurücklegen werden die einzelnen Ereignisse statistisch unabhängig.

Das genaue Abzählen der Anzahl der gewünschten bzw. der insgesamt möglichen Ereignisse erweist sich bei einer umfangreichen Folge von Ereignissen als zu aufwendig. Ordnet man in Gedanken die Ereignisse und wählt die folgenden Bezeichnungen,

n : Anzahl der Versuche
w : Wahrscheinlichkeit für das einzelnen Ereignis A
q : Wahrscheinlichkeit falls A nicht auftritt ($q = 1 - w$)
m: Anzahl des Auftretens des Ereignisses A

dann führt dies zu einer allgemeinen Beziehung. Bei den ersten m Versuchen sei das Ereignis A genau m-mal aufgetreten. Wegen der statistischen Unabhängigkeit gilt dann $p = w^m$. In den folgenden $n - m$ Versuchen sei das Ereignis A nie mehr aufgetreten, d.h. $p = q^{n-m}$. Schließlich kann die Folge der Ereignisse so oft auftreten, wie eine Folge von m Ereignissen in einer Folge von n Versuchen enthalten ist, nämlich genau $\binom{n}{m}$ mal. Insgesamt ergibt dies die **Newton' sche Formel**, die unter der Bezeichnung **Binominalverteilung** bekannt ist.

$$p = \binom{n}{m} w^m q^{n-m} \qquad (2.45)$$

Mit der Formel der Binominalverteilung läßt sich das das Beispiel 2.10 (Werfen mindestens einer Sechs bei drei Würfen) durch formales Einsetzen in die Gleichung (2.45) berechnen. Mit $n = 6$, $m = 3$, $w = \frac{1}{6}$ und $q = \frac{5}{6}$ folgt aus der Gleichung (2.45) ein Wert für die Wahrscheinlichkeit von $p = \frac{91}{216}$.

Fragt man nach der Wahrscheinlichkeit für das Auftreten von mindestens bzw. höchstens m Ereignissen, dann müssen die einzelnen Wahrscheinlichkeiten addiert werden. Allgemein gilt :

Ereignis tritt mindestens m-mal ein: $\quad p \;=\; \sum_{s=m}^{n} \binom{n}{s} w^s q^{n-s}$

Ereignis tritt höchstens m-mal ein: $\quad p \;=\; \sum_{s=0}^{m} \binom{n}{s} w^s q^{n-s} \qquad (2.46)$

Ein interessanter Sonderfall ergibt sich für die Wahrscheinlichkeit, daß ein Ereignis höchstens n-mal eintritt, d.h. es kann nie oder bei jedem Versuch eintreten. Entsprechend der Gleichung (2.46) gilt dann wegen $m = n$

$$p = \sum_{s=0}^{n} \binom{n}{s} w^s q^{n-s} = (w + q) = 1 \qquad (2.47)$$

Ein weiterer allgemeiner Sonderfall ergibt sich für sehr kleine Werte der Wahrscheinlichkeit w und bei einer großen Anzahl n von Versuchen. Mit dem Parameter

$$\mu = nw \qquad (2.48)$$

kann die Binominalverteilung näherungsweise vereinfacht werden:

$$p = \binom{n}{m} w^m q^{n-m} = \frac{n(n-1)\cdots(n-m+1)}{m!} \cdot \left(\frac{\mu}{n}\right)^m \cdot \left(1 - \frac{\mu}{n}\right)^{n-m} =$$

$$= \frac{n^m \overbrace{\left(1 - \frac{1}{n}\right) \cdots \left(1 - \frac{m-1}{n}\right)}^{\approx 1}}{m!} \underbrace{\left(1 - \frac{\mu}{n}\right)^m}_{\approx 1} \cdot \frac{\mu^m}{n^m} \cdot \underbrace{\left(1 - \frac{\mu}{n}\right)^n}_{\approx e^{-\mu}} \qquad (2.49)$$

Nach dem Kürzen von n^m folgt die Gleichung (2.50) , die man als **Poisson-Verteilung** bezeichnet.

$$p \approx \frac{\mu^m}{m!} \cdot e^{-\mu} \qquad (2.50)$$

BEISPIEL 2.11: Will man berechnen, wie groß die Wahrscheinlichkeit p ist, daß genau ein Student aus einem Semester von 40 Studenten heute Geburtstag hat, dann folgt aus Gleichung (2.50) :

$$w = \frac{1}{365} \qquad \text{bzw.} \qquad m = 1 \qquad \rightarrow \qquad \mu = nw = \frac{40}{365} = 9,821\%$$

2.2.6   Folgen abhängiger Ereignisse

Bei einer Folge von abhängigen Ereignissen beeinflußt das Eintreffen eines Ereignisses A das folgende Ereignis B. Man bezeichnet dies auch sehr anschaulich als **Ziehen ohne Zurücklegen.** Typische Beispiele für abhängige Ereignisse sind die Entnahme von von Stichproben für eine zerstörende Werkstoffprüfung bei einer Wareneingangskontrolle oder das Ziehen von Karten bzw. Kugeln ohne Zurücklegen bei Glücksspielen, wie z.B. dem Zahlenlotto. Das sorgfältige Abzählen der Anzahl der gewünschten Ereignisse sowie der insgesamt möglichen Ereignisse führt zu einer Beziehung, die man als eine **hypergeometrische Verteilung** bezeichnet. Mit den Bezeichnungen

N : Umfang der Grundgesamtheit
M : Anzahl der Ereignisse in der Grundgesamtheit
n : Umfang der Stichprobe
m : Anzahl der Ereignisse in der Stichprobe

folgt für die die Wahrscheinlichkeit p(m), daß genau m Ereignisse in der Stichprobe enthalten sind, die Beziehung

$$p(m) = \frac{\binom{M}{m}\binom{N-M}{n-m}}{\binom{N}{n}} \qquad (2.51)$$

Die Gleichung (2.51) gestattet die Berechnung der Wahrscheinlichkeit für das von vielen Menschen jede Woche neu erhoffte Ereignis : Sechs Richtige im Lotto. Für

$$N = 49, \; M = 6, \; n = 6 \; \text{und} \; m = 6 \; \text{folgt:}$$

$$p(6) = \frac{1 \cdot 2 \cdot 3 \cdot 4 \cdot 5 \cdot 6}{49 \cdot 48 \cdot 47 \cdot 46 \cdot 45 \cdot 44} \approx 7 \cdot 10^{-8}, \tag{2.52}$$

was einer hoffnungslos geringen Gewinnaussicht entspricht.

Häufig ist der Umfang der Grundgesamtheit N sehr viel größer als der Umfang der Stichprobe n bzw. der Anzahl m der Ereignisse innerhalb der Stichprobe. In diesem Fällen läßt sich dann näherungsweise eine Binominal- bzw. Poissonverteilung annehmen. Für das Beispiel der sechs Richtigen im Lotto folgt dann unter dieser Annahme

$$p(6) \approx \binom{6}{6} \left(\frac{1}{49}\right)^6 \left(\frac{48}{49}\right)^{6-6} = \left(\frac{1}{49}\right)^6 = 7,2 \cdot 10^{-11} \tag{2.53}$$

und man erkennt, daß sich beim angenommenen Zurücklegen von gezogenen Kugeln die Gewinnmöglichkeiten drastisch verschlechtern. In der Tat wären nun Zahlenkombinationen von identischen Zahlen, wie z.B. sechsmal die Eins, möglich. Dies würde allerdings jeden Spieler abschrecken und so ist es schon wirtschaftlich betrachtet für die Lottogesellschaft sinnvoll, die Kugeln nach dem Ziehen nicht wieder in die Trommel zurückzulegen.

Die Wahrscheinlichkeiten beim Zahlenlotto 6 aus 49 genau keine, eine, zwei, usw. bis 6 Richtige zu erhalten, sind in der Tabelle 2.4 zusammengestellt:

n	0	1	2	3	4	5	6
p(n) in %	43,6	41,3	13,2	1,77	0,0969	0,00184	$7,15 \cdot 10^{-8}$

Tab. 2.4: Wahrscheinlichkeiten beim Zahlenlotto

BEISPIEL 2.12: Ein Trickbetrüger, der ein Tippsystem beim Zahlenlotto entwickelt hatte, kassierte zwar die regelmäßigen Einsätze seiner Wettkunden, gab jedoch keinen Tippschein ab. Falls nun ein Wettkunde drei oder mehr richtige Zahlen getippt hatte, zahlte er den Gewinn aus den eingenommenen Einsätzen aus. Dieses Tippsystem brach zusammen, als wider Erwarten ein Tippkunde sechs Richtige hatte. Für die Wahrscheinlichkeit, daß der Trickbetrüger überhaupt nichts auszahlen mußte, ergibt sich aus der Summenwahrscheinlichkeit entsprechend der Tab. 2.4 der überzeugende Wert von :

$$p(m \leq 2) = 43,6 + 41,3 + 13,2 = 98,13$$

2.2.7 Normalverteilung

Die wichtigste der Verteilungsfunktionen ist die **Normalverteilung**, die nach ihrem Entdecker oft auch als **Gaußverteilung** bezeichnet wird. Ordnet man z.B. die Blätter eines Baumes nach der Größe, dann ergibt sich die Normalverteilung. Eine bestimmte Größe kommt am häufigsten vor, und je größer die Abweichungen einzelner Blätter davon sind, desto weniger Blätter findet man davon vor. Es ist äußerst erstaunlich, daß die Abnahme der relativen Häufigkeit nicht linear oder nach einer beliebigen Funktion erfolgt, sondern im Grenzfall von unendlich vielen Blättern gegen eine e - Funktion konvergiert, die wie folgt definiert ist:

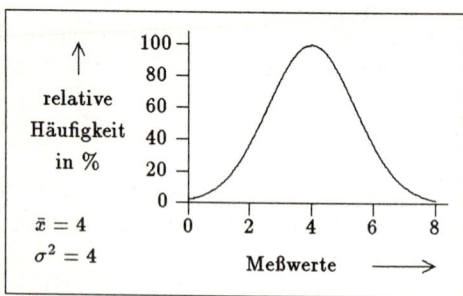

$$p(x) = \frac{1}{\sqrt{2\pi\sigma^2}} e^{-\frac{(x - \bar{x})^2}{2\sigma^2}} \quad (2.54)$$

$\bar{x}$ und σ^2 entsprechen dem Mittelwert und der Varianz der Zufallsfolge. Das Bild 2.6 stellt den graphischen Verlauf einer Normalverteilung dar, die wegen ihres typischen Kurvenverlaufs als **Glockenkurve** bekannt ist.

Bild 2.6: Normalverteilung (Glockenkurve)

Die Fläche A unter der Glockenkurve muß wegen der Definition einer relativen Häufigkeit exakt den Wert $A = 1$ annehmen. Mit der Substitution des linearen Exponenten der e-Funktion folgt:

$$A(x) = \int_{-\infty}^{+\infty} p(x)dx = \frac{1}{\sqrt{2\pi\sigma^2}} \int_{-\infty}^{+\infty} e^{-\frac{(x - \bar{x})^2}{2\sigma^2}} dx \quad (2.55)$$

$$= \frac{1}{\sqrt{\pi}} \int_{-\infty}^{+\infty} e^{-z^2} dz = \frac{2}{\sqrt{\pi}} \int_{0}^{+\infty} e^{-z^2} dz \quad (2.56)$$

Das Integral einer e-Funktion mit quadratischem Exponenten besitzt keine Stammfunktion. Entwickelt man den Integranden in eine Potenzreihe,

$$\int_{0}^{+\infty} e^{-z^2} dz = \int_{0}^{+\infty} \left(1 - z^2 + \frac{z^4}{2!} - \frac{z^6}{3!} + \frac{z^8}{4!} - + \cdots\right) dz = \quad (2.57)$$

$$x - \frac{z^3}{3 \cdot 1!} + \frac{z^5}{5 \cdot 2!} - \frac{z^7}{7 \cdot 3!} + \frac{z^9}{9 \cdot 4!} - + \cdots \quad (2.58)$$

dann läßt sich das unbestimmte Integral wegen der schwachen Konvergenz der Reihe mindestens bis $z \leq 1$ mit vertretbarem Aufwand näherungsweise berechnen. Falls dagegen das bestimmte Integral gesucht ist, empfiehlt sich ein numerisches Integrationsverfahren, wie z.B. die Methode von Simpson. Wegen des raschen Abklingens der e - Funktion genügt es, die obere Integrationsgrenze von ∞ auf 3 herabzusetzen. Mit einer Schrittweite von $h = 0,6$ folgt nach Simpson:

$$\int_{0}^{+\infty} e^{-z^2} dz \approx \frac{h}{3}\left(1 + 4e^{-0,6^2} + 2e^{-1,2^2} 4e^{-1,8^2} + 2e^{-2,4^2} + e^{-3,0^2}\right) = 0,88622$$

$$(2.59)$$

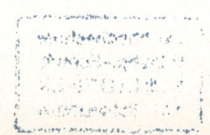

Ohne Beweis sei angegeben,

$$\int_{-\infty}^{+\infty} e^{-z^2} dz = \sqrt{\pi} \quad \rightarrow \quad A(x) = \frac{1}{\sqrt{\pi}} \int_{-\infty}^{+\infty} e^{-z^2} dz = 1 \qquad (2.60)$$

d.h., die Fläche unter der Glockenkurve beträgt $A = 1$.

Die Berechnung von Flächen unter der Glockenkurve ist im Bereich der Fehlerrechnung häufig erforderlich. Ähnlich den Summen bei den diskreten Verteilungen, entspricht bei der kontinuierlichen Normalverteilung die Fläche zwischen a und b der Wahrscheinlichkeit, daß ein Ereignis zwischen den Werten a und b liegt, d.h.

$$p(a \leq x \leq b) = \frac{1}{\sqrt{2\pi\sigma^2}} \int_a^b e^{-\frac{(x - \bar{x})^2}{2\sigma^2}} dx \qquad (2.61)$$

Um die umständliche numerische Berechnung zu vereinfachen, definiert man eine Flächenfunktion, die man als **Fehlerfunktion** erf(x) bezeichnet und deren Funktionswerte in Tabellen abgelegt sind. Es gilt

$$erf(x) = \frac{2}{\sqrt{\pi}} \int_0^x e^{-z^2} dz \qquad (2.62)$$

x	erf(x)	x	erf(x)	x	erf(x)	x	erf(x)
0,00	0.000	0,50	0,520	1,00	0,842	1,50	0,966
0,05	0.056	0,55	0,563	1,05	0,862	1,55	0,972
0,10	0,112	0,60	0,604	1,10	0,880	1,60	0,976
0,15	0,168	0,65	0,642	1,15	0,896	1,65	0,980
0,20	0,223	0,70	0,678	1,20	0,910	1,70	0,984
0,25	0,276	0,75	0,711	1,25	0,923	1,75	0,987
0,30	0,329	0,80	0,742	1,30	0,934	1,80	0,990
0,35	0,379	0,85	0,771	1,35	0,943	1,85	0,991
0,40	0,428	0,90	0,797	1,40	0,952	1,90	0,993
0,45	0,475	0,95	0,821	1,45	0,960	1,95	0,994

Tab. 2.5: Funktionswerte der erf-Funktion

Bei unsymmetrischen Integrationsgrenzen wertet man die obere und untere Integrationsgrenze mittels der Tabelle für die erf-Funktion getrennt aus.

Von besonderem Interesse sind jene Wahrscheinlichkeiten, die sich für die Integrationgrenzen $\pm 1\sigma, \pm 2\sigma, \pm 3\sigma$ ergeben. Mit

$$z = \frac{x}{\sigma\sqrt{2\pi}} = \frac{\alpha \cdot \sigma}{\sigma\sqrt{2\pi}} = erf\left(\frac{\alpha}{\sqrt{2}}\right) \qquad \alpha = 1, 2, 3 \qquad (2.63)$$

ergeben sich die Wahrscheinlichkeiten für die σ - **Grenzen** zu

$$p(1\sigma) = 0,68 \qquad p(2\sigma) = 0,95 \qquad p(3\sigma) = 0,99 \qquad (2.64)$$

Die Gleichungen (2.64) enthalten folgende Aussage: Genügt eine Zahlenfolge einer Normalverteilung, dann liegen 68 % innerhalb bzw. 32 % außerhalb jener Grenzen, die durch den 1σ Wert in der Verteilung gegeben sind. Entsprechendes gilt für die anderen σ - Grenzen.

BEISPIEL 2.13: Eine Lieferung von 1000 Widerständen sei normalverteilt mit

$$\bar{R} = 45\Omega, \qquad \sigma = 5\Omega$$

Um die Funktion der herzustellenden Schaltung nicht zu gefährden, dürfen nur Widerstände zwischen 30Ω und 50Ω eingebaut werden. Entsprechend der Gleichung (2.61) und unter Verwendung der Tabelle 2.5 für die erf-Funktion ergibt sich dann ein Ausschußanteil von ca. 16 % .

2.2.8 Erwartungswerte

Als Erwartungswerte E bezeichnet man die gewichteten Mittelwerte und Varianzen, wobei als Gewichtsfaktor die jeweilige Wahrscheinlichkeit einzusetzen ist. Es gilt

$$E[x] = \sum_{i=1}^{n} p(x_i) \cdot x_i = \int_{-\infty}^{\infty} p(x) \cdot x \cdot dx = \bar{x} \qquad (2.65)$$

$$E[x^2] = \sum_{i=1}^{n} p(x_i) \cdot x_i^2 = \int_{-\infty}^{\infty} p(x) \cdot x^2 \cdot dx = \overline{x^2} \qquad (2.66)$$

$$E\left[(x - E[x])^2\right] = \sum_{i=1}^{n} p(x_i) \cdot (x_i - E[x])^2 = \int_{-\infty}^{\infty} p(x) \cdot (x - E[x])^2 \, dx = \sigma^2 \quad (2.67)$$

Die praktische Bedeutung liegt z.B. bei der Kombination verschiedener Meßwerte mit unterschiedlichem statistischen Fehlerverhalten.

Zwischen den definierten Erwartungswerten gilt der folgende mathematische Zusammenhang:

$$\begin{aligned}
E\left[(x - E[x])^2\right] &= \sum_{i=1}^{n} p_i \, (x_i - E[x])^2 \\
&= \sum_{i=1}^{n} p_i \left[x_i^2 - 2x_i E[x] + E^2[x] \right] \\
&= \underbrace{\sum_{i=1}^{n} p_i x_i^2}_{E[x^2]} - 2E[x] \underbrace{\sum_{i=1}^{n} p_i x_i}_{E[x]} + \underbrace{\sum_{i=1}^{n} p_i \, E^2[x]}_{1} \\
&= E\left[x^2\right] - 2E^2[x] + E^2[x] \\
&= E\left[x^2\right] - E^2[x] \qquad (2.68)
\end{aligned}$$

Die Berechnung von Erwartungswerten ist in der Praxis häufig schwierig, weil die Verteilungsfunktionen nicht bekannt sind. Auf der anderen Seite basieren jedoch eine Vielzahl praktischer Verfahren auf dem Begriff des Erwartungswertes, ohne allerdings die explizite Berechnung der Erwartungswerte zu fordern. Diese Aussage ist von fundamentaler Bedeutung für die Anwendung der statistischen Analysemethoden in der Praxis.

BEISPIEL 2.14: Es sind die Erwartungswerte der Zahlenfolge $x : \{1, 2, 3, 4, 5, 6\}$ für eine angenommene Gleichverteilung und eine linear mit den Meßwerten ansteigende Verteilung zu berechnen.

Für eine angenommene Gleichverteilung gilt wegen $p_i = 1/6$

$$E[x] \;=\; \sum_{i=1}^{6} \frac{1}{6} \cdot x_i = \frac{1}{6} \sum_{i=1}^{6} x_i = \frac{1}{6}(1+2+3+4+5+6) = \frac{21}{6} = 3,5$$

$$E\left[x^2\right] \;=\; \sum_{i=1}^{6} \frac{1}{6} x_i^2 = \frac{1}{6}(1+4+9+16+25+36) = \frac{91}{6} = 15,166$$

$$E\left[(x - E[x])^2\right] \;=\; E\left[x^2\right] - E^2[x] = 15,166 - 3,5^2 = 2,916$$

Falls die Wahrscheinlichkeit linear mit den Meßwerten ansteigt, folgt: $p_i \sim x_i$ gilt:

$$p_i \;=\; c \cdot x_i \quad \rightarrow \quad \sum_{i=1}^{6} p_i = 1 = c(1+2+3+4+5+6) = 1 \; \rightarrow \; c = 21$$

$$E[x] \;=\; \sum_{i=1}^{6} \frac{x_i}{21} \cdot x_i = \frac{1}{21}(1+4+9+16+25+36) = \frac{91}{21} = 4,33$$

$$E\left[x^2\right] \;=\; \sum_{i=1}^{6} \frac{x_i}{21} \cdot x_i^2 = \frac{1}{21}(1+8+27+64+125+216) = \frac{441}{21} = 21$$

$$E\left[(x - E[x])^2\right] \;=\; E\left[x^2\right] - E^2[x] = 21 - 4,33^2 = 2,25$$

2.3 Komplexe Rechnung

Die komplexe Rechnung beinhaltet solche Rechenverfahren, bei denen komplexe Zahlen auftreten. Eine komplexe Zahl besteht aus einem Realteil und einem imaginären Anteil und ist wie folgt definiert

$$\underbrace{z}_{\text{komplexe Zahl}} \;=\; \underbrace{a}_{\text{Realteil}} \;+\; \underbrace{jb}_{\text{Imaginärteil}} \quad \text{mit } j = \sqrt{-1} \qquad (2.69)$$

Der Ausdruck imaginär bedeutet, daß $j = \sqrt{-1}$ nur in der Vorstellung existiert.

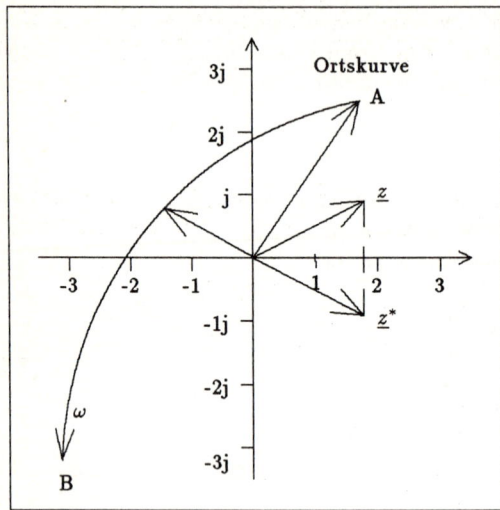

Bild 2.7: Komplexe Ebene mit Ortskurve

Trotzdem läßt sich mit diesen Zahlen gut rechnen. Sie stellen das mathematische Fundament der elektrotechnischen Wechselstromtechnik dar und liegen den im Kapitel 4. behandelten Frequenzanalyse-Verfahren zugrunde. Grundsätzlich kann jede reelle Zahl in eine komplexe Schreibweise umgeformt werden

$$x = a \;\rightarrow\; \underline{z} = a + j \cdot 0 \quad (2.70)$$

Eine wichtige Sonderform einer komplexen Zahl sind die konjugiert komplexen Zahlen $\underline{z}, \bar{\underline{z}}$

$$\underline{z} = a + jb \text{ und } \bar{\underline{z}} = a - jb \quad (2.71)$$

Die graphische Darstellung der komplexen Zahlen erfolgt in der

Gauß'schen Zahlenebene. Nach rechts ist der Realteil und nach oben der Imaginärteil aufgetragen. Damit entspricht diese Darstellung einer vektoriellen Rechnung, wobei jedoch der Vektor nur aus 2 Komponenten besteht. Man nennt die graphische Darstellung einer komplexen Zahl auch einen **Zeiger**. Verläuft die Pfeilspitze vom Punkt A zum Punkt B, dann beschreibt die Pfeilspitze eine Kurve, die man als **Ortskurve** bezeichnet. Das Bild 2.7 stellt die komplexe Ebene, eine Ortskurve und die konjungiert komplexe Zahl $\underline{z} = 1 + 2j$ bzw. $\bar{\underline{z}} = 1 - 2j$ dar.

2.3.1 Elementare Rechenregeln

Neben den 4 Grundrechenarten benötigt man bei der komplexen Rechnung noch die aus der Vektorrechnung geläufige Betragsbildung.

Betragsbildung

$$|\underline{z}| = \sqrt{a^2 + b^2} \quad \text{oder} \quad \sqrt{\underline{z} \cdot \bar{\underline{z}}} = \sqrt{(a + jb)(a - jb)} = \sqrt{a^2 + b^2} \quad (2.72)$$

Addition und Subtraktion

$$\underline{z}_1 \pm \underline{z}_2 = (a_1 + jb_1) \pm (a_2 + jb_2) = \underbrace{(a_1 \pm a_2)}_{\text{Realteil}} + \underbrace{j(b_1 \pm b_2)}_{\text{Imaginärteil}} \quad (2.73)$$

Multiplikation

$$\underline{z}_1 \cdot \underline{z}_2 = (a_1 + jb_1) \cdot (a_2 + jb_2) = \underbrace{(a_1 \cdot a_2 - b_1 \cdot b_2)}_{\text{Realteil}} + \underbrace{j(a_1 b_2 + a_2 b_1)}_{\text{Imaginärteil}} \qquad (2.74)$$

Division

Die Division ist nur möglich, wenn ein reeller Nenner vorliegt. Dies erreicht man durch die Erweiterung des Bruches mit der konjugiert komplexen Zahl des Nenners.

$$\frac{\underline{z}_1}{\underline{z}_2} = \frac{a_1 + jb_1}{a_2 + jb_2} \cdot \frac{a_2 - jb_2}{a_2 - jb_2} = \frac{(a_1 + jb_1)(a_2 - jb_2)}{a_2^2 + b_2^2} =$$

$$= \underbrace{\frac{a_1 a_2 + b_1 b_2}{a_2^2 + b_2^2}}_{\text{Realteil}} + \underbrace{j \frac{b_1 a_2 - a_1 b_2}{a_2^2 + b_2^2}}_{\text{Imaginärteil}} \qquad (2.75)$$

Potenzen von j

Das Potenzieren der imaginären Größe j entspricht einer Drehung um jeweils 90 Grad.

$$\begin{aligned} j^0 &= 1 \\ j^1 &= j \\ j^2 &= -1 \\ j^3 &= -j \end{aligned}$$

$$j^{n+1} = j^n \cdot j \qquad (2.76)$$

BEISPIEL 2.15: Diese Rechenregeln sollen nun an einigen einfachen Beispielen geübt werden, wobei stets gelten soll: $\underline{z}_1 = 1 + j$; $\underline{z}_2 = -1 + j$

$$\begin{aligned} \underline{z}_1 + \underline{z}_2 &= (1+j) + (-1+j) = 0 + 2j = 2j \\ \underline{z}_1 - \underline{z}_2 &= (1+j) - (-1+j) = 2 + 0j = 2 \\ \underline{z}_1 \cdot \underline{z}_2 &= (1+j)(-1+j) = -1 - j - j - 1 = -2 - 2j \\ \frac{\underline{z}_1}{\underline{z}_2} &= \frac{1+j}{-1+j} \cdot \frac{-1-j}{-1-j} = \frac{-1-j-j+1}{1+1} = 0 + \frac{-2}{2} = -j \\ |\underline{z}_1| + |\underline{z}_2| &= |1+j| + |-1+j| = 2\sqrt{2} \end{aligned}$$

2.3.2   Exponentialdarstellung

Die Darstellung einer komplexen Zahl mittels der Addition von Real- und Imaginärteil, die man auch als **arithmetische Form** bezeichnet, ist bei höheren Rechenarten wie Potenzieren und Radizieren zu umständlich. Hier eignet sich die Polarkoordinaten-Darstellung besser. Zur Herleitung der Grundgleichungen geht man von den Reihenentwicklungen für $\sin \varphi$ bzw. $\cos \varphi$ aus.

$$\sin \varphi = \varphi - \frac{\varphi^3}{3!} + \frac{\varphi^5}{5!} - \frac{\varphi^7}{7!} + \ldots \text{ bzw. } \cos \varphi = 1 - \frac{\varphi^2}{2!} + \frac{\varphi^4}{4!} - \frac{\varphi^6}{6!} + - \ldots \quad (2.77)$$

Faßt man die Summanden nach aufsteigenden Exponenten zusammen, dann ergibt sich für die komplexe Zahl $\underline{z}$

$$\underline{z} = 1 + j\varphi - \frac{\varphi^2}{2!} - j\frac{\varphi^3}{3!} + \frac{\varphi^4}{4!} + j\frac{\varphi^5}{5!} - \frac{\varphi^6}{6!} - j\frac{\varphi^7}{7!} + - \ldots \quad (2.78)$$

Betrachtet man diese Reihe, dann fällt ihre Ähnlichkeit mit der Reihe für die e - Funktion

$$e^{\varphi} = 1 + \frac{\varphi}{1!} + \frac{\varphi^2}{2!} + \frac{\varphi^3}{3!} + \frac{\varphi^4}{4!} + \frac{\varphi^5}{5!} + \frac{\varphi^6}{6!} + \frac{\varphi^7}{7!} + \ldots \quad (2.79)$$

auf und man sieht, daß ein imaginärer Exponent in der e - Funktion die gesuchte Übereinstimmung ergibt

$$e^{j\varphi} = 1 + j\frac{\varphi}{1!} - \frac{\varphi^2}{2!} - j\frac{\varphi^3}{3!} + \frac{\varphi^4}{4!} + j\frac{\varphi^5}{5!} - \frac{\varphi^6}{6!} - j\frac{\varphi^7}{7!} + \ldots - \quad (2.80)$$

Damit entsteht die zentrale Gleichung der komplexen Rechnung, die als Exponentialform oder Euler'sche Gleichung bezeichnet wird.

$$e^{j\varphi} = \cos \varphi + j \sin \varphi \qquad \rightarrow \qquad \underline{z} = re^{j\varphi} \text{ Euler'sche Form} \quad (2.81)$$

Die Umrechnung von der arithmetischen Form auf die Exponentialform erfolgt über die bekannten Transformationsgleichungen für Polarkoordinaten

$$\underline{z} = a + jb \qquad \rightarrow \qquad r = \sqrt{a^2 + b^2} \; ; \qquad \varphi = \arctan \frac{b}{a}$$

$$\underline{z} = re^{j\varphi} \qquad \rightarrow \qquad \underline{z} = \underbrace{r \cos \varphi}_{a} + \underbrace{jr \sin \varphi}_{b} = a + jb \quad (2.82)$$

Diese Umrechnungen lassen sich elegant mit den entsprechenden Funktionen eines Taschenrechners realisieren. Als Problem kann sich jedoch die Mehrdeutigkeit der arctan-Funktion erweisen. Als Hilfe bietet sich aber eine Winkelabschätzung unter

Benutzung der folgenden Tabelle 2.6 an.

Realteil	Imaginärteil	Winkelbereich	Quadrant
$a > 0$	$b > 0$	$0 \leq \varphi \leq 90$	I. Quadrant
$a < 0$	$b > 0$	$90 \leq \varphi \leq 180$	II. Quadrant
$a < 0$	$b < 0$	$180 \leq \varphi \leq 270$	III. Quadrant
$a > 0$	$b < 0$	$270 \leq \varphi \leq 360$	IV. Quadrant

Tab. 2.6: Werte zur Winkelabschätzung

BEISPIEL 2.16: Rechnen Sie die 4 komplexen Zahlen $z_{1,2,3,4} = \pm 1 \pm j$ in die Exponentialform um und kontrollieren Sie die Winkelangabe. Berechnen Sie anschließend wieder die arithmetische Form unter Verwendung eines Taschenrechners.

2.3.3 Höhere Rechenarten

Durch die Verwendung der Exponentialform lassen sich Multiplikation, Division und alle anderen höheren Rechenarten bequem auf der Basis der Potenzrechengesetze ausführen

Multiplikation und Division

$$\underline{z}_1 \cdot \underline{z}_2 = r_1 e^{j\varphi_1} \cdot r_2 e^{j\varphi_2} = r_1 r_2 e^{j(\varphi_1 + \varphi_2)} = r_1 r_2 \left[\cos(\varphi_1 + \varphi_2) + j\sin(\varphi_1 + \varphi_2)\right]$$

$$\frac{\underline{z}_1}{\underline{z}_2} = \frac{r_1 e^{j\varphi_1}}{r_2 e^{j\varphi_2}} = \frac{r_1}{r_2} e^{j(\varphi_1 - \varphi_2)} = \frac{r_1}{r_2} \left[\cos(\varphi_1 - \varphi_2) + j\sin(\varphi_1 - \varphi_2)\right] \qquad (2.83)$$

Konjugierte komplexe Zahlen

$$\overline{\underline{z}} = a - jb = \sqrt{a^2 + b^2} e^{-j\arctan b/a} = r e^{-j\varphi} \qquad (2.84)$$

Potenzieren

$$\underline{z}^n = \left[r e^{j\varphi}\right]^n = r^n e^{jn\varphi} = r^n \left[\cos(n\varphi) + j\sin(n\varphi)\right] \qquad (2.85)$$

Radizieren

$$\underline{z}^{\frac{1}{n}} = \left[re^{j\varphi}\right]^{\frac{1}{n}} = r^{\frac{1}{n}} e^{j \cdot \frac{\varphi + k \cdot 360 \deg}{n}}$$

$$= r^{\frac{1}{n}} \left[\cos\left(\frac{\varphi + k \cdot 360 \deg}{n}\right) + j \sin\left(\frac{\varphi + k \cdot 360 \deg}{n}\right)\right]$$

$$k = 0, 1, \ldots, n-1 \tag{2.86}$$

Beim Radizieren wirkt sich die Mehrdeutigkeit der arctan -Funktion stark aus. Allerdings sind die einzelnen Zeiger nur um den konstanten Winkel $\Delta\varphi$ gedreht.

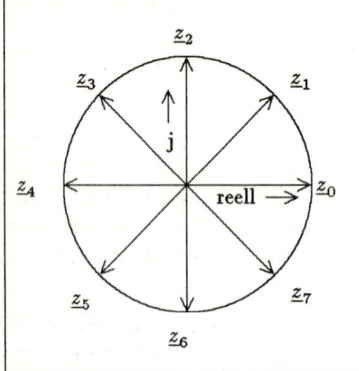

$$\Delta\varphi = \frac{360 \deg}{n} \tag{2.87}$$

Das Bild 2.8 stellt die 8 Lösungen der 8-ten Wurzel aus der komplexen Zahl $\underline{z} = 1$ dar:

$$\underline{z} = \left[1 \cdot e^{j \cdot 0 \deg}\right]^{\frac{1}{8}}$$

Bild 2.8: Lage der Einheitswurzeln

Falls eine komplexe Zahl der Länge 1 vorliegt, bezeichnet man die einzelnen Lösungen dann als **Einheitswurzeln**. Diese Einheitswurzeln spielen bei der Frequenzanalyse digitaler Signale eine wichtige Rolle.

Winkelfunktionen

Bildet man die Differenz bzw. die Summe zweier konjugiert komplexer Zahlen, dann ergibt sich mittels der Exponentialform ein interessanter, in der Wechselstromtechnik benötigter Zusammenhang

$$\underline{z} - \underline{\bar{z}} = r\left(e^{j\varphi} - e^{-j\varphi}\right) = r\left[(\cos\varphi + j\sin\varphi) - (\cos\varphi - j\sin\varphi)\right] = r \cdot 2j\sin\varphi$$

$$\rightarrow \quad \sin\varphi = \frac{e^{j\varphi} - e^{-j\varphi}}{2j}$$

$$\underline{z} + \underline{\bar{z}} = r\left(e^{j\varphi} + e^{-j\varphi}\right) = r\left[(\cos\varphi + j\sin\varphi) + (\cos\varphi - j\sin\varphi)\right] = 2r\cos\varphi$$

$$\rightarrow \quad \cos\varphi = \frac{e^{j\varphi} + e^{-j\varphi}}{2} \tag{2.88}$$

Logarithmieren

$$\ln \underline{z} = \ln(re^{j\varphi}) = \ln r + j(\varphi + k \cdot 360^0) ; \qquad k = 0, 1, 2, \ldots \tag{2.89}$$

Ein Sonderfall entsteht, wenn der Exponent selbst eine komplexe Zahl ist.

$$e^{\underline{z}} = e^{a+jb} = e^a \cdot e^{jb} = e^a(\cos b + j\sin b) \tag{2.90}$$

2.4 Differentialgleichungen

Differentialgleichungen (Dgl) eignen sich besonders zur mathematischen Beschreibung von veränderlichen (dynamischen) Vorgängen, wie z.B dem Einschalten und Ausschalten von Stromkreisen oder dem Schwingungsverhalten von Maschinen. Allgemein versteht man unter einer Dgl eine Gleichung, welche die Ableitungen einer gesuchten Funktion mit anderen Variablen oder konstanten Größen in einen mathematischen Zusammenhang bringt.

Der bekannteste Fall einer Dgl ist die Gleichung der beschleunigten Bewegung. Mit dem Weg s, der Masse m und der Kraft F gilt nach Newton:

$$F = m \cdot \ddot{s} \quad \rightarrow \quad \ddot{s} - F/m = 0 \tag{2.91}$$

Als Lösung dieser Dgl gelten alle Funktionen, welche die Dgl erfüllen.

Leider gibt es für eine allgemeine Dgl kein geschlossenes Lösungsverfahren, vielmehr muß ein Lösungsansatz **geraten** werden. Dieses Raten ist einem unter Zeitdruck arbeitenden Entwicklungsingenieur nicht zuzumuten, doch zum Glück sind nur einige wenige Grundtypen einer Dgl von praktischem Interesse und für diese wichtigen Dgl's existieren bekannte Lösungsansätze. Darüberhinaus bieten sich numerische Lösungsverfahren an.

Die obige Dgl stellt einen solchen Grundtyp dar. Aus der Physik der beschleunigten Bewegung ist bekannt, daß sich der Punkt mit der Masse m parabelförmig bewegt. Deshalb wählt man als Lösungsansatz eine allgemeine Parabelgleichung.

$$s(t) = a_0 + a_1 \cdot t + a_2 \cdot t^2 \tag{2.92}$$

Das Einsetzen von Gleichung (2.92) in die Dgl (2.91) ergibt

$$2 \cdot a_2 = F/m \quad \rightarrow \quad a_2 = \frac{F}{2m} \tag{2.93}$$

Nun ist noch a_0 und a_1 zu bestimmen. Dies geschieht über die **Anfangsbedingungen einer Dgl**. Mit der Annahme

$$s(0) = 0 \quad \text{bzw.} \quad \dot{s}(0) = v(0) = 0 \tag{2.94}$$

folgt mit dem **Lösungsansatz** (2.92)

$$\begin{aligned} s(0) &= a_0 = 0 \\ \dot{s}(0) &= a_1 = 0 \end{aligned} \tag{2.95}$$

die spezielle Lösung für diese Anfangsbedingungen:

$$s(t) = \frac{F}{2m} \cdot t^2 \tag{2.96}$$

Man bezeichnet diese spezielle Lösung als **partikuläre Lösung**.

Ebenso wichtig wie die beschleunigte Bewegung ist eine Dgl, welche das Ein-

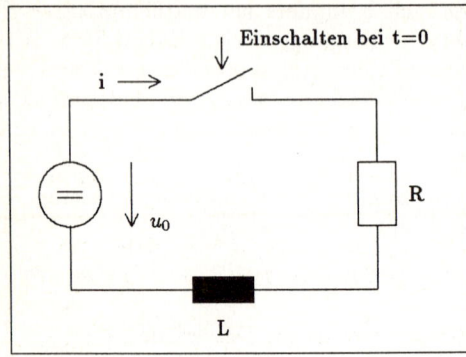

schwingen von elektrischen Stromkreisen beschreibt. Das Bild 2.9
stellt einen solchen Stromkreis dar.
Die Summe der Spannung in diesem Kreis muß Null sein, wobei
der Spannungsabfall am Widerstand gemäß dem Ohm'schen Gesetz dem Widerstand proportional
ist, und der Spannungabfall an der
Spule mit der Induktivität L dem
Induktionsgesetz genügt.

Bild 2.9: Dgl 1. Ordnung

$$i \cdot R + L \cdot \frac{di}{dt} = U_0 \qquad (2.97)$$

Teilt man die Gleichung durch die Induktivität L und setzt den unbekannten Strom
i gleich der Variablen x, dann folgt eine klassische Dgl, welche die Basis selbst für
anspruchsvolle numerische Lösungsverfahren bildet.

$$\begin{array}{c} \overbrace{\dot{x} + a \cdot x}^{\text{homogene Teil}} \quad = \quad \overbrace{b}^{\text{inhomogene Teil}} \\ a \;=\; R/L \\ b \;=\; U_0/L \end{array} \qquad (2.98)$$

Die Lösung dieser Dgl erfolgt jeweils für die linke und rechte Seite getrennt. Für die
homogene Lösung $x_h(t)$ wählt man als Ansatz eine e-Funktion und für die Lösung
der inhomogenen Dgl setzt man entsprechend der rechten Seite der Dgl ebenfalls
eine Konstante an.

$$x(t) = A \cdot e^{-at} + B \qquad (2.99)$$

Durch das Einsetzen in die Dgl erhält man

$$-a \cdot A \cdot e^{-at} + a \left(A \cdot e^{-at} + B \right) = b \qquad \rightarrow \qquad B = b/a \qquad (2.100)$$

und weiter folgt

$$x(t) = A \cdot e^{-at} + \frac{b}{a} \qquad (2.101)$$

Mit der angenommenen Anfangsbedingung, daß zu Beginn beim Einschalten kein
Strom fließt, ergibt sich dann die Lösung der Dgl zu

$$x(0) \;=\; 0 \qquad \rightarrow \qquad 0 = A + \frac{b}{a}$$

$$x(t) \;=\; \frac{b}{a} \left(e^{-at} - 1 \right) \qquad (2.102)$$

Mit den ursprünglichen physikalischen Variablen und der **Zeitkonstanten** T folgt schließlich aus der Gleichung (2.102)

$$x(t) \; = \; \frac{U_0}{R} \left(e^{-t/T} - 1 \right)$$

$$T \; = \; \frac{L}{R} \tag{2.103}$$

eine Lösung, die das Verhalten des Stromes beim Einschalten des Stromkreises beschreibt.

Es ist an der Gleichung (2.103) zu erkennen, daß zu Beginn der Strom bei Null beginnt und sich dann exponentiell mit der Zeitkonstanten T dem Endwert von U_o/R nähert.

Man bezeichnet diese Dgl's als **lineare Dgl's mit konstanten Koeffizienten** . Die Lösung einer solchen Dgl basiert stets auf e-Funktionen.

Eine Schwierigkeit taucht bei der hier vorgestellten einfachen Dgl jedoch auf, wenn die inhomoge Seite selbst von der Zeit abhängt. Ersetzt man nämlich im Bild 2.9 die Gleichspannungsquelle durch einen Wechselspannungsgenerator, dann geht b in $b(t)$ über. Für solche Fälle eignet sich ein Lösungsverfahren, daß als **Variation der Konstanten** bezeichnet wird. Ausgehend von dem gewählten Ansatz nach Gleichung (2.99) interpretiert man die Konstante A ebenfalls als zeitabhängige Größe und damit folgt beim Einsetzen dieses Ansatzes:

$$\dot{A} \cdot e^{-at} - a \cdot A \cdot e^{-at} + a \cdot A \cdot e^{-at} \; = \; b(t)$$

$$\dot{A} \; = \; b(t) \cdot e^{at} \tag{2.104}$$

Eine analytische Lösung existiert immer dann, wenn das Integral gelöst werden kann.

Dgl's mit einem Aufbau entsprechend der Gleichung (2.98) sind von enormer praktischer Bedeutung, da sich selbst aufwendige Dgl's in diese einfache Form umwandeln lassen. x geht dann in einen Vektor $\boldsymbol{x}$ über und Konstanten a, b nehmen die Form von Matrizen $\boldsymbol{A}, \boldsymbol{B}$ an. Die Integration entsprechend der Gleichung (2.104) erfolgt dann ohnehin numerisch.

2.5   Aufgaben

AUFGABE 2.1: Ein **Zufallsgenerator** sei durch die Funktion

$$x(k+1) \; = \; [x(k) \cdot \alpha] \; \text{MOD} \; \; \text{modul}$$
$$\text{modul} \; = \; 65537 \, ; \quad \alpha = 10123 \dots 10129 \quad x(0) = 5, 9, 13$$

gegeben. Die MOD - Funktion gibt den Rest der ganzzahligen Division durch den Wert des moduls zurück. Berechnen Sie insgesamt 1000 Zufallszahlen, zeichnen Sie eine relative Häufigkeitsverteilung in Form einer Säulengraphik und verifizieren Sie die zu erhaltende Gleichverteilung.

AUFGABE 2.2: Aus einer Packung mit 50 Feinsicherungen werden 5 Stück entnommen und zerstörend überprüft. Falls alle Sicherungen die Spezifikation einhalten, gelangt die gesamte Packung mit den verbliebenen 45 Stück in die Produktion. A, B, C, D, E entspricht dem Ereignis der Entnahme einer defekten Feinsicherung. Für die Wahrscheinlichkeit, daß ein Paket mit 10 defekten Feinsicherungen trotzdem akzeptiert wird, gilt dann

$$p(ABCDE) = \frac{40}{50} \cdot \frac{39}{49} \cdot \frac{38}{48} \cdot \frac{37}{47} \cdot \frac{36}{46} = 0,31$$

AUFGABE 2.3: In einer Familie mit 3 Kindern sind die Wahrscheinlichkeit für die Fälle alle 3 Kinder Jungen (J), Mädchen (M) und 2 Jungen oder 2 Mädchen. Geht man von der biologischen Einzelwahrscheinlichkeit $w = \frac{1}{2}$ aus, dann nimmt die Binominalverteilung eine einfache Form an:

$$p(m) = \frac{1}{2^n}\binom{n}{m} \qquad \rightarrow \qquad p_{JJJ} = p_{MMM} = \frac{1}{8} \qquad \text{bzw.} \qquad p_{JJM} = p_{MMJ} = \frac{3}{8}$$

AUFGABE 2.4: Ein Terminalraum für 200 Studenten, von denen jeder im Mittel den Raum für eine Stunde pro 8-Stunden-Tag nutzt, soll mit insgesamt 10 Bildschirmarbeitsplätzen ausgerüstet werden. Für die die Wahrscheinlichkeit, daß ein Benutzer ein freies Terminal vorfindet, gilt dann

$$w = \frac{4}{10} \qquad \rightarrow \qquad p = \sum_{s=1}^{10}\binom{10}{s}w^s q^{n-s} = 1 - q^{10} \approx 0,994 = 99,4\%$$

AUFGABE 2.5: Beim Skatspiel erhält jeder Spieler zu Beginn 10 Karten. Wie groß sind die Wahrscheinlichkeiten, genau keinen, einen, zwei, drei oder 4 Buben auf die Hand zu bekommen ? Die Lösung ergibt sich durch die Auswertung der Gleichung (2.37) . Bei 4 Buben ($M = 4$) im 32-Blatt Spiel ($N = 32$) und bei 10 ausgeteilten Karten ($n = 10$), folgen die Wahrscheinlichkeiten zu :

$$p(m) = \frac{\binom{4}{m}\binom{49-4}{10-m}}{\binom{40}{10}} = \{0,2 \qquad 0,43 \qquad 0,29 \qquad 0,07 \qquad 0,006\}$$

AUFGABE 2.6: Die Produktion von 1000 Widerständen ergibt einen Mittelwert über alle Widerstände von $\bar{R} = 100\Omega$ und eine Varianz von $\sigma = 20\Omega$. Wie groß sind die Wahrscheinlichkeiten, daß ein einzelner Widerstand zwischen 80Ω und 120Ω bzw. zwischen 95Ω und 105Ω liegt.

Im ersten Fall handelt es sich um die 1σ Grenzen, d.h. es ergeben sich 68 % . Im anderen Fall ergibt die Auswertung der erf-Funktion den Wert von ca. 19 % .

AUFGABE 2.7: Der Real - und Imaginärteil der komplexen Zahl z ist zu berechnen.

$$\underline{z} = \sqrt{\frac{1-j}{2+j}} \cdot \ln(3+j) \cdot (1+j)^3 = a + jb$$
$$a = \mp 1,12920$$
$$b = \pm 2,44030$$

AUFGABE 2.8: Berechnet man die Wurzeln der komplexen Zahl $\underline{z} = (2+2j)^{\frac{1}{3}}$ und stellt das Ergebnis in der Gauß'schen Zahlenebene graphisch dar, dann erhält man das Bild mit den komplexen Zahlen

$$\underline{z}_1 = 1,36 + 0,36$$
$$\underline{z}_2 = -1 + j$$
$$\underline{z}_3 = -0,36 - j1,36$$

AUFGABE 2.9: Berechnen Sie den Real - und Imaginärteil der komplexen Zahl $\underline{z}$

$$\underline{z} = \sqrt{\frac{3+2j}{4+j}} \qquad \rightarrow \qquad z_{1/2} = \pm(0,92 + j0,159)$$

AUFGABE 2.10: Vereinfachen Sie folgende Ausdrücke

$$\underline{z} = e^6 \cdot \left[\frac{e^{(2+3j)}}{e^{(5-j)}}\right]^2 = a + jb \qquad \rightarrow \qquad \underline{z} = -0,145 + j0,989$$

AUFGABE 2.11: Berechnen Sie den Logarithmus einer komplexen Zahl

$$\underline{z} = \ln(1+j) \qquad \rightarrow \qquad \underline{z} = 0,865 e^{j65,13^0}$$

AUFGABE 2.12: Die Formel $\underline{z}(k+1) = \underline{z}(k) \cdot z(k) + z_c$ liefert je nach dem Anfangswert $\underline{z}(0)$ eine Folge von konvergierenden oder divergierenden komplexen Zahlen $\underline{z}(0k)$. Ordnet man dem Grad der Divergenz einen Farbpunkt an der Stelle $\underline{z}(0)$ der komplexen Ebene zu, dann entstehen faszinierende Farbmuster, die in der Literatur als „Apfelbäumchen" bzw. als „Mandelbrotmenge" als bekannt sind. Untersuchen

Sie diese Zahlenmenge in der komplexen Ebene unter Einsatz eines Rechners mit Farbgraphik.

AUFGABE 2.13: Wenn man im Bild 2.9 die Induktivität L durch einen entladenen Kondensator C austauscht, entsteht beim Einschalten des Stromkreises ein Stromverlauf, der zu berechnenn ist. Als Hilfe sei der Spannungsabfall U_C am Kondensator wie folgt gegeben:

$$U_C = \frac{1}{C} \int i \cdot dt$$

Eine Dgl erhält man, wenn die Gleichung der Summe der Spannungen differenziert wird. Die Lösung ist wieder eine e-Funktion,

$$i(t) = \frac{U_0}{R} \cdot e^{-t/T}$$

die bei U_0/R beginnt und dann entsprechend der Zeitkonstanten $T = RC$ auf Null absinkt.

Kapitel 3

Digitale Filtertechnik

Der Begriff der Filterung eines Signales bezeichnete ursprünglich nur die Abschwächung oder Verstärkung bestimmter Frequenzanteile aus dem Frequenzgemisch eines analogen Eingangssignales. Am Ausgang des Filters entstand dann ein Signal mit einem gegenüber dem Eingangssignal veränderten Frequenzspektrum. Die analoge Filterung eines Signales erfordert die Entwicklung einer elektrischen Schaltung, die bestimmte Frequenzanteile eines Eingangssignales amplituden- bzw. phasenmäßig verändert und dann ein entsprechendes Ausgangssignal abgibt. Die Realisierung eines solchen Filters führt bei anspruchsvollen Filterfunktionen zu einem aufwendigen Schaltungsaufbau mit vielen Bauelementen. Eine Veränderung der Filtereigenschaften ist dann nur noch in engen Grenzen durch eine Umschaltung von zusätzlich vorgesehenen Bauelementen möglich.

Digitale Filter können analoge Filterfunktionen vollständig ersetzen und gestatten zusätzlich die Realisierung von völlig neuartigen Filterfunktionen, die es im Bereich der analogen Filtertechnik praktisch nicht gibt. Eigentlich stellen digitale Filter nichts anderes als mehr oder weniger aufwendige Rechenvorschriften zur Umrechnung einer Eingangsfolge y_k zeitdiskreter Signale in eine Ausgangsfolge x_k zeitdiskreter Signale dar. Die Rechenvorschrift selbst bezeichnet man als den Filteralgorithmus und damit wird sofort klar, daß sich durch den Austausch der Filteralgorithmen unterschiedlichste Filterfunktionen realisieren lassen.

Digitale Filter entstanden erstmals in den 60er Jahren und dienten zunächst hauptsächlich zur Simulation dynamischer Systeme im Bereich der Meß- und Regeltechnik. Das Problem eines digitalen Filters besteht einzig in der erforderlichen beachtlichen numerischen Rechenleistung, denn bei hochfrequenten Eingangsfolgen ist der Filteralgorithmus mit dem Zyklus der Abtastfrequenz ständig neu zu durchlaufen. Mit der Leistungssteigerung im Bereich digitaler Schaltkreise und Rechenanlagen ergeben sich jedoch für die digitalen Filter laufend neue Anwendungsgebiete, wie z.B die moderne Unterhaltungselektronik mit Compact Disc, Digital Audio Tape und digital verarbeiteten Sprach- und Videosignalen. Durch die ständige Zunahme von computergestützten Meßdatenerfassungssystemen sehen sich immer mehr auch nichttechnische Anwender, wie. z.B. Mediziner, Chemiker und Biologen, mit der Aufgabenstellung der digitalen Filterung von Meßdaten konfrontiert.

3.1   Grundbegriffe der Filtertechnik

Es gibt vier elementare Filterfunktionen:

Tiefpaß, Hochpaß, Bandpaß und Bandsperre.

Läßt ein Filter nur tiefe Frequenzen „passieren" , dann handelt es sich um einen Tiefpaß. Hochpaßverhalten bedeutet dann sinngemäß das Herausfiltern von tiefen Frequenzanteilen und unter einem Bandpaß versteht man ein Filter, das ein Frequenzband als Ausgangssignal überträgt. Bei der Bandsperre unterdrückt das Filter ein bestimmtes Frequenzband. Das Bild 3.1 stellt die im Eingangs- und Ausgangssignal enthaltenen Frequenzanteile für die elementaren und daraus abgeleiteten Filterfunktionen dar. graphisch dar.

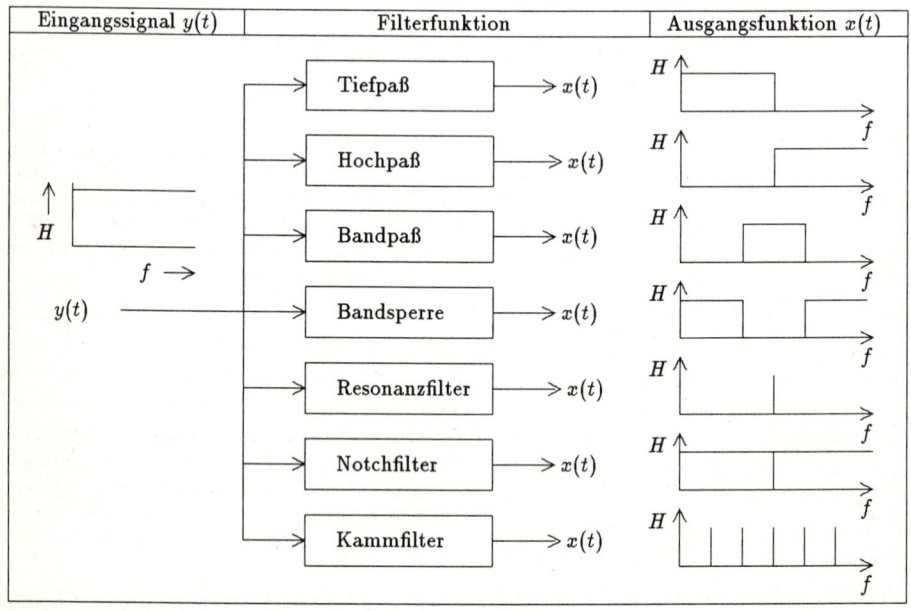

Bild 3.1: Idealisierte Frequenzgänge elementarer Filterfunktionen

Die Bezeichnungen y, x für die Eingangs- und Ausgangssignale findet man in der Literatur gelegentlich in der umgekehrten Reihenfolge definiert. Die angegebene Reihenfolge mit x als Ausgangssignal stimmt jedoch mit den regelungstechnischen bzw. den systemtheoretischen Schreibweisen überein und wird deshalb bevorzugt.

Das Eingangssignal besteht in allen Fällen aus Weißem Rauschen, d.h. es enthält alle Frequenzanteile mit gleicher Amplitude. Allerdings läßt sich kein an der Stelle der Grenzfrequenz senkrecht abfallender Frequenzgang des Ausgangssignales realisieren, jedoch sind die entsprechenden Filter durch eine möglichst große Flankensteilheit gekennzeichnet.

Die Stelle, an das Eingangssignal um den Faktor $1/\sqrt{2}$ bzw. um das logarithmische Maß von 3dB abgesunken ist, bezeichnet man als Grenzfrequenz f_g.

3.1.1 Definition eines Filters im Frequenzbereich

Vor der eigentlichen Anwendung digitaler Filter ist es erforderlich, daß der Leser die elementaren Begriffe der Filtertechnik versteht. Beginnen wir mit dem Begriff der **Übertragungsfunktion**. Dazu bezieht man die Amplitude des Ausgangssignales $X(f)$ für eine einzelne Frequenz f auf die entsprechende Amplitude der gleichen Frequenz des Eingangssignales $Y(f)$. Dann erhält man für jede Frequenz f einen Übertragungsfaktor, der von dieser momentan ausgewählten Frequenz f abhängt. Für den idealen Tiefpaß nach Bild 3.1 sinkt dieser Übertragungsfaktor an der Stelle der Grenzfrequenz von 1 auf 0 ab und bezüglich der Phasenverschiebung tritt ein Phasensprung auf. Die so entstehenden Funktionen bezeichnet man als Amplituden- bzw. Phasengang und die dazu gehörende komplexe Funktion als Übertragungsfunktion $H(j\omega)$. Mit der in der Elektrotechnik üblichen Abkürzung $p = j\omega$ gilt dann für den komplexen Frequenzgang:

$$H(j\omega) = \frac{X(j\omega)}{Y(j\omega)} \qquad \rightarrow \qquad H(p) = \frac{X(p)}{Y(p)} \qquad (3.1)$$

BEISPIEL 3.1: Die Reihenschaltung eines ohmschen Widerstandes R mit einer Spule der Induktivität L entspricht einem komplexen Widerstand, durch den nach Anlegen einer periodischen Spannung $\underline{u}$ ein komplexer Strom $\underline{i}$ fließt. Der induktive Widerstand ist der Frequenz proportional, d.h. es gelten die Beziehungen:

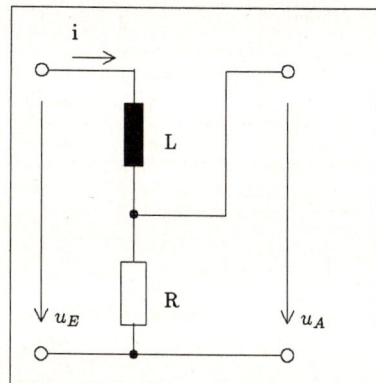

$$\begin{aligned} \underline{R} &= R + j\omega L \\ \underline{i} &= \frac{\underline{u}}{R + j\omega L} \end{aligned}$$

Nimmt man nun ein Eingangssignal an, das alle Frequenzanteile mit der Amplitude 1 (Weißes Rauschen) enthält, dann entspricht die Frequenzabhängigkeit des Stromes unmittelbar der Übertragungsfunktion der im Bild 3.2 dargestellten Schaltung:

Bild 3.2: Elektrische Tiefpaßschaltung

$$\underline{i} = \frac{\underline{u}}{R + pL} = \frac{\underline{u}}{\sqrt{R^2 + \omega^2 L^2}} \cdot e^{-j \arctan(\frac{\omega L}{R})}$$

Führt man den maximalen Strom als Normierungsfaktor ein, dann folgt die Übertragungsfunktion zu

$$\underline{i}_{max} = \frac{\underline{u}}{R} \qquad \rightarrow \qquad \underline{H}(\omega) = \frac{1}{\sqrt{1 + (\omega L/R)^2}} \cdot e^{-j \arctan(\frac{\omega L}{R})}$$

Es handelt sich hier um eine komplexe Funktion, die in den Betrag (Amplitudengang) und in die Phase (Phasengang) aufgeteilt werden kann. Das Bild 3.3 zeigt beide Verläufe als Funktion von n-Vielfachen der Grenzfrequenz.

Am Verlauf des Amplitudenganges erkennt man, daß es sich bei der Schaltung nach Bild 3.2 um einen Tiefpaß handelt. Außerdem fällt die enorme Phasendrehung von insgesamt -90 Grad auf, die bei praktischen Anwendungen häufig unerwünscht ist. Die Grenzfrequenz folgt aus der Gleichheit:

$$1 = (\omega L/R)^2 \qquad \rightarrow \qquad f_g = \frac{R}{2\pi L}$$

An der Stelle der Grenzfrequenz sinkt die Amplitude um $1/\sqrt{2}$ ab und die Phasendrehung beträgt genau 45°.

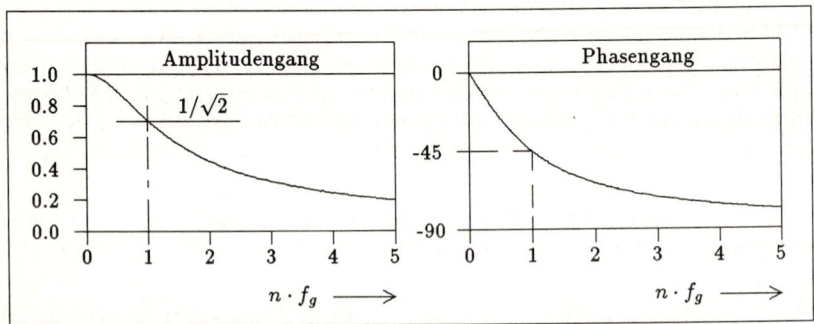

Bild 3.3: Amplituden- und Phasengang in linearer Darstellung

Wegen des großen Bereiches interessierender Frequenzen sind bei der graphischen Darstellung von Übertragungsfunktionen logarithmische Achsenskalierungen, wie im Bild 3.4 dargestellt, üblich.

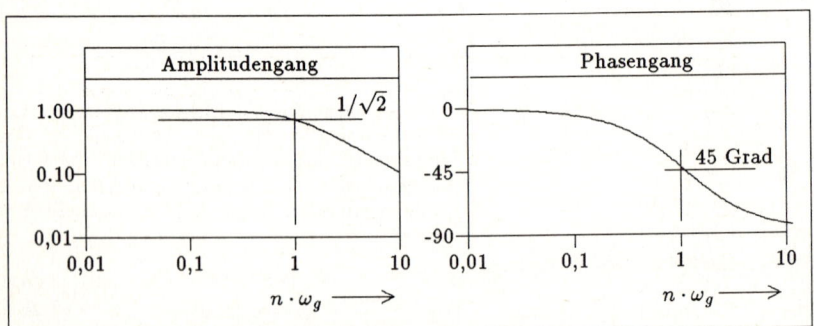

Bild 3.4: Amplituden- und Phasengang in logarithmischer Darstellung

Statt der Reihenschaltung einer Induktivität mit einem ohmschen Widerstand, hätte man für eine Tiefpaßcharakteristik auch eine Parallelschaltung aus einem Kondensator und einem ohmschen Widerstand wählen können. Durch eine geeignete Anordnung von R, L und C lassen sich beliebige Filterfunktionen realisieren, wobei die Flankensteilheit durch eine Vermehrfachung der Grundschaltung beeinflußbar ist.

3.1.2 Definition eines Filters im Zeitbereich

Der Frequenzgang bzw. die Übertragungsfunktion legt ein Filter im Frequenzbereich eindeutig fest. Häufig ist es jedoch einfacher, ein Filter im Zeitbereich zu definieren. Dazu betrachtet man den Verlauf des Ausgangssignals bei einem gegebenen Testsignal als Eingangssignal. Als Testsignal sind vor allem impulsförmige und sprungförmige Signalverläufe üblich. Das Filter „antwortet" dann auf diese Eingangssignale mit entsprechenden Ausgangssignalen, die dann als **Impulsantwort** oder **Sprungantwort** bezeichnet werden.

BEISPIEL 3.2: Als Beispiel wird nun die Sprungantwort der im Bild 3.2 dargestellten Schaltung berechnet. Nach dem Kirchhoff'schen Gesetz ist die Summe der Spannung in einer Masche gleich Null. Die an der Induktivität induzierte Spannung ist der Stromänderung proportional. Es gilt somit

$$u_0 - R \cdot i - L \cdot \frac{di}{dt} = 0 \qquad \rightarrow \qquad \frac{di}{dt} + \frac{R}{L} \cdot i = \frac{u_0}{L}$$

Die Lösung dieser linearen Differentialgleichung erster Ordnung mit konstanten Koeffizienten ist grundsätzlich eine e-Funktion. Mit der Anfangsbedingung $i(0) = 0$ ergibt sich die allgemeine Lösung zu:

$$i(t) = A \cdot e^{\frac{t}{L/R}} + \frac{u_0}{R} \qquad \rightarrow \qquad i(t) = \frac{u_0}{R} \cdot \left(1 - e^{\frac{t}{L/R}}\right)$$

Mit abkürzenden Schreibweisen erhält man die normierte Beschreibung dieser, im Bild 3.5 dargestellten Funktion zu:

$$i_{max} = \frac{u_0}{R} \qquad \text{bzw.} \qquad x(t) = \frac{i(t)}{i_{max}} \qquad \text{bzw.} \qquad T = \frac{L}{R} \qquad \rightarrow \qquad x(t) = \left(1 - e^{-\frac{t}{T}}\right)$$

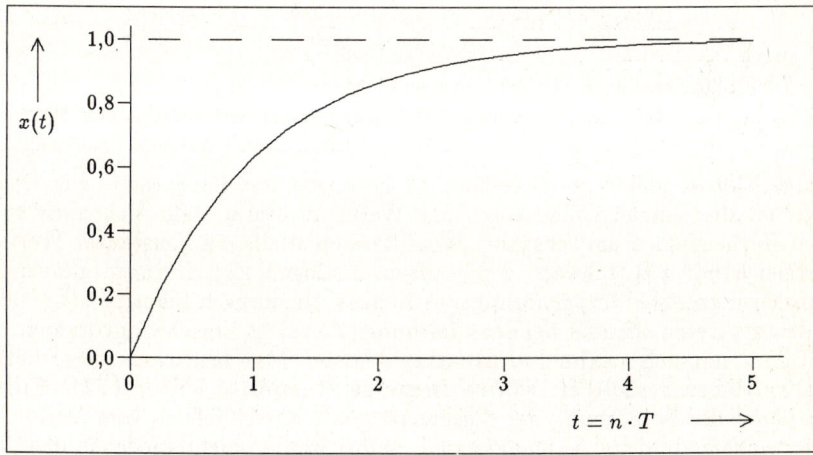

Bild 3.5: Sprungantwort entsprechend dem Beispiel 3.2

3.1.3   Grundbegriffe digitaler Filtertechnik

Unter einem digitalen Filter versteht man eine Rechenvorschrift, die eine Eingangsfolge von Abtastwerten in eine geänderte Ausgangsfolge umrechnet. Die Rechenvorschriften selbst können aus einfachen oder beliebig komplizierten, linearen oder
nichtlinearen Algorithmen bestehen. Das Bild 3.6 zeigt eine Eingangsfolge, die sich
sprungförmig nach dem 2. Abtastwert ändert. Der angenommene, tiefpaßähnliche
Filteralgorithmus berechnet nun daraus eine Ausgangsfolge, die einen geglätteten
Verlauf aufweist.

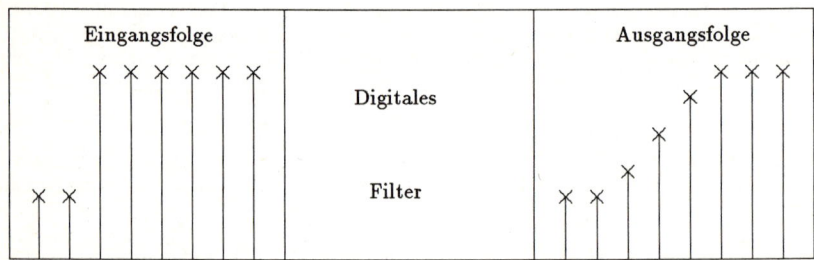

Bild 3.6: Grundprinzip eines tiefpaßähnlichen digitalen Filters

Für einfache Filterfunktionen genügt es häufig, eine Anzahl von m zeitdiskreten
Eingangssignalen mit Gewichtsfaktoren zu multiplizieren und dann die Summe auf
den Ausgang zu schalten. Mathematisch entspricht dies der folgenden Gleichung:

$$x_k = \sum_{i=0}^{m-1} b_i \cdot y_{k-i} \; ; \qquad \sum_{i=0}^{m-1} b_i = 1 \qquad (3.2)$$

Dieser Filteralgorithmus realisiert eine gewichtete Mittelwertbildung, wie sie im
Kapitel 2 bei den statistischen Verfahren bereits behandelt wurde. Die Werte der
einzelnen Koeffizienten sowie ihre Anzahl m definieren die Art der Filterung.

Filteralgorithmen gemäß der Gleichung (3.2) weisen eine interessante Eigenschaft
auf: Nimmt die Eingangsfolge konstante Werte an, dann stellt sich nach späte-
stens m Rechenzyklen am Ausgang des Filters ebenfalls ein konstanter Wert ein.
Im Vergleich mit z.B. schwach gedämpften, analogen Einschwingvorgängen, deren Einschwingzeit bei impulsförmiger Anregung theoretisch betrachtet unendlich
lange dauert, treten offenbar bei der Gleichung (3.2) stets Einschwingvorgänge endlicher Dauer, nämlich maximal m Abtastzyklen, auf. Man bezeichnet diese Art von
Filteralgorithmen deshalb als **Finite Impulse Response Filter (FIR-Filter)**.
Ferner hängt die Berechnung der Ausgangssignale ausschließlich vom Verlauf der
Eingangssignale ab, denn Ausgangssignale selbst werden nicht wieder in den Algorithmus zurückgekoppelt. Deshalb bezeichnet man diese Art von Algorithmen als
nichtrekursive Algorithmen. Einen Filteralgorithmus, bei dem die Berechnung
des Ausgangssignales von den bereits berechneten Ausgangssignalen x abhängt,
nennt man dann sinngemäß einen **rekursiven Algorithmus**.

Ein allgemeines, lineares Filter läßt sich wieder durch Summenformeln beschreiben.
Die Gewichtsfaktoren für die rückgekoppelten Ausgangssignale seien a_i und für die

Bezeichnung der Gewichtsfaktoren der Eingangssignale werde wieder b_i gewählt. Damit gilt die folgende Gleichung:

$$x_{k+1} = \sum_{i=0}^{n-1} a_i \cdot x_{k-i} + \sum_{i=0}^{m-1} b_i \cdot y_{k-i} \; ; \qquad m \leq n \tag{3.3}$$

Die Gleichung (3.3) läßt sich in Form eines Blockschaltbildes gemäß dem Bild 3.7 graphisch darstellen. Man erkennt die Verzögerungsglieder, die Summationsschiene und die Multiplikationstellen.

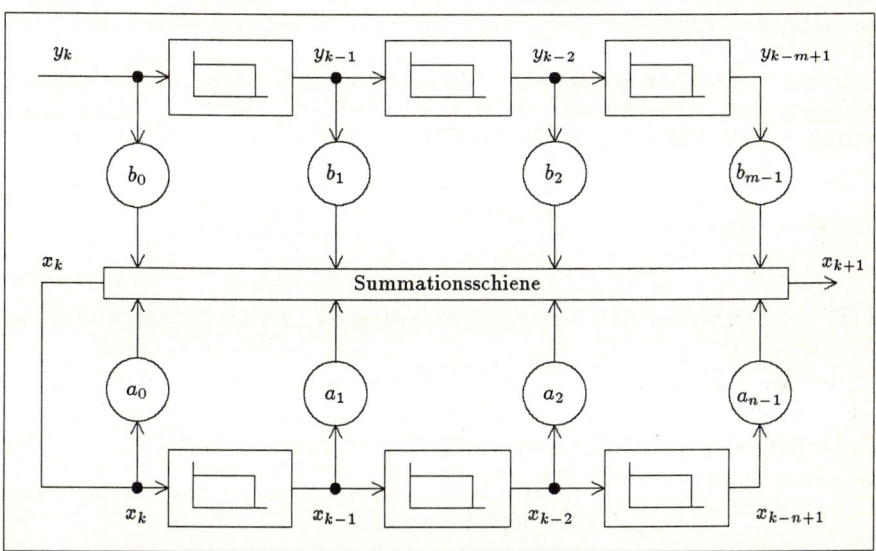

Bild 3.7: Graphische Darstellung der Struktur digitaler Filter

Es gibt für digitale Filter eine Vielzahl von anderen graphischen Darstellungen der Gleichung (3.3) . Am Bild 3.7 erkennt man jedoch besonders deutlich in der oberen Bildhälfte den nichtrekursiven und in der unteren Bildhälfte den rekursiven Teil des Filteralgorithmus. Die Reihenfolge der einzelnen Multiplikationen und Additionen sind beliebig, allerdings darf das Signal der Summationsschiene erst dann nach außen gelangen, wenn alle anderen Rechenoperationen abgeschlossen sind. Die Verschiebeoperatoren symbolisieren den Vorgang des „Durchschiebens" von insgesamt $n + m$ gespeicherten Signalen. Nach Abschluß der Multiplikationen und Summationen erfolgt deshalb stets eine Rechenoperation, die sich für das Filter des Bildes 3.7 programmtechnisch wie folgt darstellt:

$$
\begin{array}{lll}
x_{k+3} & = & x_{k+2} \qquad \text{bzw.} \qquad y_{k+3} = y_{k+2} \\
x_{k+2} & = & x_{k+1} \qquad \text{bzw.} \qquad y_{k+2} = y_{k+1} \\
x_{k+1} & = & x_{k} \qquad\ \ \text{bzw.} \qquad y_{k+1} = y_{k}
\end{array}
\tag{3.4}
$$

Auffällig am Bild 3.7 sind vor allem die rückgekoppelten Ausgangssignale, die die Stabilität des Filter definieren. Bei rekursiven Filtern können unendlich lang andauernde Einschwingvorgänge auftreten.

Man betrachte dazu den instabilen Filteralgorithmus der Form:

$$x_{k+1} = -x_k + y_k \qquad (3.5)$$

Die Stabiltät bzw. dynamischen Eigenschaften eines rekursiven Filtern hängen somit von der richtigen Wahl der Gewichtsfaktoren a_i ab. Man bezeichnet die rekursiven Filter wegen ihrer möglichen unendlich lang dauernden Antwort auf eine impulsförmige Anregung als **Infinite Impuls Response Filter (IIR-Filter)**.

Der Anwender eines digitalen Filters muß sich zu Beginn zwischen den beiden Filtertypen FIR bzw. IIR entscheiden. IIR - Filter eignen sich gut zur Realisierung von anspruchsvollen Filtercharakteristiken, wobei auf der anderen Seite Stabilitätsprobleme, z.B. in Form von unerwünschten Überschwingern, auftreten können. Bei FIR-Filtern führen aufwendige Filterfunktionen zu einer relativ großen Anzahl von Koeffizienten, dafür bieten sie jedoch den Vorteil einer endlichen Einschwingzeit. Die Tab. 3.1 stellt diese Aussagen in übersichtlicher Form noch einmal dar.

Filtertyp	Algoritmus	Vorteil	Nachteil
FIR	nichtrekursiv	endliche Einschwingzeit Effiziente Realisierung von Trendfiltern	Es sind nur bestimmte Filterfunktionen sinnvoll zu realisieren
IIR	rekursiv	Es sind leistungsfähige, beliebige Filterfunktion realisierbar	unendliche Einschwingzeit unerwünschtes Überschwingen

Tab. 3.1: Prinzipieller Vergleich von FIR- und IIR-Filtern

Rechentechnisch betrachtet erfordern lineare Filteralgorithmen die Rechenoperation der Addition und Multiplikation, wobei die im jeweiligen Filteralgorithmus enthaltenen Eingangs- und Ausgangssignale temporär zu speichern sind. Die zeitliche Reihenfolge der Multiplikationen ist ohne Bedeutung, d.h. digitale Filter eignen sich hervorragend für parallele Rechnerarchitekturen.

Dem ungeduldigen, an der Anwendung interessierten Leser fehlen jetzt nur noch die Berechnungsvorschriften, um aus der mittels Frequenzgang oder Sprungantwort gegebenen Filtercharakteristik die gesuchten n, m Gewichtsfaktoren a_i, b_j ermitteln zu können. Die wichtigsten Rechenverfahren sollen deshalb nun erläutert werden.

3.2 Berechnung linearer Filter

Die Berechnung der Koeffizienten von linearen Filtern hängt zunächst davon ab, in welcher mathematischen Darstellung die zu realisierende Filtercharakteristik gegeben ist. Wandelt man dann noch die gegebenen mathematischen Darstellungen in andere Formen um oder transformiert sie vom Zeitbereich in den Frequenzbereich und umgekehrt, dann entsteht ein Irrgarten von Berechnungsmethoden und eine übersichtliche, verständliche Beschreibung der Rechenmethoden ist kaum noch möglich. Deshalb sollte sich der Leser zunächst nur auf direkte Berechnungsmethoden konzentrieren.

Das Bild 3.8 stellt 3 unterschiedliche Rechenwege dar:

- Berechnung der Filterkoeffizienten auf der Basis von vorgebenenen Zeitverläufen, wie z.B. Impuls- oder Sprungantworten. Das mathematische Hilfsmittel ist die z-Transformation, die im nächsten Abschnitt erläutert wird.

- Berechnung der Filterkoeffizienten bei vorgegebenem Frequenzgang. Hier bietet sich das Verfahren der Bilinear-Transformation, das im übernächsten Abschnitt vorgestellt wird.

- Umwandlung einer Differentialgleichung, die das gesuchte Filter im analogen Bereich beschreibt, in einen digitalen Filteralgorithmus. Dieses Rechenverfahren basiert auf Differenzengleichungen, die bei Systemen höherer Ordnung als Zustandsvariablen-Darstellung in der Vektor-Matrizenschreibweise angegeben werden.

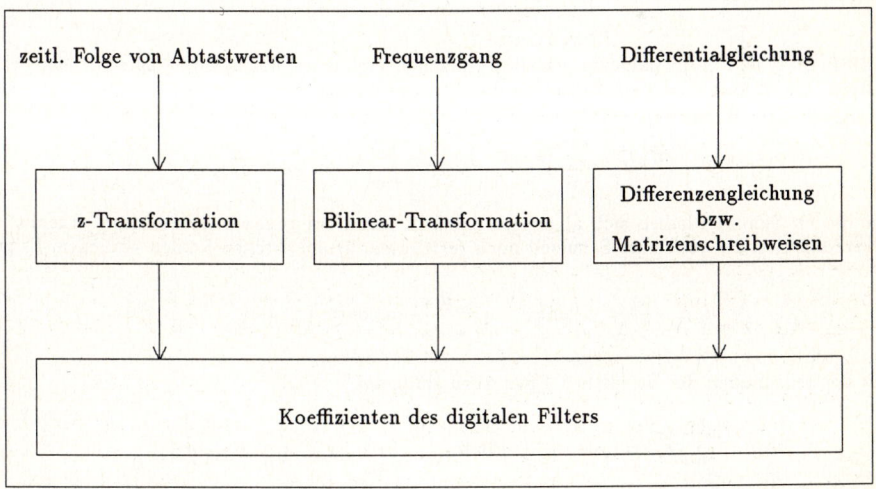

Bild 3.8: Wichtige Berechnungsmethoden für digitale Filter

Jedem der 3 Berechnungsverfahren sind die genannten mathematischen Methoden zugeordnet, die nun in der oben aufgeführten Reihenfolge erklärt werden.

3.2.1   Filterkoeffizienten bei bekannter Zeitfunktion

Ein digitales lineares Filter ist definiert durch seine Ausgangszahlenfolge, die bei
einer geigneten Eingangszahlenfolge auftritt. Man wählt als Eingangszahlenfolge
keine beliebigen Zahlenfolgen, sondern sprung- oder impulsförmige Signale, denn
damit läßt sich die Ausgangszahlenfolge besser berechnen.

BEISPIEL 3.3: Die Sprungantwort eines einfachen Tiefpasses ergab sich im Beispiel 3.2 zu

$$x(t) = \left(1 - e^{-\frac{t}{T}}\right) \qquad \rightarrow \qquad x_k = \left(1 - e^{-\frac{k \cdot T_A}{T}}\right)$$

Bei einer angenommenen Zeitkonstanten von $T = 1$ s und einer Abtastzeit von $T_A = 1$ s ergeben
sich für die Eingangs- und Ausgangszahlenfolge die Zahlenwerte:

$$y_k = \{1,0000 \quad 1,0000 \quad 1,0000 \quad 1,0000 \quad 1,0000 \quad \ldots \quad 1,0000\}$$
$$x_k = \{0,0000 \quad 0,6321 \quad 0,8646 \quad 0,9502 \quad 0,9816 \quad \ldots \quad 1,0000\}$$

Die Berechnung der gesuchten Koeffizienten des linearen Filters basiert auf einer
speziellen, zeitdiskreten Transformation, der **z-Transformation**, die wie folgt definiert ist:

$$F(z) = \sum_{i=0}^{\infty} f_i \cdot z^{-i} \qquad \text{mit} \qquad z = e^{(\sigma + j\omega)T_A} \tag{3.6}$$

Die Definition ist für die Anwendung nur sinnvoll, wenn die Reihe schnell genug
konvergiert. Mit einem ausreichend großen Wert für den Parameter σ läßt sich
die Konvergenz verbessern. Auf der anderen Seite geht für den Fall $\sigma = 0$ die z-
Transformation in die im folgenden Kapitel 4 dieses Buches behandelte diskrete
Fouriertransformation (DFT) über.

BEISPIEL 3.4: Für die Zahlenfolgen eines einfachen Tiefpasses, wie sie im Beispiel 3.3 angegeben
wurden, erhält man nach dem Einsetzen der Sprungantwort: mit $\frac{T_A}{T} = 1$

$$F(z) = \sum_{i=0}^{\infty} \left(1 - e^{-i}\right) z^{-i} = \sum_{i=0}^{\infty} z^{-i} - \sum_{i=0}^{\infty} e^{-i} z^{-i}$$

Die beiden Summen lassen sich allgemein angeben, denn bei genauer Betrachtung erkennt der
Leser, daß hier, die aus seiner Schulzeit noch vertrauten, geometrischen Reihen vorliegen. Es gilt:

$$\sum_{i=0}^{\infty} a_i = \frac{a_0}{1 - q} \qquad \text{mit} \qquad q = \frac{a_{i+1}}{a_i} = \text{const.} \qquad \text{und} \qquad |q| < 1$$

Für die Teilsummen des Beispiels 3.4 gilt dann sinngemäß:

$$\sum_{i=0}^{\infty} z^{-i} = \frac{1}{1 - z^{-1}} \qquad \text{bzw.} \qquad \sum_{i=0}^{\infty} e^{-i} z^{-i} = \frac{1}{1 - e^{-1} z^{-1}}$$

Die z-Transformierte folgt dann aus dem Verhältnis der Ausgangsfunktion zur Eingangsfunktion,

$$F(z) = \frac{X(z)}{Y(z)} = \frac{\dfrac{1}{1 - z^{-1}} - \dfrac{1}{1 - e^{-1} z^{-1}}}{\dfrac{1}{1 - z^{-1}}}$$

wobei der Nenner der z-Transformierten der Eingangsfunktion, d.h. der Sprungfunktion, entspricht.

$$y_k = 1 \quad \rightarrow \quad Y(z) = \sum_{i=0}^{\infty} z^{-i} = \frac{1}{1 - z^{-1}}$$

Die Beseitigung der Doppelbrüche in der diskreten Übertragungsfunktion $F(z)$ führt schließlich zu dem Ergebnis:

$$F(z) = 1 - \frac{1 - z^{-1}}{1 - e^{-1}z^{-1}} = \frac{(1 - e^{-1})z^{-1}}{1 - e^{-1}z^{-1}}$$

Das Beispiel 3.4 erläuterte, wie man aus einer gegebenen Zeitfolge die z-Transformierte berechnet. Völlig unklar ist jedoch noch, wie man aus der z-Transformierten die gesuchten Koeffizienten des digitalen Filters erhält. Hier hilft uns eine hervorragende Eigenschaft der z-Transformation weiter, nämlich der **Verschiebesatz**. Für eine zeitliche Verschiebung um n-Abtastwerte gilt:

$$x_{k-n} \quad \longleftrightarrow \quad z^{-n} \cdot X(z) \tag{3.7}$$

Diese Beziehung nutzen wir jetzt in der Reihenfolge von rechts nach links und ordnen jedem z^{-n} im Bildbereich der z-Raumes eine dem Exponenten entsprechende Verschiebung von $-n$ im Zeitbereich zu. Im Prinzip handelt sich hier um eine Rücktransformation, die sich einzig durch die Änderung der Schreibweisen ausführen läßt.

BEISPIEL 3.5: Die Anwendung der Gleichung (3.7) auf das Ergebnis des Beispiels 3.4 ergibt:

$$F(z) = \frac{X(z)}{Y(z)} = \frac{(1 - e^{-1})z^{-1}}{1 - e^{-1}z^{-1}}$$
$$(1 - e^{-1}z^{-1}) X(z) = ((1 - e^{-1})z^{-1}) Y(z)$$
$$x_k - e^{-1} \cdot x_{k-1} = (1 - e^{-1}) \cdot y_{k-1}$$

Die Umstellung dieser Gleichung nach x_k und die Erhöhung der Zählweise um 1 liefert schließlich den gesuchten Filteralgorithmus:

$$x_{k+1} = e^{-1} \cdot x_k + (1 - e^{-1}) \cdot y_k$$

Die Grundform dieses Tiefpaßfilters entspricht einem IIR-Typ. Falls das Verhältnis der Zeitkonstanten T_A/T ungleich Eins ist, gilt allgemein:

$$x_{k+1} = a_0 \cdot x_k + b_0 \cdot y_k$$
$$a_0 = e^{-T_A/T}$$
$$b_0 = 1 - e^{-T_A/T}$$

Das Bild 3.6 stellt den Verlauf der ursprünglichen e-Funktion und die Ausgangssignale des Filters dar. Man erkennt, daß analoges Filter und digitales Filter zu den jeweiligen Abtastzeitpunkten exakt übereinstimmen.

Es lohnt an dieser Stelle, auf die im Beispiel 3.5 deutlich erkennbare, enorme Leistungsfähigkeit von digitalen Filtern hinzuweisen. Das dynamische Verhalten einer Reihenschaltung aus Spule und ohmschem Widerstand konnte exakt durch die konkurrenzlos einfache Gleichung $x_{k+1} = a_0 \cdot x_k + b_0 \cdot y_k$ beschrieben werden. Tatsächlich unterscheiden sich komplizierte dynamische Systeme vom einfachen Tiefpaß des

Beispiels 3.5 einzig durch eine größere Anzahl von Koeffizienten. Die Mathematik ist einfach: Die Eingangs- und Ausgangssignale werden mit Gewichtsfaktoren multipliziert und dann aufaddiert.

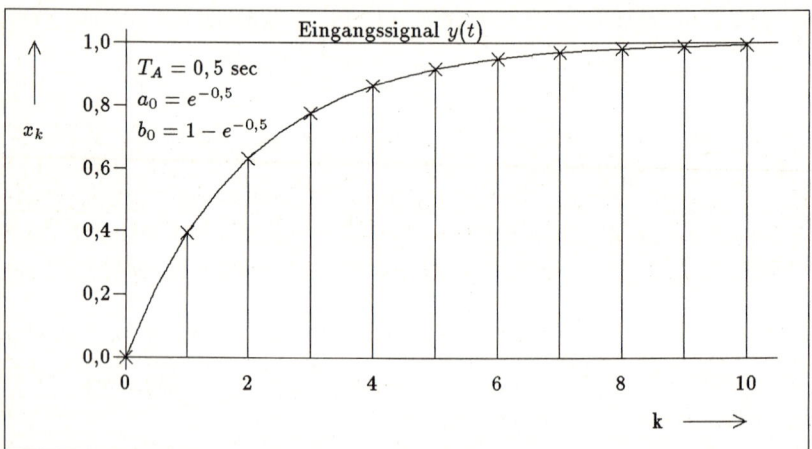

Bild 3.9: Berechnung der Filterkoeffizienten mittels z-Transformation

Der Nachteil der Berechnungsmethode der Filterkoeffizienten mittels des Verfahrens der z-Transformation eines Zeitsignales liegt in der Problematik der z-Transformation selbst begründet, denn es existieren nur für wenige, ganz bestimmte Zeitverläufe, wie z.B. Geraden, Parabeln und e-Funktionen, analytische Lösungen. Allerdings setzen sich die Sprungantworten von klassischen, analogen Filtern stets aus einer Kombination der aufgezählten Funktionen zusammen. Bei anspruchsvollen Filtercharakteristiken gerät die Berechnung der z-Transformation wegen der dann erforderlichen Partialbruchzerlegungen und der Verwendung von Tabellen für z-Transformierte schnell zu einer aufwendigen Angelegenheit. Auf der anderen Seite handelt es sich bei der z-Transformation um ein exaktes Verfahren, was für die nachfolgenden anderen Rechenmethoden nicht mehr gilt.

3.2.2   Filterkoeffizienten bei bekanntem Frequenzgang

Häufig stellt sich bei der praktischen Anwendung von digitalen Filtern die Aufgabe, für einen gegebenen Frequenzgang die Koeffizienten des entsprechenden digitalen Filters zu ermitteln. Tritt innerhalb der Übertragungsfunktion die Variable $j\omega$ nur mit ganzzahligem Exponenten oder als Argument von linearen Funktionen auf, dann lassen sich mittels der folgenden einfachen und anschaulichen Methode die Filterkoeffizienten berechnen.

Zunächst ersetzt man die Variable der z-Tansformation durch $j\omega$, damit die Übertragungsfunktion $H(j\omega)$ in eine andere Form übergeht:

$$z = e^{j\omega T_A} \quad \rightarrow \quad j\omega = \frac{\ln z}{T_A} \quad \rightarrow \quad H(j\omega) = H(\frac{\ln z}{T_A}) \qquad (3.8)$$

Leider entsteht durch die Substitution ein nichtlinearer Ausdruck bezüglich der Variablen z, der die direkte Bestimmung der Filterkoeffizienten auf der Basis des Verschiebesatzes der z-Transformation ausschließt. Die Lösung dieses Problems gelingt jedoch näherungsweise, wenn man die Logarithmusfunktion in eine Potenzreihe entwickelt

$$\ln z = 2 \left(\frac{z-1}{z+1}\right) + \frac{1}{3}\left(\frac{z-1}{z+1}\right)^3 + \frac{1}{5}\left(\frac{z-1}{z+1}\right)^5 + \dots \qquad (3.9)$$

und nur den ersten, bezüglich z linearen Anteil berücksichtigt. Die Reihe nach Gleichung (3.9) konvergiert für kleine Werte von $|z-1|$ sehr rasch. Um daher den Fehler der Näherungsrechnung möglichst gering zu halten, muß bei der Anwendung dieser Rechenmethode der gültige Frequenzbereich beachtet werden. Es gilt:

$$z - 1 = 0 \qquad \rightarrow \qquad e^{j\omega T_A} = 1 \qquad \rightarrow \qquad \omega T_A = 0 \qquad (3.10)$$

Der Wert des Produktes ωT_A ist über die Abtastfrequenz steuerbar. Der praktische Einsatz zeigt jedoch, daß bei einer Abtastfrequenz, die dem Abtastkriterium genügt (siehe Abschnitt 4.1), diese Näherung eine Bestimmung von Filterkoeffizienten mit einem zu vernachlässigenden Fehler gestattet.

Damit liegt nun eine leistungsfähige Methode zur Berechnung der Filterkoeffizienten vor. Den linearen Anteil der Gleichung (3.9)

$$\ln z = 2 \left(\frac{z-1}{z+1}\right) \qquad (3.11)$$

bezeichnet man allgemein als **Bilinear-Transformation**. Die eigentliche Formel zur Umwandlung des Frequenzganges lautet somit:

$$p = j\omega = \frac{2}{T_A} \cdot \frac{z-1}{z+1} \qquad (3.12)$$

BEISPIEL 3.6: Als Beispiel dient wieder der schon mehrfach berechnete einfache Tiefpaß. Für den Frequenzgang folgt dann mit der Zeitkonstanten T:

$$H(j\omega) = \frac{1}{1 + j\omega T}$$

Ersetzt man nun $j\omega$ durch die Bilinear-Transformation, dann folgt:

$$j\omega = \frac{\ln z}{T_A} \qquad \rightarrow \qquad \frac{1}{1 + \dfrac{T}{T_A}\cdot \ln z} \approx \frac{1}{1 + \dfrac{T}{T_A}\cdot 2\left(\dfrac{z-1}{z+1}\right)}$$

Nach der Beseitung der Doppelbrüche und dem Ordnen nach z, ergibt sich die Übertragungsfunktion in Abhängigkeit von z zu:

$$H(z) = \frac{T_A(z+1)}{T_A(z+1) + 2T(z-1)} = \frac{T_A z + T_A}{(2T + T_A)z + T_A - 2T}$$

Um den Verschiebesatz anwenden zu können, muß die Übertragungsfunktion in der Form $H(z^{-1})$ vorliegen. Deshalb wird nun z aus Zähler und Nenner ausgeklammert:

$$H(z^{-1}) = \frac{T_A(1+z^{-1})}{(T_A - 2T)z^{-1} + (2T + T_A)}$$

Die Anwendung des Verschiebesatzes liefert das Ergebnis:

$$(T_A - 2T) \cdot x_{k-1} + (2T + T_A) \cdot x_k = T_A \cdot y_k + T_A \cdot y_{k-1}$$
$$x_k = \frac{2T - T_A}{2T + T_A} \cdot x_{k-1} + \frac{T_A}{2T + T_A} \cdot (y_k + y_{k-1})$$

Das Bild 3.10 stellt die theoretische Sprungantwort und die tatsächlichen Sprungantworten des berechneten Filters für verschiedene Abtastfrequenzen gegenüber. Man erkennt, daß die Fehler der Näherung Bilinear-Transformation schon ab $T_A < 0,5T$ zu vernachlässigen sind.

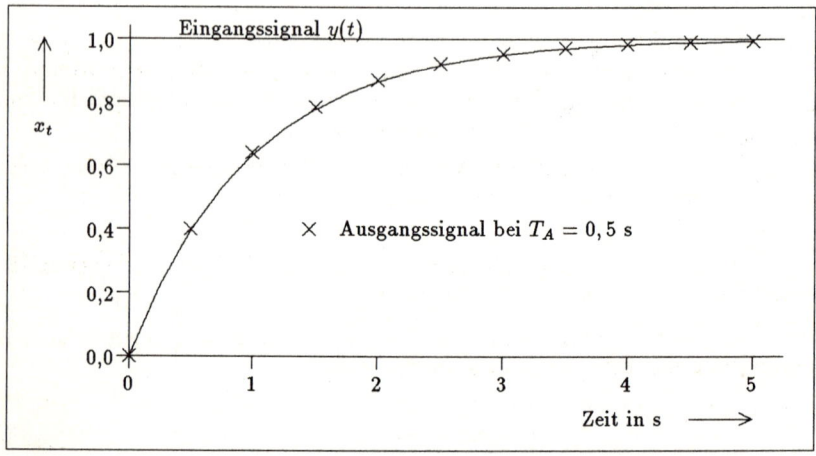

Bild 3.10: Berechnung der Filterkoeffizienten mittels Bilinear-Transformation

3.2.3 Filterkoeffizienten einer Differentialgleichung

Bei der Anwendung von digitalen Filtern im Bereich der Meß- und Regeltechnik sowie bei der digitalen Simulation dynamischer Systeme ist das zu untersuchende dynamische System häufig in Form einer Differentialgleichung vorgegeben. Gesucht ist dann ein digitaler Algorithmus, der ein identisches dynamisches Verhalten wie die gegebene Differentialgleichung aufweist. Ausgehend von einer linearen Differentialgleichung erster Ordnung, wird im folgenden Abschnitt die allgemeine Umwandlung einer Differentialgleichung n-ter Ordnung mit konstanten Koeffizienten in eine Anzahl von n Differenzengleichungen erster Ordnung erläutert. Auf diesen Rechenmethoden sowie den dazu gehörenden Zustandsvariablendarstellungen in der Vektor- und Matrizenschreibweise basieren die modernen Filterverfahren, deren Leistungsfähigkeit die bekannten klassischen Filterverfahren bei weitem übertreffen.

Differentialgleichung 1. Ordnung

Eine gewöhnliche, lineare Differentialgleichung 1. Ordnung mit konstanten Koeffizienten lautet:

$$\dot{x}(t) + c_1 \cdot x(t) = y(t) \tag{3.13}$$

Für den Differentialquotienten lautet die Definition:

$$\dot{x}(t) = \lim_{\Delta t \to 0} \frac{x(t + \Delta t) - x(t)}{\Delta t} \tag{3.14}$$

Bei ausreichend kleinen Zeitintervallen Δt kann man vom Differential zur Differenz übergehen:

$$
\begin{aligned}
\Delta t \quad &\to \quad T_A \\
t, t + \Delta t \quad &\to \quad k, k+1 \\
\dot{x} \quad &\approx \quad \frac{x_k - x_{k-1}}{T_A}
\end{aligned}
\tag{3.15}
$$

Nun braucht man die Gleichungen (3.15) nur noch in die Differentialgleichung (3.13) einsetzen, um eine Differenzengleichung zu erhalten:

$$
\begin{aligned}
\frac{x_k - x_{k-1}}{T_A} + c_1 \cdot x_k &= y_k \\
x_k - x_{k-1} + T_A c_1 x_k &= T_A y_k \\
x_k &= a_1 \cdot x_{k-1} + b_0 \cdot y_k \\
a_1 &= \frac{1}{1 + c_1 \cdot T_A} \\
b_0 &= \frac{T_A}{1 + c_1 \cdot T_A}
\end{aligned}
\tag{3.16}
$$

Die Differenzengleichung entspricht nur bei sehr kleinen Werten der Abtastperiode T_A der gegebenen Differentialgleichung. Der Preis für dieses einfache Verfahren besteht deshalb in einer erhöhten Anforderung an Rechenleistung, denn der Filteralgorithmus muß im zeitlichen Takt von T_A ständig neu ausgewertet werden. Handelt es sich jedoch bei der Differentialgleichung um die dynamische Beschreibung eines trägen, massebehafteten Systems, dann spielt das Argument der Rechenleistung keine entscheidende Rolle mehr, weil dann auch die Zeitkonstanten des Systems relativ große Werte annehmen.

BEISPIEL 3.7: Das Bild 3.11 vergleicht die Sprungantwort der Differentialgleichung (3.13) mit $c_1 = 1$ mit den Filterausgängen für verschiedene Abtastwerte T_A. Man erkennt, daß dieses einfache Verfahren gegenüber der Bilinear-Transforamtion des Bildes 3.10 bei vergleichbarer Genauigkeit etwa die doppelte Abtastfrequenz, d.h. damit auch die doppelte Rechenzeit erfordert.

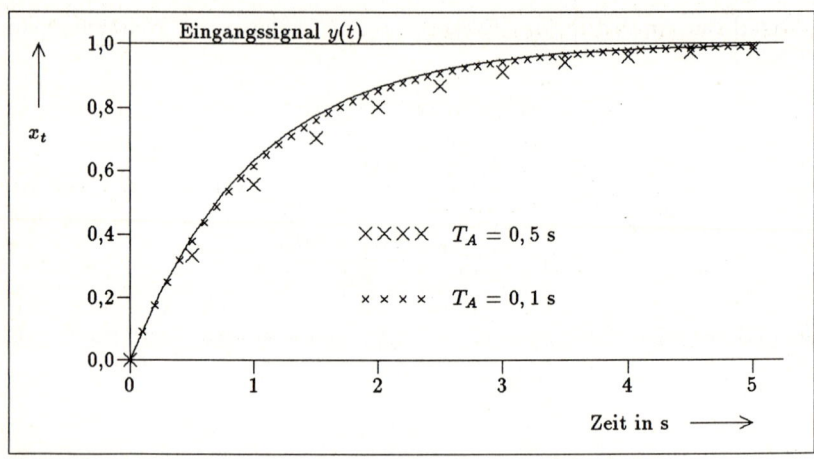

Bild 3.11: Berechnung der Filterkoeffizienten mittels Differenzengleichung

Differentialgleichung 2. Ordnung

Die Erweiterung der Definition nach Gleichung (3.15) ermöglicht das Lösen einer Differentialgleichung 2. Ordnung, der Schwingungsdifferentialgleichung:

$$\ddot{x}(t) + 2\delta \cdot \dot{x}(t) + \omega_0^2 \cdot x = y(t) \tag{3.17}$$

Durch die Anwendung einer weiteren Differentiationsstufe, ergibt sich:

$$\ddot{x} \approx \frac{\dot{x}_k - \dot{x}_{k-1}}{T_A}$$

$$\approx \frac{\dfrac{x_k - x_{k-1}}{T_A} - \dfrac{x_{k-1} - x_{k-2}}{T_A}}{T_A}$$

$$= \frac{x_k - 2x_{k-1} + x_{k-2}}{(T_A)^2} \tag{3.18}$$

Setzt man die Gleichung (3.18) in die Schwingungsdifferentialgleichung (3.17) ein, dann folgt

$$\frac{x_k - 2x_{k-1} + x_{k-2}}{(T_A)^2} + 2\delta \frac{x_k - x_{k-1}}{T_A} + \omega_0^2 x_k = y_k \tag{3.19}$$

Der eigentliche Filteralgorithmus entsteht durch das Ordnen der Gleichung (3.19) nach x_k:

$$x_k = \frac{2(1 + \delta T_A)x_{k-1}}{1 + 2\delta T_A + (\omega_0 T_A)^2} - \frac{x_{k-2}}{1 + 2\delta T_A + (\omega_0 T_A)^2} + \frac{T_A^2 y_k}{1 + 2\delta T_A + (\omega_0 T_A)^2} \tag{3.20}$$

BEISPIEL 3.8: Setzt man in die Gleichung (3.20) Zahlenwerte für die Abtastzeit T_A, die Dämpfungskonstante δ und die Kreisfreqeunz ω_0^2 ein,

$$
\begin{aligned}
T_A &= 0,1s \\
\delta &= 0,5 \quad\quad 1,0 \quad\quad 2,0 \\
\omega_0^2 &= 1
\end{aligned}
$$

dann ergibt die Auswertung der Gleichung (3.20) die klassischen Verläufe für das Einschwingverhalten bei unterschiedlichen Dämpfungswerten δ.

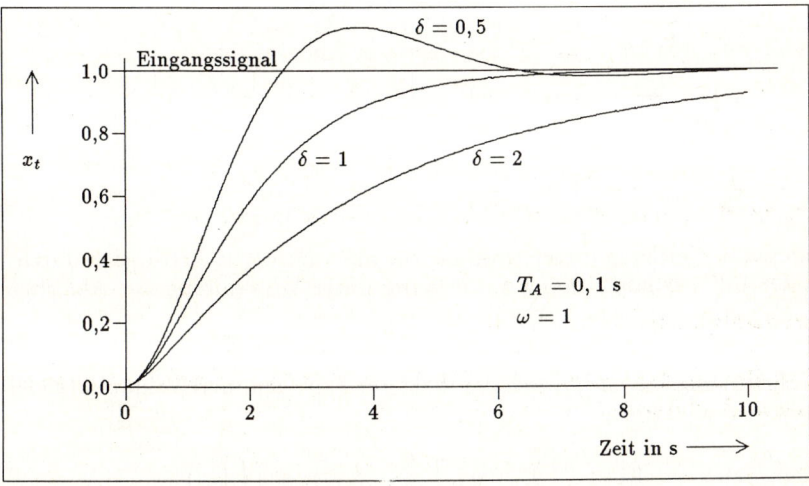

Bild 3.12: Schwingungsdifferentialgleichung als Differenzengleichung

Bei Differentialgleichungen mit konstanten Koeffizienten genügt die einmalige und im voraus durchführbare Berechnung der Filterkoeffizienten. Die im Takt der Abtastzeit auszuwertende Filtergleichung lautet dann:

$$
\begin{aligned}
x_k &= a_0 \cdot x_{k-1} + a_1 \cdot x_{k-2} + b_0 \cdot y_k \\
a_0 &= \frac{2(1 + \delta T_A)}{1 + 2\delta T_A + (\omega_0 T_A)^2} \\
a_1 &= -\frac{1}{1 + 2\delta T_A + (\omega_0 T_A)^2} \\
b_0 &= \frac{T_A^2}{1 + 2\delta T_A + (\omega_0 T_A)^2}
\end{aligned}
\tag{3.21}
$$

Damit lassen sich dynamische Systeme 2. Ordnung unter beliebigen Anregungen, d.h. Eingangssignalen, untersuchen oder als digitale Regler realisieren.

Differentialgleichung n-ter Ordnung

Bei einer Differentialgleichung n-ter Ordnung läßt sich die einfache Methode der Verwendung von Differenzenquotienten nicht mehr anwenden, weil die näherungsweise Berechnung von Differentialquotienten hoher Ordnung über n+1 Abtastwerte hinweg selbst bei abnehmender Abtastzeit zu großen Fehlern führt. Nun setzt man besser eine Methode ein, welche eine gegebene Differentialgleichung n-ter Ordnung in eine Anzahl von n Differentialgleichungen erster Ordnung umformt. Zur Veranschaulichung dieser Methode dient zunächst eine Differentialgleichung 4. Ordnung.

Ausgehend von der Differentialgleichung

$$x^{(4)} + c_3 x^{(3)} + c_2 \ddot{x} + c_1 \dot{x} + c_0 x = y(t) \tag{3.22}$$

wählt man nun Abkürzungen für die einzelnen Ableitungen:

$$\begin{aligned}
x_1 &= x^{(0)} & & \\
x_2 &= x^{(1)} & \rightarrow \quad & \dot{x}_1 = x_2 \\
x_3 &= x^{(2)} & \rightarrow \quad & \dot{x}_2 = x_3 \\
x_4 &= x^{(3)} & \rightarrow \quad & \dot{x}_3 = x_4
\end{aligned} \tag{3.23}$$

Die Differentialgleichung erster Ordnung für die Variable x_4 ergibt sich durch Umstellen der Differentialgleichung 4. Ordnung unter Verwendung der Abkürzungen zu:

$$\dot{x}_4 = -c_3 x_4 - c_2 x_3 - c_1 x_2 - c_0 x_1 + y(t) \tag{3.24}$$

Diese Schreibweise läßt sich durch die Wahl der Matrizen- und Vektorendarstellung noch weiter vereinfachen.

$$\dot{\boldsymbol{x}} = \underbrace{\begin{pmatrix} 0 & 1 & 0 & 0 \\ 0 & 0 & 1 & 0 \\ 0 & 0 & 0 & 1 \\ -c_0 & -c_1 & -c_2 & -c_3 \end{pmatrix}}_{\boldsymbol{A}} \boldsymbol{x} + \underbrace{\begin{pmatrix} 0 \\ 0 \\ 0 \\ 1 \end{pmatrix}}_{\boldsymbol{b}} y$$

$$\dot{\boldsymbol{x}} = \boldsymbol{A}\boldsymbol{x} + \boldsymbol{b}y \tag{3.25}$$

Die allgemeine Lösung der linken Seite dieser Differentialgleichung mit konstanten Koeffizienten lautet

$$\boldsymbol{x}(t) = \boldsymbol{c} \cdot e^{\boldsymbol{A}t} \tag{3.26}$$

Mit der Näherung eines innerhalb des Abtastintervalles konstanten Wertes von $y(t)$ erhält man die Lösung der rechten Seite der Differentialgleichung durch das Verfahren der Variation der Konstanten und insgesamt folgt schließlich:

$$\boldsymbol{x}(t) = C \cdot e^{\boldsymbol{A}t} + \int e^{-\boldsymbol{A}t} \cdot \boldsymbol{b}y = C \cdot e^{\boldsymbol{A}t} + t\boldsymbol{b}y \tag{3.27}$$

Die Schreibweise einer e-Funktion mit einer Matrix im Exponenten ist zunächst überraschend, jedoch schafft die Reihenentwicklung dieser Funktion sofort Klarheit darüber, daß es sich um eine spezielle Form einer Matrizenschreibweise handelt:

$$e^{\boldsymbol{A}t} = \boldsymbol{I} + \frac{\boldsymbol{A}t^1}{1!} + \frac{\boldsymbol{A}t^2}{2!} + \frac{\boldsymbol{A}t^3}{3!} + \frac{\boldsymbol{A}t^3}{4!} + \frac{\boldsymbol{A}t^4}{5!} + \dots \tag{3.28}$$

Betrachtet man nur die ersten beiden Reihenterme, dann folgt

$$\boldsymbol{x}(t) = (\boldsymbol{I} + \boldsymbol{A}t)\boldsymbol{x}(0) + t\boldsymbol{b}\boldsymbol{y} \qquad (3.29)$$

und als Ergebnis erhält man schließlich:

$$\boldsymbol{x}_{k+1} = (\boldsymbol{I} + \boldsymbol{A}T_A)\boldsymbol{x}_k + T_A\boldsymbol{b}\boldsymbol{y}_k \qquad (3.30)$$

BEISPIEL 3.9: Die Einschwingvorgänge der Schwingungsdifferentialgleichung, die bereits im Bild 3.12 dargestellt sind, sollen nun mit der Methode der Zustandsvariablendarstellung berechnet werden. Ausgehend von der Gleichung

$$\ddot{x}(t) + 2\delta\dot{x}(t) + \omega_0^2 x = y(t)$$

läßt sich die Zustandsvariablendarstellung gemäß der Gleichung (3.30) unmittelbar angeben

$$\boldsymbol{x}_{k+1} = \begin{pmatrix} 1 & T_A \\ -\omega_0^2 T_A & 1 - 2\delta T_A \end{pmatrix} \boldsymbol{x}_k + \begin{pmatrix} 0 \\ T_A \end{pmatrix} y_k$$

Das Bild 3.13 stellt die Verläufe der beiden Komponenten x_1 und x_2 des Zustandsvektors $\boldsymbol{x}$ dar. Während x_1 die eigentliche Lösung beschreibt, handelt es sich bei x_2 um die Ableitung der Lösung, d.h. es gilt

$$x_1 = x \qquad \text{bzw.} \qquad x_2 = \dot{x}_1 = \dot{x}$$

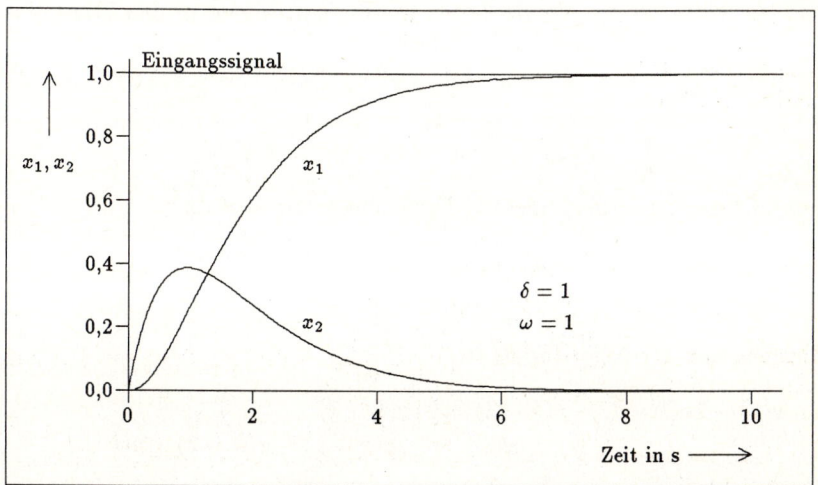

Bild 3.13: Schwingungsdifferentialgleichung als Zustandsvariablendarstellung

Am Beispiel 3.9 wurde eine weitere, wichtige Eigenschaft der digitalen Filter deutlich: Der Anwender erhält neben dem eigentlichen Ausgangssignal noch zusätzlich die höheren Ableitungen. Dies ist besonders dann von großer praktischer Bedeutung, wenn die höheren Ableitungen physikalischen Größen, wie z.B. Geschwindigkeiten und Beschleunigungen, zugeordnet sind, denn nun lassen sich diese nicht direkt meßbaren Größen mittels der Filtertechnik selbst bei stark gestörten Eingangssignalen bestimmen.

3.3   Aufgaben

AUFGABE 3.1: Berechnen Sie ein digitales Filter, das bei einem impulsförmigen Eingangssignal ein linear ansteigendes Ausgangssignal liefert. Es soll somit gelten:

$$y_0 = 1 \; ; \; y_k = 0 \; ; \; k = 1, 2, 3, \ldots, \infty$$
$$x_k = k \tag{3.31}$$

Es sind 2 Funktionen der z-Transformation zu unterziehen:

$$Y(z) = \sum_{i=0}^{\infty} y_i \cdot z^{-i} = 1$$

$$X(z) = \sum_{i=0}^{\infty} x_i \cdot z^{-i} = \sum_{i=0}^{\infty} i \cdot z^{-i}$$

Für die zweite Reihe existiert eine Summenformel:

$$\sum_{i=0}^{\infty} i \cdot z^{-i} = \frac{1}{z} + \frac{2}{z^2} + \frac{3}{z^3} + \frac{4}{z^4} + \ldots = \frac{z}{(z-1)^2}$$

Die Division des Ausgangssignals durch das Eingangssignal in den Darstellungen als z-Transformierte definiert das digitale Filter:

$$\frac{X(z)}{Y(z)} = \frac{\dfrac{z}{(z-1)^2}}{1} = \frac{z}{z^2 - 2z + 1}$$

Der Verschiebesatz erfordert negative Exponenten der Variablen z:

$$\frac{X(z)}{Y(z)} = \frac{z^{-1}}{1 - 2z^{-1} + z^{-2}}$$

Damit ergibt sich der Algorithmus zu

$$x(k) - 2x(k-1) + x(k-2) = y(k-1)$$
$$x(k) = 2x(k-1) - x(k-2) + y(k-1)$$

Die Filtergleichung läßt sich besser auswerten, wenn man den Zähltakt k um eine Einheit erhöht:

$$x(k+1) = 2x(k) - x(k-1) + y(k)$$

Das Einsetzen der Anregung $y_0 = 1$ bestätigt die Richtigkeit der berechneten Filterkoeffizienten.

$$x(k) = \{ \; 1 \; 2 \; 3 \; 4 \; 5 \; 6 \ldots \}$$

AUFGABE 3.2: In der Praxis werden häufig Tiefpässe höherer Ordnung eingesetzt. Die Übertragungsfunktion eines solchen Filters der Ordnung n lautet:

$$H(j\omega) = \frac{1}{(1 + j\omega T_1)(1 + j\omega T_2)\ldots(1 + j\omega T_n)}$$

Berechnen Sie mittels der Bilineartransformation ein digitales Tiefpaßfilter 2. Ordnung.

Mit n = 2 gilt

$$H(j\omega) = \frac{1}{(1 + j\omega T_1)(1 + j\omega T_2)}$$

Mit der Bilinear-Substitution folgt:

$$H(j\omega) = \frac{1}{\left(1 + \dfrac{T_1 \ln z}{T_A}\right)\left(1 + \dfrac{T_2 \ln z}{T_A}\right)}$$

$$\approx \frac{1}{\left(1 + \dfrac{2T_1(z-1)}{T_A(z+1)}\right)\left(1 + \dfrac{2T_2(z-1)}{T_A(z+1)}\right)}$$

$$= \frac{T_A^2(z+1)^2}{[T_A(z+1) + 2T_1(z-1)]\,[T_A(z+1) + 2T_2(z-1)]}$$

Mit einer Vereinfachung der Ausdrücke folgt:

$$\frac{X(z)}{Y(z)} = \frac{T_A^2(z^2 + 2z + 1)}{T_A^2(z+1)^2 + 4T_1 T_2(z-1)^2 + 2T_A(T_1 + T_2)(z^2 - 1)}$$

$$= \frac{T_A^2(z^2 + 2z + 1)}{N2 \cdot z^2 + N1 \cdot z + N0}$$

$$N2 = T_A^2 + 4T_1 T_2 + 2T_1 T_A + 2T_2 T_A$$

$$N1 = 2T_A^2 - 8T_1 T_2$$

$$N0 = T_A^2 + 4T_1 T_2 - 2T_1 T_A - 2T_2 T_A$$

Mit den Abkürzungen für die Filterkonstanten

$$a_0 = 1$$

$$a_1 = -\frac{2T_A^2 - 8T_1T_2}{T_A^2 + T_1T_2 + 2T_1T_A + 2T_2T_A}$$

$$a_2 = -\frac{T_A^2 + 4T_1T_2 - 2T_1T_A - 2T_2T_A}{T_A^2 + T_1T_2 + 2T_1T_A + 2T_2T_A}$$

$$b_0 = \frac{T_A^2}{T_A^2 + T_1T_2 + 2T_1T_A + 2T_2T_A}$$

$$b_1 = \frac{2T_A^2}{T_A^2 + T_1T_2 + 2T_1T_A + 2T_2T_A}$$

$$b_2 = \frac{T_A^2}{T_A^2 + T_1T_2 + 2T_1T_A + 2T_2T_A} \qquad (3.32)$$

ergibt sich mittels des Verschiebesatzes die rekursive Filtergleichung zu

$$x_k = a_1 \cdot x_{k-1} + a_2 \cdot x_{k-2} + b_0 \cdot y_k + b_1 \cdot y_{k-1} + b_2 \cdot y_{k-2}$$

Für eine angenommene Abtastzeit von $T_A = 0,5$ s stellt das Bild 3.14 die Sprungantworten des digitalen Filters dar. Die Filterkoeffizienten für die jeweiligen Zeitkonstanten lassen nach den obigen Gleichungen (3.32) berechnen. Es ist gut zu erkennen, wie sich durch die Wahl der beiden Zeitkonstanten eine gewünschte Dynamik des digitalen Filters einstellen läßt.

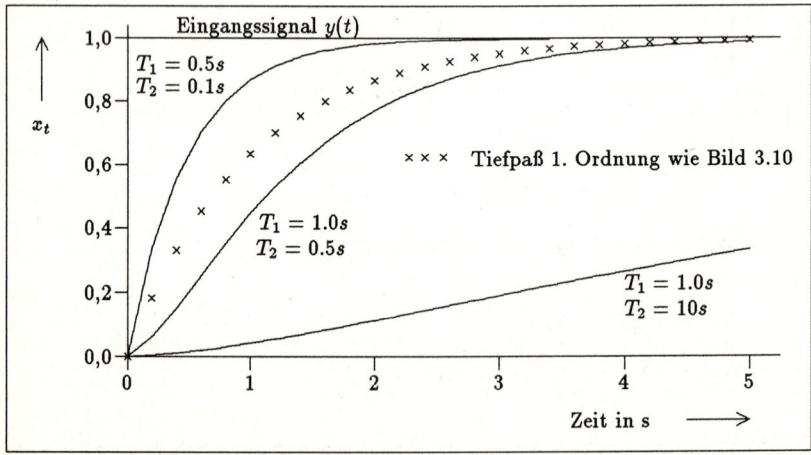

Bild 3.14: Sprungantworten (Aufgabe 3.2)

AUFGABE 3.3: Die nichtlineare Differentialgleichung

$$\left(\dot{x}\right)^2 + x^2 = 1 \; ; \; x(0) = 1$$

läßt sich mittels der Methode der Differenzengleichungen als digitales Filter realisieren. Mit dem Ansatz

$$\dot{x} \approx \left[\frac{x_k - x_{k-1}}{T_A}\right]$$

entsteht nach einigen algebraischen Umformungen die Differenzengleichung:

$$x_k = \frac{1}{1 + T_A^2}\left[x_{k-1} \mp T_A\sqrt{1 - x_{k-1}^2 + T_A^2}\right]$$

Die Lösung mit dem negativen Vorzeichen vor dem Wurzelausdruck gilt bis 180 Grad, die andere Lösung beschreibt den Kurvenverlauf ab 180 Grad.

Die Berechnung und graphische Darstellung des Zeitverlaufes bestätigt die Richtigkeit dieser Lösung, denn aus einer analytischen Rechnung ist die exakte partikuläre Lösung bekannt:

$$x(t) = \cos t$$

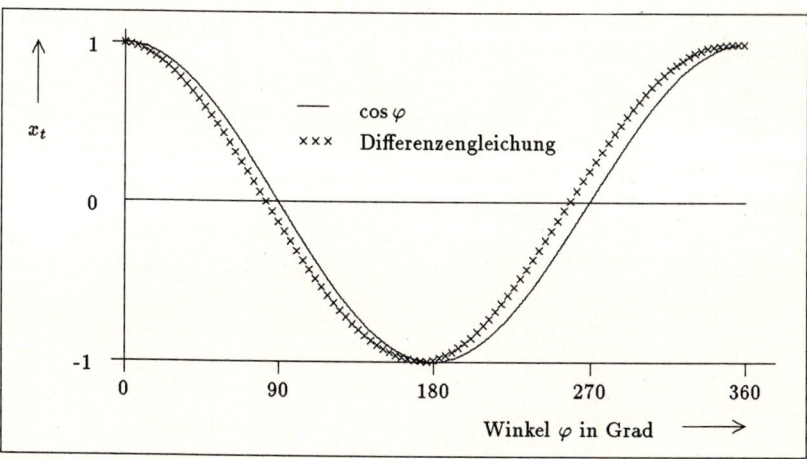

Bild 3.15: Verlauf der Differenzengleichung (Aufgabe 3.3)

Deutlich erkennbar ist auch, daß die gewählte Abtastzeit noch zu groß ist, denn es ergeben sich nicht zu vernachlässigende Abweichungen von der exakten Lösung. Die Berechnungen wurden mit einer Abtastzeit ausgeführt, die 3.6 Grad entspricht. Damit wird das Problem der Methode der Approximation von Differentialen durch endliche Differenzen deutlich: Um die numerischen Fehler hinreichend gering zu

halten, muß die Abtastzeit erniedrigt werden, wodurch die Rechenzeit stark ansteigt. Deshalb eignet sich diese Methode vor allem für träge Temperatur- und
Massesysteme.

AUFGABE 3.4: Die Differentialgleichung

$$3\ddot{x} + 6\dot{x} + 9x = 12\sin\omega t$$

ist in eine Zustandsvariablen-Darstellung mit der Abtastzeit T_A umzuwandeln. Geben Sie die Systemgleichung an.

Die Lösung läßt sich unmittelbar hinschreiben, wenn man vorher die Dgl durch 3
dividiert. Es folgt dann

$$x_{k+1} = \begin{pmatrix} 1 & T_A \\ -2T_A & -3T_A \end{pmatrix} \cdot x_k + \begin{pmatrix} 0 \\ 4 \end{pmatrix} \cdot \sin\omega t$$

Kapitel 4

Frequenzanalyse-Verfahren

Der französische Mathematiker Jean Baptiste Fourier wies bereits 1822 nach, daß sich periodische Funktionen in eine Summe von Winkelfunktionen aufspalten lassen. Die Periodendauer einer einzelnen Schwingung, einer **Oberwelle**, beträgt dann ein ganzzahliges Vielfaches einer Grundschwingung mit der Periodendauer T_0 und der Kreisfrequenz ω_0. Die Amplituden dieser Schwingungen bezeichnet man als **Fourierkoeffizienten** a_k, b_k. Mathematisch betrachtet handelt es sich eigentlich um eine Reihenentwicklung der gegebenen Funktion $x(t)$ in periodische Anteile. Es gilt

$$x(t) = a_0 + \sum_{k=1}^{\infty} a_k \cos(k\omega_0 t) + \sum_{k=1}^{\infty} b_k \sin(k\omega_0 t)$$

$$\omega_0 = \frac{2\pi}{T_0} \qquad \text{Kreisfrequenz der Grundschwingung}$$

$$a_0 = \frac{1}{T_0} \int_0^{T_0} x(t)dt \qquad \text{Mittelwert}$$

$$a_k = \frac{2}{T_0} \int_0^{T_0} x(t)\cos\left(k\omega_0 t\right) dt$$

$$b_k = \frac{2}{T_0} \int_0^{T_0} x(t)\sin\left(k\omega_0 t\right) dt \qquad\qquad (4.1)$$

Damit ergibt sich die Möglichkeit, ein gemessenes Signal durch seine einzelnen Frequenzanteile darzustellen und man erhält - ähnlich der Zerlegung des Lichtes an einem Prisma - ein **Frequenzspektrum**. Durch die Umwandlung der sin- bzw. cos-Anteile gleicher Frequenz in Polarkoordinaten entsteht ein **Amplituden-** und ein **Phasenspektrum**.

$$c_k = \sqrt{a_k^2 + b_k^2} \; ; \qquad \text{Amplitudenspektrum}$$

$$\varphi_k = \arctan\left(\frac{a_k}{b_k}\right) \; ; \qquad \text{Phasenspektrum} \qquad\qquad (4.2)$$

Die Berechnung der Fourierkoeffizienten durch die Integration des Produktes aus Signal $x(t)$ und Winkelfunktion liefert prinzipiell nur jene Frequenzanteile des Signales zurück, die mit der wichtenden Winkelfunktion einen von Null verschiedenen Mittelwert ergeben. Gemischte Frequenzprodukte heben sich bei der Integration gegenseitig auf.

Die Berechnung der Fourierkoeffizienten, die bei einer großen Anzahl von Meßwerten bzw. bei breiten Frequenzspektren früher einen erheblichen Aufwand an Rechenzeit bedeutete, wird heute mittels der im Hinblick auf minimale Rechenzeit optimierten **Fast Fourier Transformationen (FFT)** durchgeführt. Der Ausdruck „Transformation" beschreibt den Übergang der gegebenen, zeitabhängigen Funktion $x(t)$ mittels der Fourieralgorithmen vom **Zeitbereich** in den **Frequenzbereich**. Häufig lassen sich stark gestörte Signale besser im Frequenzbereich durch die Diskussion des Frequenzspektrums interpretieren, denn im Zeitbereich sind solche Funktionen $x(t)$ durch unübersichtliche Kurvenverläufe gekennzeichnet.

Nichtperiodische Funktionen kann man durch angenommene, periodische Fortsetzungen zu beiden Seiten des auszuwertenden Bereiches ebenfalls einer Fourier-Frequenzanalyse unterziehen. Durch das Multiplizieren der gegebenen Funktionen $x(t)$ mit wichtenden **Fensterfunktionen** $w(t)$ erfolgt ein stetiges Absenken von $x(t)$ am linken und rechten Rand des als periodisch angenommenen Zeitverlaufes $x(t)$.

Für Funktionen, die nicht von der Zeit, sondern von anderen Größen, wie z.B. von einer Länge in Metern abhängen, existiert ebenfalls eine Fourierreihe, deren Berechnung identisch zu den zeitabhängigen Funktionen verläuft. Allerdings verlieren nun die Begriffe des Zeit- und Frequenzbereiches ihre Bedeutung, denn statt der Grundschwingung liegt nun eine Grundlänge vor.

Die Fourieranalyse zählt im Anwendungsbereich von Schwingungsanalysen zu den klassischen Verfahren der Ingenieur-Mathematik. Durch die ständig steigende Leistungsfähigkeit von digitalen Rechenanlagen erlebt die Fourieranalyse im Bereich der Meßdatenverarbeitung zur Zeit einen starken Auftrieb. Als neue Anwendungsgebiete seien genannt:

- Bild-, Sprach- und Schriftanalysen

- Auswertung von seismologischen Meßdaten

- Industrielle Qualitätskontrollen auf der Basis von zerstörungsfreien Werkstoffprüfverfahren

- Medizintechnik

Der Fourier-Algorithmus selbst ist z.B. als Computer-Programm verfügbar und der Anwender kann eine Fourieranalyse über die Benutzeroberfläche eines Meßdatenauswertesystems anwählen. Außerdem sind Zusatz-Platinen für PC-Steckplätze erhältlich, die einen FFT-Algorithmus hardware-orientiert realisieren und z.B. für 1024 Abtastwerte nur wenige ms an Rechenzeit erfordern.

4.1   Diskrete Fouriertransformation

Die diskrete Fouriertransformation **DFT** gliedert sich in 3 Rechenschritte

- Festlegen der Parameter der Fourierreihe.
- Algorithmische Berechnung der Fourierkoeffizienten.
- Kontrolle der berechneten Fourierkoeffizienten mittels der Zeitfunktion.

Abhängig von dem jeweils vorliegenden konkreten Problem, erfordern die einzelnen Rechenschritte einen mehr oder weniger großen mathematischen oder technischen Aufwand.

4.1.1   Festlegen der Parameter der Fourierreihe

Die Frequenzanalyse einer Zeitfunkion basiert auf den folgenden grundlegenden Parametern:

T_0 : Periodendauer der Grundschwingung der Zeitfunktion

f_{max} : maximale, in der Zeitfunktion enthaltene Frequenz

k_{max} : maximal mögliche Anzahl der Fourierkoeffizienten

T_A : Abtastzeit

N : Anzahl der zu analysierenden Meßwerte

M : Exponent der Basis 2, wobei gilt: $N = 2^M$

Das **Abtasttheorem** beschreibt einen fundamentalen Zusammenhang zwischen den einzelnen Parametern der Fourierreihe. Es lautet in der Form der **Nyquist-Bedingung**:

> Wird ein bandbegrenztes Signal, das als höchste Frequenz f_{max} enthält, mit der Abtastzeit
>
> $$T_A \; < \; \frac{1}{2 \cdot f_{max}}$$
>
> abgetastet, dann tritt keine Überlappung von Frequenzspektren auf und der kontinuierliche Signalverlauf kann durch einen geeigneten Tiefpaß wieder hergestellt werden.

Die Nyquist-Bedingung erfordert theoretisch 2 Meßwerte pro Schwingungsdauer. Von diesem Wert sollte man allerdings einen respektablen Abstand halten und besser eine Anzahl von mindestens 5 Abtastwerten bereitstellen. Mit diesem Richtwert von 5 Abtastwerten folgt dann ein praxisorientierter Gleichungssatz, der die

Zusammenhänge zwischen der höchsten, in der Zeitfunktion enthaltenen Frequenz f_{max}, der Periodendauer der Grundschwingung T_0, der Abtastzeit T_a, der maximal möglichen Anzahl der Fourierkoeffizienten k_{max} sowie der Anzahl der Meßwerte N beschreibt.

$$T_A \leq \left(\frac{1}{5}\right)\left(\frac{1}{f_{max}}\right)$$

$$N = \frac{T_0}{T_A}$$

$$k_{max} = f_{max} \cdot T_0$$

$$N = 2^M \tag{4.3}$$

Hält man diese Bedingungen (4.3) nicht ein, dann führt dies zu einem Überlappen (**aliasing**) der Frequenzbänder, das einerseits theoretisch sehr interessant ist und sich ausgiebig diskutieren läßt, andererseits jedoch die praktischen Rechenergebnisse bzw. die darauf basierende problemorientierte Interpretation der erhaltenen Frequenzspektren erheblich verfälscht. Der Anwender von Fourieranalysen muß deshalb sorgfältig darauf achten, daß sein auszuwertendes abgetastetes Signal keine Frequenzanteile oberhalb der halben Abtastfrequenz enthält. Selbst bei der richtigen Wahl der Parameter der Fourierreihe, führen hochfrequente Störsignale, die dem eigentlichen Nutzsignal überlagert sind, zur Verletzung der Nyquist-Bedingung und damit zu einem fehlerbehafteten Frequenzspektrum.

Die Nyquist-Bedingung ist durch das Vorschalten von analogen Tiefpaßfiltern vor Beginn der Abtastung leicht zu erfüllen. Es entsteht dann ein bandbegrenztes Signal ohne überlagerte hochfrequente Störsignale. Die Grenzfrequenz des Tiefpaßfilters ist entsprechend f_{max} zu wählen. Das Prinzip und die Anwendung von geeigneten Filterschaltungen bzw. Filteralgorithmen ist im Kapitel 3 dieses Buches beschrieben.

Neben jenen Gleichungen, die aus der Nyquist-Bedingung resultieren, ist bei der praktischen Realisierung von FFT-Algorithmen noch die Anzahl der Meßwerte N auf eine Potenz zur Basis 2 aufzurunden. Dies ist die Voraussetzung für die Anwendung von FFT-Algorithmen, wie sie im nächsten Abschnitt näher erläutert werden.

BEISPIEL 4.1: Das Bild 4.1 verdeutlicht die Vorgehensweise bei der Festlegung der Parameter einer diskreten Fouriertransformation am Beispiel einer symmetrischen Rechteckschwingung, deren Frequenzspektrum theoretisch exakt bekannt ist. Die Rechteckschwingung besitzt wegen ihres unstetigen Verlaufes viele Oberwellen, deren Amplituden allerdings mit steigender Frequenz stark abnehmen. Wählt man nun eine endliche Frequenz f_{max}, dann entspricht dies einer Vorfilterung des Zeitsignals und es ergibt sich ein geglätteter Funktionsverlauf mit „abgerundeten Ecken". Die hohen Frequenzanteile sind damit auch im Frequenzspektrum nicht mehr vorhanden.

Für die folgenden Berechnungen wird $f_{max} = 10Hz$ gewählt. Die Dauer der Grundschwingung ergibt sich aus Bild 4.1 zu $T_0 = 2s$. Damit folgen die restlichen Parameter der diskreten Fourierreihe entsprechend den Gleichungen (4.3) zu:

$$T_A = \frac{1}{5} \cdot \frac{1}{10Hz} = 0.02s \; ; \qquad N = \frac{2s}{0.02s} = 100; \qquad k_{max} = 10Hz \cdot 2s = 20$$

Das Signal nach Bild 4.1 enthält wegen des rechteckigen Verlaufes noch Frequenzanteile oberhalb 10Hz,

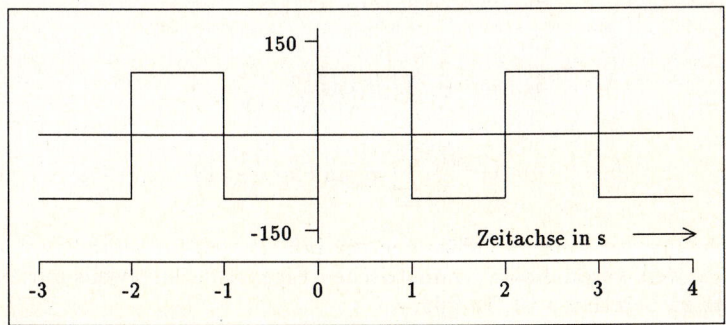

Bild 4.1: Symmetrische Rechteckschwingung

die mit einem Tiefpaß , dessen Grenzfrequenz bei $f_{max} = 10$ Hz einzustellen ist, zu beseitigen sind. Der Verlauf der ursprünglichen Funktion geht dann nach der Abtastung in ein zeitdiskretes Signal über. Das Bild 4.2 stellt die Hüllkurve für die Abtastwerte graphisch dar.

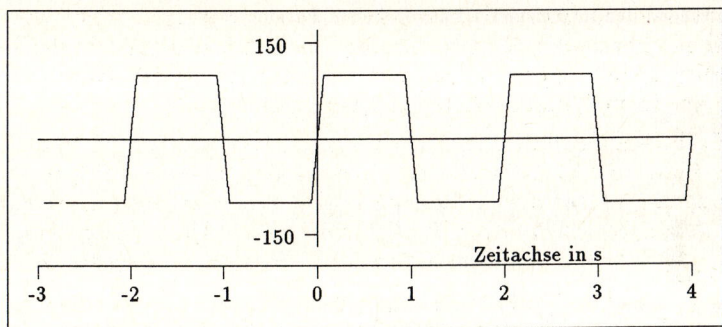

Bild 4.2: Verlauf der Abtastwerte für das Beispiel 4.1

Berücksichtigt man weiter die Bedingung der Zweier-Potenz von N, dann sind statt 100 insgesamt 128 Abtastwerte zu wählen.

$$N = 128 \qquad \rightarrow \qquad T_A = 15,625 \text{ ms} ; \quad f_{max} = 12,8 \text{Hz} ; \quad k_{max} = 25$$

Damit liegen alle Parameter der diskreten Fourierreihe fest und die gesuchten Fourierkoeffizienten lassen sich nun nach einem geeigneten numerischen Verfahren berechnen.

4.1.2 Allgemeine Berechnung der Fourierkoeffizienten

Die numerische Berechnung der Fourierkoeffizienten basiert auf den klassischen Integrationsformeln der kontinuierlichen Fourieranalyse entsprechend den Gleichungen (4.1) , die in Form einer Summenformel und auf der Basis von Rechteckintegrationen wie folgt lauten:

$$a_0 = \frac{1}{N} \sum_{i=0}^{N-1} x_i$$

$$a_k = \frac{2}{N} \sum_{i=1}^{N-1} x_i \cos \left(k \cdot \frac{2\pi}{N} \cdot i \right)$$

$$b_k = \frac{2}{N} \sum_{i=1}^{N-1} x_i \sin \left(k \cdot \frac{2\pi}{N} \cdot i \right) \qquad (4.4)$$

Die Berechnung der Fourierkoeffizienten vereinfacht sich für gerade bzw. ungerade Funktionen, weil wegen dieser symmetrischen Eigenschaften jeweils nur ein Koeffizientensatz zu berechnen ist. Es gilt:

$$
\begin{aligned}
x_i &= x_{-i} &\rightarrow& \quad b_k = 0 \; ; & i = 0, 1, 2, \ldots, N-1 \\
x_i &= -x_i &\rightarrow& \quad a_k = 0 &
\end{aligned}
\qquad (4.5)
$$

BEISPIEL 4.2: Die Fourierkoeffizienten sollen nun für das Beispiel der symmetrischen Rechteckschwingung entsprechend dem Bild 4.2 bestimmt werden. Für die einzelnen Schwingungen folgt dann entsprechend den im Beispiel 4.1 angegebenen Parametern:

$$a_0 = \frac{1}{128} \sum_{i=0}^{127} x_i$$

$$a_k = \frac{1}{128} \sum_{i=0}^{127} x_i \cos \left(k \cdot \frac{2\pi}{128} \cdot i \right) \; ; \quad k = 1, \ldots, 25$$

$$b_k = \frac{1}{128} \sum_{i=0}^{127} x_i \sin \left(k \cdot \frac{2\pi}{128} \cdot i \right) \; ; \quad k = 1, \ldots, 25$$

$$x_i = 100 \; ; \qquad\qquad\qquad i = 1, \ldots, 63$$

$$x_i = -100 \; ; \qquad\qquad\qquad i = 65, \ldots, 127$$

$$x_0 = x_{64} = 0$$

Das Bild 4.3 stellt die berechneten Koeffizienten b_k graphisch in Form des Frequenzspektrums dar. Da es sich bei der Rechteckschwingung nach Bild 4.2 um eine ungerade Funktion handelt, sind alle Koeffizienten a_k sowie alle geradzahligen Koeffizienten $b_{2,4,6,\ldots,24}$ Null. Die exakten Koeffizienten, die sich für dieses Beispiel auch aus bestimmten Integralen bestimmen lassen, betragen

$$b_k = \frac{400}{k \cdot \pi} \; ; \quad k = 1, 3, 5, \ldots$$

Der numerische Fehler nimmt mit steigendem k zu, weil bei höheren Frequenzen immer weniger Abtastwerte auf eine Periodendauer entfallen.

Bei $k = 25$ bzw. $f = 12,5$ Hz erreicht der Fehler bereits einen Wert von 10% . Auch aus diesem Grund ist es wichtig, eine genügend hohe Abtastfrequenz vorzugeben.

Die Auswertung dieser Gleichungen erfordert mindestens einen programmierbaren Taschenrechner, obwohl der Algorithmus selbst einfach aufgebaut ist. Das folgende BASIC-Programm soll den Leser motivieren, diese Berechnungen unter Verwendung eines programmierbaren Taschenrechners oder mittels eines PC-Systems in einer beliebigen Programmiersprache nachzuvollziehen.

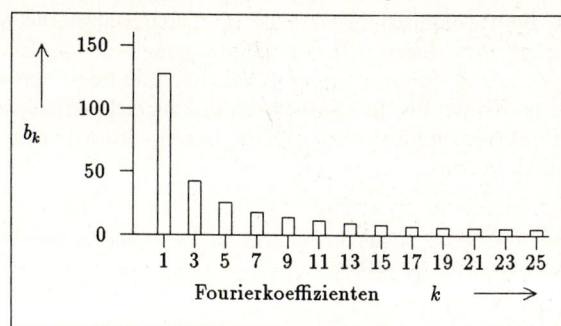

Bild 4.3: Fourierkoeffizienten für das Beispiel 4.1

```
REM   EINFACHER DISKRETER FOURIERALGORITHMUS
      DIM x(127) , a(25) , b(25)
      N = 128 : kmax = 25 : N1 = N-1 : phi = 2 * π / N
REM
REM   SETZEN DER RECHTECKSCHWINGUNG
      x(0) = 0 : x(64) = 0
      FOR i = 0 TO 63
      x(i) = 100 : x(i+64) = -100
      NEXT i
REM
REM   MITTELWERTBERECHNUNG
      FOR i = 0 TO N1
      a(0) = a(0) + x(i)
      NEXT i
      a(0) = a(0)/N
REM
REM   BEGINN DER KOEFFIZIENTEN-SCHLEIFE k
      FOR k = 1 TO kmax
REM   BEGINN DER MESSWERTE-SCHLEIFE I
      FOR i = 0 TO N1
      a(k) = a(k) + x(i) * cos(phi * k * i)
      b(k) = b(k) + x(i) * sin(phi * k * i)
      NEXT i
REM   ENDE DER i SCHLEIFE
      a(k) = 2 * a(k) / N : b(k) = 2 * b(k) / N
      NEXT k
REM
REM   AUSDRUCK DER KOEFFIZIENTEN
      FOR k = 0 TO kmax
      PRINT k, a(k),  b(k)
      NEXT k
REM
      END
```

4.1.3   Kontrolle der Fourierkoeffizienten

Jeder einzelne der berechneten Fourierkoeffizienten stellt im Zeitbereich eine periodische sin- bzw. cos-Schwingung dar, deren Summation die gegebene Zeitfunktion approximiert. Durch den Vergleich der gegebenen Funktion mit dem Verlauf
der Fourierreihe ist deshalb eine Kontrolle der berechneten Fourierkoeffizienten
möglich. Zeichnet man beide Funktionsverläufe in ein Diagramm, dann läßt sich
das Ergebnis sehr anschaulich diskutieren.

BEISPIEL 4.3: Für das Beispiel der Rechteckschwingung, bei dem nur ungerade Koeffizienten
b_{2k+1} auftreten, ergeben sich die folgenden Frequenzanteile:

$$x_k(i) = b_k \cdot \sin\left(\frac{2\pi}{128} \cdot k \cdot i\right) \; ; \qquad k = 1, 3, 5, \ldots, 25 \; ; \qquad i = 0, 1, 2, \ldots, 127$$

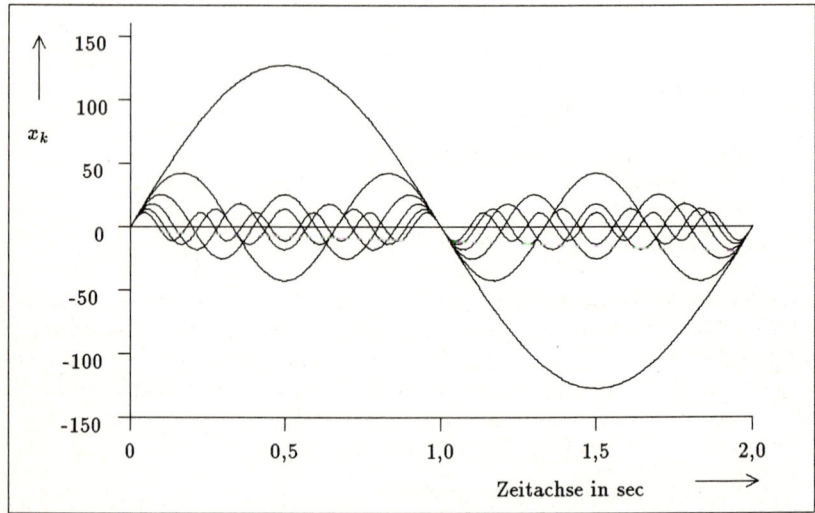

Bild 4.4: Grund- und Oberwellen einer Rechteckschwingung

Das Bild 4.4 zeigt den Verlauf der Grundschwingung zusammen mit den insgesamt 13
$(b_1, b_3, \ldots, b_{25})$ Oberwellen.

Addiert man nun diese einzelnen Schwingungen auf,

$$x_i = \sum_{k=1,3,5,}^{25} b_k \sin\left(\frac{2\pi}{128} \cdot k \cdot i\right)$$

dann entsteht ein Signalverlauf, dessen Abweichung von der gegebenen symmetrischen Rechteckschwingung möglichst gering sein sollte. Das Bild 4.5 stellt den Verlauf der Summenfunktion dar.
Deutlich sind die „abgerundeten" der Ecken der gegebenen Rechteckschwingung zu erkennen.

Durch eine Erhöhung der Anzahl der Abtastwerte konvergiert die Differenz aus beiden Funktionsverläufen gegen Null, die Berechnung der Koeffizienten sollte der Leser dann jedoch besser mit

einem im Hinblick auf minimale Rechenzeit optimierten Algorithmus durchführen.

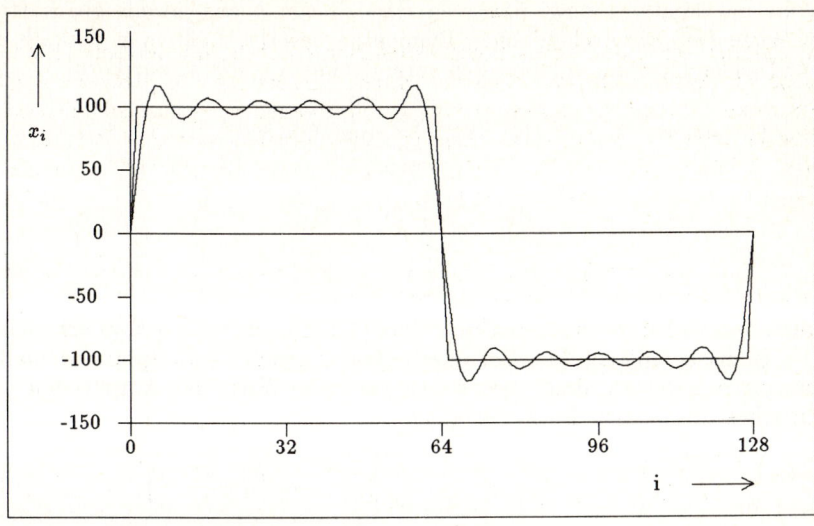

Bild 4.5: Diskrete Summenfunktion für das Beispiel 4.4

4.1.4 Komplexe Form der Fourierreihe

Die Darstellung der Fourierreihe nach sin- und cos-Anteilen stellt die einfachste mathematische Formulierung einer Frequenzzerlegung dar. Häufig ist es jedoch günstiger, eine Funktion auf der Basis von Polarkoordinaten nach Betrag und Phase anzugeben. Die wichtigste Darstellungsart der Fourierreihe ist deshalb die **komplexe Fourierreihe**, die auf der elementaren **Eulerschen Formel** basiert:

$$r \cdot e^{j\varphi} = r \cdot (\cos \varphi + j \sin \varphi) \qquad (4.6)$$

Bildet man die Summe bzw. die Differenz zweier konjugiert - komplexer Zahlen,

$$e^{j\varphi} + e^{-j\varphi} = (\cos \varphi + j \sin \varphi) + (\cos \varphi - j \sin \varphi) = 2 \cos \varphi$$
$$e^{j\varphi} - e^{-j\varphi} = (\cos \varphi + j \sin \varphi) - (\cos \varphi - j \sin \varphi) = 2j \sin \varphi \qquad (4.7)$$

dann ergibt sich ein wichtiger Zusammenhang zwischen den periodischen Winkelfunktionen und der komplexen Darstellung. Für die Grundform der Fourierreihe nach Gleichung (4.1) folgt dann

$$
\begin{aligned}
x(t) &= a_0 + \sum_{k=1}^{\infty} a_k \cos (k\omega_0 t) + \sum_{k=1}^{\infty} b_k \sin (k\omega_0 t) \\
&= a_0 + \frac{1}{2} \sum_{k=1}^{\infty} a_k \left(e^{jk\omega_0 t} + e^{-jk\omega_0 t} \right) + \frac{1}{2j} \sum_{k=1}^{\infty} b_k \left(e^{jk\omega_0 t} - e^{-jk\omega_0 t} \right) \\
&= a_0 + \sum_{k=1}^{\infty} \underbrace{\frac{1}{2} \left(a_k + \frac{1}{j} b_k \right)}_{\underline{c}_k} e^{jk\omega_0 t} + \sum_{k=1}^{\infty} \underbrace{\frac{1}{2} \left(a_k - \frac{1}{j} b_k \right)}_{\underline{c}_{-k}} e^{-jk\omega_0 t} \qquad (4.8)
\end{aligned}
$$

Die Ausdrücke c_k, c_{-k} bilden zusammen mit den Exponentialdarstellungen eine Reihe, die im negativen bzw. positiven Bereich von k aus jeweils gleichartigen, nur im Vorzeichen unterschiedlichen Elementen besteht. Läßt man deshalb auch negative Indizes zu, dann ergeben sich vereinfachte Ausdrücke der Form:

$$\underline{x}(t) = \sum_{k=-\infty}^{\infty} \underline{c}_k e^{jkw_0 t}$$

$$\underline{c}_k = \frac{1}{2}\left(a_k - jb_k\right)$$

$$\underline{c}_{-k} = \frac{1}{2}\left(a_k + jb_k\right) \tag{4.9}$$

Setzt man umgekehrt die Rechenvorschriften (4.1) für die reellen Fourierkoeffizienten a_k, b_k in die komplexen Fourierkoeffizienten $\underline{c}_k$ gemäß (4.9) ein und wendet die Beziehung von Euler an, dann ergibt sich auf diese Weise das Amplituden - und Phasenspektrum in einem Rechenvorgang.

$$\underline{c}_k = \frac{1}{2}\left(a_k - jb_k\right) = \frac{1}{2} \cdot \frac{2}{N} \sum_{i=1}^{N-1} x_k \cos\left(k \cdot \frac{2\pi}{N} \cdot i\right) \tag{4.10}$$

$$- \frac{1}{2} \cdot j \cdot \frac{2}{N} \sum_{i=1}^{N-1} x_k \sin\left(k \cdot \frac{2\pi}{N} \cdot i\right)$$

$$= \frac{1}{N} \sum_{i=0}^{N-1} x_k e^{-j\frac{2\pi i k}{N}}$$

$$\underline{c}_{-k} = \frac{1}{2}\left(a_k + jb_k\right) = \frac{1}{N} \sum_{i=0}^{N-1} x_k e^{j\frac{2\pi i k}{N}} \tag{4.11}$$

Liegen die komplexen Koeffizienten $\underline{c}_k$ vor, dann folgen die konjugiert komplexen Koeffizienten c_{-k} unmittelbar durch die Vorzeichenumkehr des imaginären Anteils von $\underline{c}_k$.

Mit normierten Schreibweisen, welche die einzelnen Meßwerte auf die Anzahl der Meßwerte insgesamt beziehen und mit Winkelsegmenten, entsprechend dem N-ten Teil von 360 Grad, entstehen übersichtliche Formeln zur Berechung von komplexen Fourierreihen, die bis zur maximalen Anzahl k_{max} von Koeffizienten auszuwerten sind:

$$\underline{c}_{\pm k} = \sum_{i=0}^{N-1} f_i w_N^{\mp ik}$$

$$f_i = \sum_{k=-k_{max}}^{k_{max}} \underline{c}_k w_N^{ik}$$

$$f_i = \frac{x_i}{N} \quad \text{bzw.} \quad \underline{w}_N = e^{j\frac{2\pi}{N}} \tag{4.12}$$

Die komplexen Zeiger $w_N^{\pm ik}$ besitzen die Länge 1 und weisen in die Richtungen von ganzzahligen Vielfachen des Einheitswinkels $360^0/N$. An den Gleichungen (4.12) ist erkennbar, daß es bei der Entwicklung von Fourier-Algorithmen auf die schnelle Berechnung dieser komplexen Zeiger im Einheitskreis ankommt.

Die Gleichungen (4.12) verdeutlichen ferner den engen Zusammenhang zwischen der numerischen Berechnung der Fourierkoeffizienten und der Auswertung der Fourierreihe, denn in beiden Fällen treten die Einheitswurzeln w_N auf. Ein entsprechender Algorithmus sollte daher die Berechnung dieser Einheitswurzeln in Form einer allgemeinen Prozedur (Unterprogramm) realisieren.

BEISPIEL 4.4: Für die im Bild 4.2 dargestellte, symmetrische Rechteckschwingung mit der Amplitude 100 und der Periodendauer von $T_0 = 2s$ gilt nach den Gleichungen (4.12)

$$\underline{c}_{\pm k} = \frac{1}{128} \sum_{i=0}^{127} f_i \cdot \underline{w}_{128}^{\mp ik} \; ; \qquad \text{mit} \qquad \underline{w}_{128} = e^{j \cdot 2,8125^0}$$

Für $k_{max} = 25$ und $N = 128$ folgt dann für den Winkel des Zeigers $\underline{w}_{128}^{ik}$ die Abschätzung

$$0^0 \leq ki \leq 25 \cdot 128 \cdot 2.8125 = 9000^0 = 25 \cdot 360^0$$

Bei n ganzzahligen Umläufen im Einheitskreis gilt:

$$\underline{w}_{128}^{ik} = \underline{w}_{128}^{ik + n \cdot 128} \; ; \qquad n = 0, \ldots, 25$$

und damit sind statt $25 \cdot 128 = 3200$ Winkelfunktion sind nur 128 Zeiger des Einheitskreises zu berechnen.

Die Auswertung des Beispiels erfolgt wieder mittels einer kurzen BASIC-Routine, die weitgehend dem BASIC-Programmes des Beispiels 4.2 entspricht.

```
REM   EINFACHER KOMPLEXER FOURIERALGORITHMUS
REM
      DIM f(127) , cr(25) , ci(25)
      N = 128 : kmax = 25 : N1 = N-1 : phi = 2 ⋆ π / N
REM
REM   SETZEN DER RECHTECKSCHWINGUNG
      f(0) = 0 : f(64) = 0
      FOR i = 1 TO 63
      f(i) = 100/N : f(i+64) = -100/N
      NEXT i
REM
REM   BEGINN DER KOEFFIZIENTEN-SCHLEIFE k
      FOR k = 0 TO kmax
REM
REM   BEGINN DER MESSWERTE-SCHLEIFE I
      FOR i = 0 TO N1
      phix = phi ⋆ k ⋆ i
      phix = N - INT ( phix / N ) ⋆ N
      cr(k) = cr(k) + f(i) ⋆ cos(phix)
      ci(k) = ci(k) - f(i) ⋆ sin(phix)
      NEXT i
      NEXT k
REM
REM   AUSDRUCK DER KOEFFIZIENTEN
      FOR k = 0 TO kmax
      PRINT k , cr(k) , ci(k)
      NEXT k
REM
      END
```

Als Ergebnis der numerischen Rechnungen ergeben sich nur für den imaginären, ungeradzahligen Anteil von $\underline{c}_{\pm k}$ von Null verschiedene Zahlenwerte.

$$ci_1 = -j \cdot 0,636$$
$$ci_3 = -j \cdot 0,212$$
$$ci_5 = -j \cdot 0,042$$
$$ci_7 = -j \cdot 0,006$$
usw.

Die Bezeichnuneng $ci_{1,3,4,7,...}$ kennzeichnen den imaginären Anteil von c_k.

Zum Vergleich der Ergebnisse der komplexen Rechnung mit den Fourierkoeffizienten nach Bild 4.3 sind die Gleichungen (4.9) , die den Zusammenhang zwischen beiden Darstellungsarten beschreiben, anzuwenden. Für den Sonderfall dieses Beispiels ($a_k = 0$) ergeben sich die aus dem Beispiel 4.2 bereits bekannten Werte für die Fourierkoeffizienten.

$$c_k = \frac{1}{2}\left(0 - jb_k\right) \qquad \rightarrow \qquad b_k = 2j \cdot c_k = 2 \cdot \mid ci_k \mid \; ; \; k = 0, 1, 3, \dots, 25$$

4.2   Fast Fourier Transformation (FFT)

Das im vergangenen Abschnitt behandelte einfache Beispiel der spektralen Zerlegung einer symmetrischen Rechteckschwingung erwies sich rechentechnisch betrachtet als relativ aufwendig, denn die Berechnung der Winkelfunktionen erfordert auf einem Digitalrechner die Benutzung einer Vielzahl weiterer Algorithmen. Die allgemeine diskrete Fouriertransformation auf der Basis der Koeffizienten a_k, b_k bzw. der komplexen Koeffizienten c_k führt deshalb mit einer zunehmenden Anzahl von Meßpunkten zu extrem langen Rechenzeiten, die Anwendungen unter Echtzeitbedingungen, wie z.B. die Analyse z.B. eines Sprachsignals, völlig ausschließen würden. Diese Algorithmen nennt man dann sinngemäß **schnelle Fouriertransformation** bzw. **Fast Fourier Transformation FFT**.

Die Grundidee zur Rechenzeitersparnis wurde im Prinzip bereits beim Beispiel der Analyse einer Rechteckschwingung eingesetzt: Die Wahl von $N = 2^M$ Abtastpunkten führte bei der Berechnung der komplexen Fourierkoeffizienten zu Winkelfunktionen, die eine Vielzahl von symmetrischen Eigenschaften aufweisen. Setzt man z.B. $N = 8$, dann ergeben sich Vielfache des Grundwinkels $360^o/8 = 45^o$ und statt insgesamt 8 sin- und cos-Funktionen genügt es die Funktionswerte von $\sin(45^o)$ bzw. $\cos(45^o)$ zu berechnen.

Das Bild 4.6 zeigt die Lage der Zeiger in der komplexen Ebene für $N = 8$. Ab

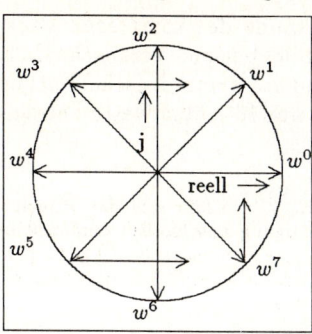

Bild 4.6: Symmetrieeigenschaften

dem 4. Zeiger lassen sich alle Winkelfunktionen aus dem ersten Quadranten durch Vertauschen der Vorzeichen übernehmen. Dies gilt auch für ein beliebiges $N = 2^M$, d.h. alle tatsächlich zu berechnenden Winkelfunktionen liegen im ersten Quadranten. Bei der FFT setzt man die symmetrischen Eigenschaften von Winkelfunktionen gezielt ein, um die Anzahl der Rechenoperationen zu minimieren. Dies gelingt besonders gut, wenn einerseits die Anzahl der Abtastwerte nicht von einer beliebigen Zahl ausgeht, schon gar nicht von einer Primzahl, sondern auf einer Potenz der Zahl 2 4 8 usw. basiert

$$N_2 = 2^M ; \qquad M = \text{FFT der Basis 2}$$
$$N_4 = 4^M ; \qquad M = \text{FFT der Basis 4}$$
$$N_8 = 8^M ; \qquad M = \text{FFT der Basis 8} \qquad (4.13)$$

und wenn man andererseits die Winkelfunktionen unter konsequenter Ausnutzung ihrer symmetrischen Eigenschaften berechnet. Die Programmierung einer Basis - 4 - FFT ist jedoch aufwendiger als die entsprechende Basis - 2 - FFT, d.h. der Vorteil der geringeren Anzahl von zu berechnenden Winkelfunktionen muß um den Preis einer höheren Anzahl von Rechenoperationen insgesamt erkauft werden. Besonders beliebt in der Praxis sind 1024 - Punkte Basis 2 FFT - Algorithmen. Die nun folgende Herleitung eines FFT-Algorithmuses beschränkt sich deshalb auf diesen Typ.

4.2.1   Spiegelung der Einheitswurzeln

Eine Spiegelung der Zeiger w an den Achsen der komplexen Zahlenebene entspricht den folgenden bekannten Additionstheoremen, die in der Tabelle 4.1 dargestellt sind:

β	$\sin \beta$	$\cos \beta$
$90^0 \pm \alpha$	$\cos \alpha$	$\pm \sin \alpha$
$180^0 \pm \alpha$	$\pm \sin \alpha$	$- \cos \alpha$
$270^0 \pm \alpha$	$- \cos \alpha$	$\pm \sin \alpha$
$360^0 \pm \alpha$	$- \sin \alpha$	$\cos \alpha$

Tab. 4.1: Sym. Eigenschaften von Winkelfunktionen

Durch die Anwendung dieser Additionstheoreme gelingt es, alle zu berechnenden Winkelfunktionen in den ersten Quadranten der komplexen Ebenen zu spiegeln.

Die einzelnen Schritte zur Vereinfachung der Berechnung der komplexen Fourier-koeffizienten lassen sich gut an einem einfachen Zahlenbeispiel veranschaulichen. Dazu dient nun wieder die bereits mehrfach behandelte symmetrische Rechteck-schwingung, wobei zur Abkürzung der Schreibarbeit nur 16 Abtastwerte betrachtet werden.

BEISPIEL 4.5: Mit den Parametern $N = 2^4 = 16$ und $k_{max} = 8$ läßt sich das Prinzip der Spiegelung der Einheitswurzeln am Fall einer Rechteckschwingung anschaulich demonstrieren. Die normierten Eingangssignale betragen:

$f_0 = 0$; $f_8 = 0$;

$f_{2,3,4,5,6,7} = 1$;

$f_{9,10,11,12,13,14,15} = -1$

Setzt man nun die normierte Amplitude zusammen mit den Parametern N, M, k_{max} in die Bestimmungsgleichungen (4.12) ein und läßt zur Vereinfachung der Schreibweisen den gleichbleibenden, tiefgestellten Index N $(w_N = w_{16} = w)$ weg, dann folgt für die Summationsanteile der negativen ungeraden Indizes der Fourierkoeffizienten

$$
\begin{aligned}
c_{-1} = {} & 0 \cdot w^0 & + {} & 1 \cdot w^1 & + {} & 1 \cdot w^2 & + {} & 1 \cdot w^3 \\
& + 1 \cdot w^4 & + {} & 1 \cdot w^5 & + {} & 1 \cdot w^6 & + {} & 1 \cdot w^7 \\
& + 0 \cdot w^8 & - {} & 1 \cdot w^9 & - {} & 1 \cdot w^{10} & - {} & 1 \cdot w^{11} \\
& - 1 \cdot w^{12} & - {} & 1 \cdot w^{13} & - {} & 1 \cdot w^{14} & - {} & 1 \cdot w^{15} \\[4pt]
c_{-3} = {} & 0 \cdot w^0 & + {} & 1 \cdot w^3 & + {} & 1 \cdot w^6 & + {} & 1 \cdot w^9 \\
& + 1 \cdot w^{12} & + {} & 1 \cdot w^{15} & + {} & 1 \cdot w^{18} & + {} & 1 \cdot w^{21} \\
& + 0 \cdot w^{24} & - {} & 1 \cdot w^{27} & - {} & 1 \cdot w^{30} & - {} & 1 \cdot w^{33} \\
& - 1 \cdot w^{36} & - {} & 1 \cdot w^{39} & - {} & 1 \cdot w^{42} & - {} & 1 \cdot w^{45} \\[4pt]
c_{-5} = {} & 0 \cdot w^0 & + {} & 1 \cdot w^5 & + {} & 1 \cdot w^{10} & + {} & 1 \cdot w^{15} \\
& + 1 \cdot w^{20} & + {} & 1 \cdot w^{25} & + {} & 1 \cdot w^{30} & + {} & 1 \cdot w^{35} \\
& + 0 \cdot w^{40} & - {} & 1 \cdot w^{45} & - {} & 1 \cdot w^{50} & - {} & 1 \cdot w^{55} \\
& - 1 \cdot w^{60} & - {} & 1 \cdot w^{65} & - {} & 1 \cdot w^{70} & - {} & 1 \cdot w^{75} \\[4pt]
c_{-7} = {} & 0 \cdot w^0 & + {} & 1 \cdot w^7 & + {} & 1 \cdot w^{14} & + {} & 1 \cdot w^{21} \\
& + 1 \cdot w^{27} & + {} & 1 \cdot w^{35} & + {} & 1 \cdot w^{42} & + {} & 1 \cdot w^{49} \\
& + 0 \cdot w^{56} & - {} & 1 \cdot w^{63} & - {} & 1 \cdot w^{70} & - {} & 1 \cdot w^{77} \\
& - 1 \cdot w^{84} & - {} & 1 \cdot w^{91} & - {} & 1 \cdot w^{98} & - {} & 1 \cdot w^{105}
\end{aligned}
$$

Im ersten Schritt reduziert man alle Exponenten der Einheitswurzeln auf den Bereich von w^0 bis w^{15}, d.h. der Definitionsbereich der Winkelfunktionen liegt dann zwischen 0 und 360 Grad.

$$
\begin{aligned}
c_{-1} = {} & 0 \cdot w^0 & + {} & 1 \cdot w^1 & + {} & 1 \cdot w^2 & + {} & 1 \cdot w^3 \\
& + 1 \cdot w^4 & + {} & 1 \cdot w^5 & + {} & 1 \cdot w^6 & + {} & 1 \cdot w^7 \\
& + 0 \cdot w^8 & - {} & 1 \cdot w^9 & - {} & 1 \cdot w^{10} & - {} & 1 \cdot w^{11} \\
& - 1 \cdot w^{12} & - {} & 1 \cdot w^{13} & - {} & 1 \cdot w^{14} & - {} & 1 \cdot w^{15} \\[4pt]
c_{-3} = {} & 0 \cdot w^0 & + {} & 1 \cdot w^3 & + {} & 1 \cdot w^6 & + {} & 1 \cdot w^9 \\
& + 1 \cdot w^{12} & + {} & 1 \cdot w^{15} & + {} & 1 \cdot w^2 & + {} & 1 \cdot w^5 \\
& + 0 \cdot w^8 & - {} & 1 \cdot w^{11} & - {} & 1 \cdot w^{14} & - {} & 1 \cdot w^1 \\
& - 1 \cdot w^4 & - {} & 1 \cdot w^7 & - {} & 1 \cdot w^{10} & - {} & 1 \cdot w^{13} \\[4pt]
c_{-5} = {} & 0 \cdot w^0 & + {} & 1 \cdot w^5 & + {} & 1 \cdot w^{10} & + {} & 1 \cdot w^{15} \\
& + 1 \cdot w^4 & + {} & 1 \cdot w^9 & + {} & 1 \cdot w^{14} & + {} & 1 \cdot w^3 \\
& + 0 \cdot w^8 & - {} & 1 \cdot w^{13} & - {} & 1 \cdot w^2 & - {} & 1 \cdot w^7 \\
& - 1 \cdot w^{12} & - {} & 1 \cdot w^1 & - {} & 1 \cdot w^6 & - {} & 1 \cdot w^{11} \\[4pt]
c_{-7} = {} & 0 \cdot w^0 & + {} & 1 \cdot w^7 & + {} & 1 \cdot w^{14} & + {} & 1 \cdot w^5 \\
& + 1 \cdot w^{12} & + {} & 1 \cdot w^3 & + {} & 1 \cdot w^{10} & + {} & 1 \cdot w^1 \\
& + 0 \cdot w^8 & - {} & 1 \cdot w^{15} & - {} & 1 \cdot w^6 & - {} & 1 \cdot w^{13} \\
& - 1 \cdot w^4 & - {} & 1 \cdot w^{11} & - {} & 1 \cdot w^2 & - {} & 1 \cdot w^9
\end{aligned}
$$

Im nächsten Schritt sind die spiegelsymmetrischen Eigenschaften der Einheitswurzeln zu berücksichtigen:

$$w^0 = 1 \quad ;$$

$$w^{l+4} = -w^{4-l} \quad ;$$

$$w^{l+8} = -w^l \quad ;$$

$$w^{l+12} = w^{4-l} \quad ; \quad l = 1, 2, 3, 4$$

Die Gleichungen spiegeln die rechte Hälfte der komplexen Ebene nach links und anschließend die linke Hälfte in den ersten Quadranten. Die Zuordnung der Indizes ist in der Tab. 4.2 dargestellt:

Ausgangszeiger	gespiegelter Zeiger
w^0	w^0
w^1	w^1
w^2	w^2
w^3	w^3
w^4	w^4
w^5	$-w^{-3}$
w^6	$-w^{-2}$
w^7	$-w^{-1}$
w^8	$-w^0$
w^9	$-w^1$
w^{10}	$-w^2$
w^{11}	$-w^3$
w^{12}	$-w^4$
w^{13}	w^{-3}
w^{14}	w^{-2}
w^{15}	w^{-1}
w^{16}	w^{-0}

Tab. 4.2: Spiegelung der Indizes

Die Spiegelung der Indizes entsprechend der Tab. 4.2 ergibt

$$
\begin{aligned}
c_{-1} = \ & 0 \cdot w^0 \ + \ 1 \cdot w^1 \ + \ 1 \cdot w^2 \ + \ 1 \cdot w^3 \\
+ \ & 1 \cdot w^4 \ - \ 1 \cdot w^{-3} \ - \ 1 \cdot w^{-2} \ - \ 1 \cdot w^{-1} \\
- \ & 0 \cdot w^0 \ + \ 1 \cdot w^1 \ + \ 1 \cdot w^2 \ + \ 1 \cdot w^3 \\
+ \ & 1 \cdot w^4 \ - \ 1 \cdot w^{-3} \ - \ 1 \cdot w^{-2} \ - \ 1 \cdot w^{-1} \\
c_{-3} = \ & 0 \cdot w^0 \ + \ 1 \cdot w^3 \ - \ 1 \cdot w^{-2} \ - \ 1 \cdot w^1 \\
- \ & 1 \cdot w^4 \ + \ 1 \cdot w^{-1} \ + \ 1 \cdot w^2 \ - \ 1 \cdot w^{-3} \\
- \ & 0 \cdot w^0 \ + \ 1 \cdot w^3 \ - \ 1 \cdot w^{-2} \ - \ 1 \cdot w^1 \\
- \ & 1 \cdot w^4 \ + \ 1 \cdot w^{-1} \ + \ 1 \cdot w^2 \ - \ 1 \cdot w^{-3} \\
c_{-5} = \ & 0 \cdot w^0 \ - \ 1 \cdot w^{-3} \ - \ 1 \cdot w^2 \ + \ 1 \cdot w^{-1} \\
+ \ & 1 \cdot w^4 \ - \ 1 \cdot w^1 \ + \ 1 \cdot w^{-2} \ + \ 1 \cdot w^3 - \\
- \ & 0 \cdot w^0 \ - \ 1 \cdot w^{-3} \ - \ 1 \cdot w^2 \ + \ 1 \cdot w^{-1} \\
+ \ & 1 \cdot w^4 \ - \ 1 \cdot w^1 \ + \ 1 \cdot w^{-2} \ + \ 1 \cdot w^3 \\
c_{-7} = \ & 0 \cdot w^0 \ - \ 1 \cdot w^{-1} \ + \ 1 \cdot w^{-2} \ - \ 1 \cdot w^{-3} \\
- \ & 1 \cdot w^4 \ + \ 1 \cdot w^3 \ - \ 1 \cdot w^2 \ + \ 1 \cdot w^1 \\
- \ & 0 \cdot w^0 \ - \ 1 \cdot w^{-1} \ + \ 1 \cdot w^{-2} \ - \ 1 \cdot w^{-3} \\
- \ & 1 \cdot w^4 \ + \ 1 \cdot w^3 \ - \ 1 \cdot w^2 \ + \ 1 \cdot w^1
\end{aligned}
$$

und nach der Zusammenfassung der einzelnen Summanden folgt:

$$
\begin{aligned}
c_{-1} &= 2\left(w^1 + w^2 + w^3\right) \ + \ 2\left(-w^{-1} - w^{-2} - w^{-3}\right) \ + \ 2w^4 \\
c_{-3} &= 2\left(-w^1 + w^2 + w^3\right) \ + \ 2\left(w^{-1} - w^{-2} - w^{-3}\right) \ - \ 2w^4 \\
c_{-5} &= 2\left(-w^1 - w^2 + w^3\right) \ + \ 2\left(w^{-1} + w^{-2} - w^{-3}\right) \ + \ 2w^4 \\
c_{-7} &= 2\left(w^1 - w^2 + w^3\right) \ + \ 2\left(-w^{-1} + w^{-2} - w^{-3}\right) \ - \ 2w^4
\end{aligned}
$$

Mit den Rechenregeln für die Addition und Subtraktion komplexer Zahlen ergibt sich mit dem Grundwinkel von $360^0/16 = 22,5^0$ für die Fourierkoeffizienten

$$
\begin{aligned}
c_{-1} &= 4j\left(\sin 22,5^0 + \sin 45^0 + \sin 67,5^0\right) \ + \ 2j \sin 90^0 \\
c_{-3} &= 4j\left(-\sin 22,5^0 + \sin 45^0 + \sin 67,5^0\right) \ - \ 2j \sin 90^0 \\
c_{-5} &= 4j\left(-\sin 22,5^0 - \sin 45^0 + \sin 67,5^0\right) \ + \ 2j \sin 45^0 \\
c_{-7} &= 4j\left(\sin 22,5^0 - \sin 45^0 + \sin 67,5^0\right) \ - \ 2j \sin 90^0
\end{aligned}
$$

Damit liegen alle ungeraden Fourierkoeffizienten fest

$$
\begin{aligned}
c_{-1} &= j \cdot 0,7140 \quad &\rightarrow& \quad c_1 &= -j \cdot 0,7140 \\
c_{-3} &= j \cdot 0,2676 \quad &\rightarrow& \quad c_3 &= -j \cdot 0,2676 \\
c_{-5} &= j \cdot 0,1250 \quad &\rightarrow& \quad c_5 &= -j \cdot 0,1250 \\
c_{-7} &= j \cdot 0,0713 \quad &\rightarrow& \quad c_7 &= -j \cdot 0,0713
\end{aligned}
$$

Das Ergebnis, das wieder die bekannten ersten 4 Fourierkoeffizienten der symmetrischen Rechteckschwingung (siehe Bild 4.3) liefert, erforderte nun jedoch nur noch die Berechnung von insgesamt 3 Winkelfunktionen. Für die vollständige Rechnung mit dem Parameter $N = 128$ sind somit nur noch ca. $N/4 = 32$ Winkelfunktionen zu bestimmen. Damit zeigt dieses einfache Zahlenbeispiel bereits die enorme Rechenzeitersparnis, die sich aus der Verwendung komplexer Schreibweisen und der Berücksichtigung symmetrischer Eigenschaften der Winkelfunktionen ergibt.

4.2.2 Matrizendarstellung der Einheitswurzeln

Der eigentliche FFT-Algorithmus bringt noch weitere, entscheidende Rechenzeit-vorteile durch die systematische Umsetzung der komplexen Schreibweisen in die Matrizen-Vektor-Darstellung.

Als Ausgangspunkt für die Erklärung der Struktur eines FFT - Algorithmus dient die Gleichung (4.12) zur Berechnung komplexer Fourierkoeffizienten.

$$
c_{-k} = \sum_{i=0}^{N-1} f_i w_N^{k \cdot i} = \boldsymbol{W} \cdot \boldsymbol{f} =
\begin{pmatrix}
1 & 1 & \dots & 1 \\
1 & w_N^{1 \cdot 1} & \dots & w_N^{1 \cdot (N-1)} \\
\dots & \dots & \dots & \dots \\
1 & w_N^{k \cdot 1} & \dots & w_N^{k \cdot (N-1)}
\end{pmatrix}
\cdot
\begin{pmatrix}
f_0 \\
f_1 \\
\vdots \\
f_{N-1}
\end{pmatrix}
\qquad (4.14)
$$

Zur Beseitigung der mehrdeutigen Zeiger w_{ki} dient der mathematische Ansatz einer **Modulfunktion**. Eine Modulfunktion liefert bei der Division zweier ganzer Zahlen den Divisionsrest zurück [1]. Mit dem Ansatz

$$
\boldsymbol{W}_N^{ki} = \boldsymbol{W}_N^{ki} \bmod N \qquad \rightarrow \qquad 0 \leq ki \leq N - 1 \qquad (4.15)
$$

bleiben die Argumente der Winkelfunktionen auf 360^0 begrenzt.

Im nächsten Schritt erfolgt nun die allgemeine Spiegelung der Zeiger w vom zweiten, dritten und vierten Quadranten der komplexen Ebene in den ersten Quadranten, wie dies in der Tabelle 4.1 für $N = 16$ zahlenmäßig demonstriert wurde. Es gilt wegen der Additionstheoreme der Tabelle 4.3:

$$
\begin{aligned}
w^0 &= 1 \quad ; \\[2mm]
N_4 &= \frac{N}{4} \\[2mm]
w^l &= w^l \quad ; \quad l = 1, 2, 3, N_4 \\[2mm]
w^{l+N_4} &= -w^{N_4 - l} \quad ; \\[2mm]
w^{l+2 \cdot N_4} &= -w^l \quad ; \\[2mm]
w^{l+3 \cdot N_4} &= w^{N_4 - l} \quad ;
\end{aligned}
\qquad (4.16)
$$

Setzt man in die Gleichungen (4.16) z.B. $N = 16$ ein, dann ergibt sich wieder die Tabelle 4.2. Da $w^0 = 1$ und $w^{N_4} = j$ ohnehin bekannt sind, verbleibt nur noch die Berechnung von $w^1, w^2, \dots w^{N_4 - 1}$, d.h. insgesamt $N_4 - 2$ Winkelfunktionen. Trotzdem bestehen noch weitere Möglichkeiten der Rechenzeitersparnis, die erst den eigentlichen Kern des FFT - Algorithmus ausmachen.

---

[1] 8 mod 3 = 2 , weil bei der Division von 8 durch 3 ein Rest von 2 bleibt.

Zur Erläuterung der möglichen Rechenzeitersparnis betachte der Leser die folgende allgemeine Matrizen-Vektor-Multiplikation im Hinblick auf die Anzahl der erforderlichen Multiplikationen.

$$\begin{pmatrix} x_2 \\ y_2 \\ z_2 \end{pmatrix} = \begin{pmatrix} a_{11} & a_{12} & a_{13} \\ a_{21} & a_{22} & a_{23} \\ a_{31} & a_{32} & a_{33} \end{pmatrix} \cdot \begin{pmatrix} x_1 \\ y_1 \\ z_1 \end{pmatrix} \tag{4.17}$$

Es sind insgesamt eine Zahl von $3 \cdot 3 = 9$ Multiplikationen erforderlich. Anders sieht es dagegen bei der folgenden Matrizen-Vektor-Multiplikation aus:

$$\begin{pmatrix} x_2 \\ y_2 \\ z_2 \end{pmatrix} = \begin{pmatrix} a_{11} & a_{12} & a_{13} \\ a_{11} & a_{22} & a_{23} \\ a_{11} & a_{22} & a_{33} \end{pmatrix} \cdot \begin{pmatrix} x_1 \\ y_1 \\ z_1 \end{pmatrix} \tag{4.18}$$

Hier stimmen die Elemente einer Spalte jeweils überein und die entsprechenden Multiplikationen werden deshalb unnötig oft ausgeführt. Zur Berechnung des Vektors x_3 hätten 6 Multiplikationen genügt, denn die Produkte $a_{11}x_1$ treten insgesamt dreimal, und die Produkte $a_{22}x_2$ zweimal auf.

Zur Erzeugung eines Maximums an identischen Spaltenelementen sind die Elemente der Matrix zu vertauschen, wobei sich auch die Reihenfolge der Vektorkomponenten sinngemäß verändert. Die Vertauschung erfolgt häufig nach einer Methode, die man als **Bitspiegelung** bezeichnet und die für N = 8 in der Tabelle 4.3 dargestellt ist.

Zahl	Bitmuster	gespiegeltes Bitmuster	gespiegelte Zahl
0	000	000	0
1	001	100	4
2	010	010	2
3	011	110	6
4	100	001	1
5	101	101	5
6	110	011	3
7	111	111	7

Tab. 4.3: Beispiel einer Bitspiegelung

Praktisch entspricht dieser Bitspiegelung eine Gruppierung der vorhandenen Signale nach Zweiergruppen, wie dies im Bild 4.7 graphisch dargestellt ist.

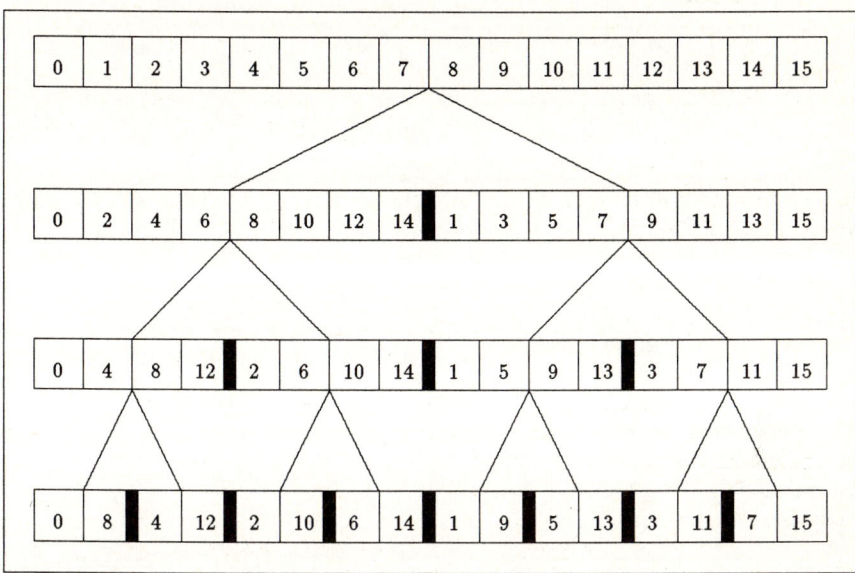

Bild 4.7: Prinzip der Bitspiegelung

4.2.3   Schmetterlingsdiagramme

Die Anwendung aller bisher behandelten Methoden zur Einsparung von Re-

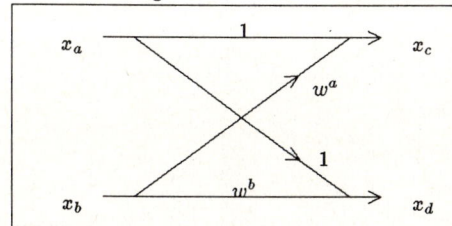

Bild 4.8: Elementar-Butterfly

chenzeit führt zu einem Algorithmus, der sich in Form von graphischen Darstellungen besonders
anschaulich beschreiben läßt. Die
Grundform dieser Graphiken ist
ein gekreuzter Signalfluß , für den
der Begriff **Schmetterling** bzw.
Butterfly üblich ist. Die beiden
neuen Werte x_c, x_d ergeben sich aus
den alten Werten x_a, x_b durch die
im Bild 4.7 graphisch dargestellten
Formeln:

$$x_c = x_a + x_b \; ; \qquad \text{bzw.} \qquad x_d = x_a - x_b$$

Dieser Elementar-Butterfly ist mehrfach auszuwerten, wobei die Differenz der Indizes $b - a$ als Sprungweite des FFT-Algorithmus bezeichnet wird. Das Bild 4.9 stellt

den gesamten Algorithmus für den Fall N=8 dar.

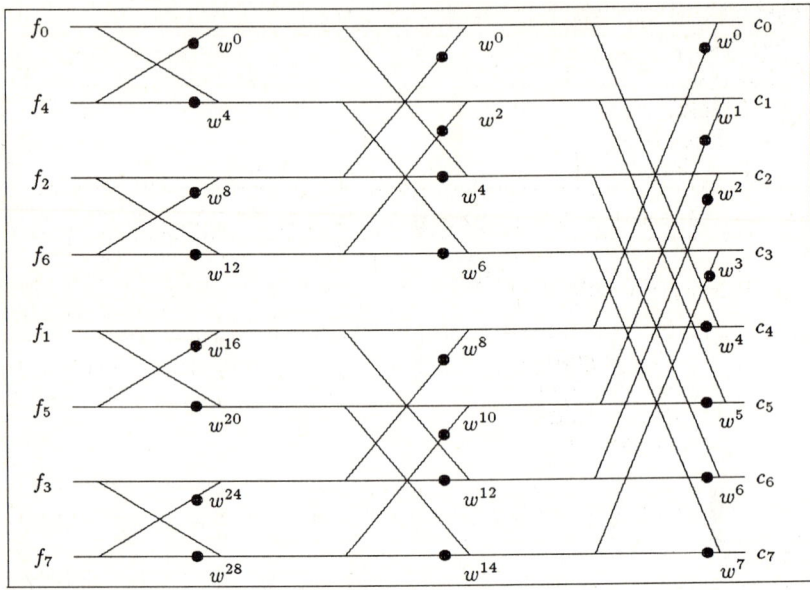

Bild 4.9: Schmetterlingsdiagramm für N = 8

Berechnet man nun die Fourierkoeffizienten c_1 bis c_3, dann ergeben sich die Rechenvorschriften direkt aus dem Bild 4.9:

$$
\begin{aligned}
c_0 &= f_0 + f_4 + f_2 \cdot w^0 + f_6 \cdot w^{8+0} \\
&+ f_1 \cdot w^0 + f_5 \cdot w^{16+0} + f_3 \cdot w^{8+0} + f_7 \cdot w^{24+8+0} \\
&= f_0 \cdot w^0 + f_1 \cdot w^0 + f_2 \cdot w^0 + f_3 \cdot w^0 + f_4 \cdot w^0 + f_5 \cdot w^0 + f_6 \cdot w^0 + f_7 \cdot w^0 \\
&= \sum_{i=0}^{7} f_i \cdot w^{0 \cdot i}
\end{aligned}
$$

$$
\begin{aligned}
c_1 &= f_0 + f_4 \cdot w^4 + f_2 \cdot w^2 + f_6 \cdot w^{12+2} \\
&+ f_1 \cdot w^1 + f_5 \cdot w^{20+1} + f_3 \cdot w^{10+1} + f_7 \cdot w^{28+10+1} \\
&= f_0 \cdot w^0 + f_1 \cdot w^1 + f_2 \cdot w^2 + f_3 \cdot w^3 + f_4 \cdot w^4 + f_5 \cdot w^5 + f_6 \cdot w^6 + f_7 \cdot w^7 \\
&= \sum_{i=0}^{7} f_i \cdot w^{1 \cdot i}
\end{aligned}
$$

$$
\begin{aligned}
c_2 &= f_0 + f_4 + f_2 + f_6 \cdot w^{8+4} \\
&+ f_1 \cdot w^2 + f_5 \cdot w^{16+2} + f_3 \cdot w^2 + f_7 \cdot w^{24+12+2} \\
&= f_0 \cdot w^0 + f_1 \cdot w^2 + f_2 \cdot w^4 + f_3 \cdot w^6 + f_4 \cdot w^8 + f_5 \cdot w^{10} + f_6 \cdot w^{12} + f_7 \cdot w^{14} \\
&= \sum_{i=0}^{7} f_i \cdot w^{2 \cdot i}
\end{aligned}
$$

$$c_3 = f_0 + f_4 \cdot w^4 + f_2 \cdot w^6 + f_6 \cdot w^{12+6}$$
$$+ \ f_1 \cdot w^3 + f_5 \cdot w^{20+3} + f_3 \cdot w^{14+3} + f_7 \cdot w^{28+14+3}$$
$$= f_0 \cdot w^0 + f_1 \cdot w^3 + f_2 \cdot w^6 + f_3 \cdot w^9 + f_4 \cdot w^1 2 + f_5 \cdot w^1 5 + f_6 \cdot w^1 8 + f_7 \cdot w^2 1$$
$$= \sum_{i=0}^{7} f_i \cdot w^{3 \cdot i}$$

Das Bild 4.9 stellt somit die graphische Darstellung eines FFT-Algorithmus dar. Bei der Umsetzung in ein entsprechendes Computerprogramm ergibt sich noch eine weitere erhebliche Einsparung an Rechenzeit durch einen einfachen mathematischen Kunstgriff. Das Bild 4.10 zeigt den Elementarschmetterling mit geänderten Bezeichnungen. Mit den Beziehungen

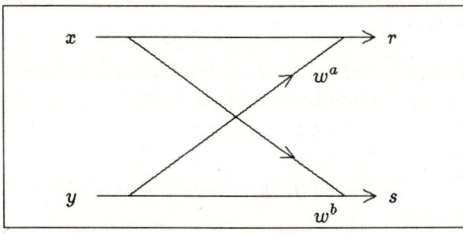

Bild 4.10: Schmetterlingsalgorithmus

$$r = x + w^a \cdot y$$
$$s = x + w^b \cdot y \qquad (4.19)$$

und einer neuen Variablen u, die wie folgt definiert ist,

$$u = w^b \cdot y \qquad (4.20)$$

die Variable y substituiert werden.

$$r = u \cdot w^{a-b}$$
$$s = x + u \qquad (4.21)$$

Ein Blick auf das Bild 4.9 zeigt, daß die Winkeldifferenz $a-b$ stets 180 Grad beträgt. Damit folgen die 3 Gleichungen zur Berechnung der Schmetterlingsroutine:

$$u = w^b \cdot y$$
$$r = x - u$$
$$s = x + u \qquad (4.22)$$

4.3 Anwendung der FFT-Algorithmen

Die Vielzahl der möglichen Varianten von FFT - Algorithmen ist fast unübersehbar, denn die Matrix der Einheitswurzeln $\boldsymbol{W}$ läßt sich spalten- oder zeilenweise vertauschen und die Bitspiegelung kann auch am Ende der Berechnung mit den Fourierkoeffizienten durchgeführt werden. Die Reihenfolge der Elementar-Schmetterlinge ist dann gegenüber dem Bild 4.9 seitenvertauscht, d.h. der Algorithmus beginnt mit den großen Sprungweiten. Falls sich der Leser für die Einzelheiten spezieller

Algorithmen interessiert, sei auf die einschlägige nachrichtentechnische Literatur verwiesen.

Für den Systemingenieur in der beruflichen Praxis steht jedoch selten die Entwicklung von optimalen FFT - Algorithmen mit minimaler Rechenzeit und minimalem Speicherbedarf im Mittelpunkt seines Interesses, sondern es kommt vielmehr auf die richtige Anwendung von FFT-Algorithmen und die sich anschließende kritische Interpretation der berechneten Frequenzspektren an. Deshalb werden nun typische Probleme beim praktischen Einsatz von FFT-Algorithmen behandelt und entsprechende Lösungsvorschläge erläutert.

4.3.1   Reelle Funktionen

Der im Bild 4.9 dargestellte FFT-Algorithmus weist trotz der erheblichen Rechenzeiteinsparungen bei reellen Funktionen eine unangenehme Redundanz auf, denn die Eingangsfunktionen f_i besitzen in diesem Fall keinen imaginären Anteil. Dieses Problem kann man durch eine Aufteilung der Eingangsfunktion in geradzahlige f_g und ungeradzahlige Abtastwerte f_u umgehen. Die beiden neuen Funktionen lassen sich dann als komplexe Funktion $\underline{f}$ auffassen:

$$\underline{f} = f_g + j \cdot f_u \tag{4.23}$$

Für die Berechnung der komplexen Fourierkoeffizienten ergibt sich dann

$$R = \frac{N}{2}$$

$$\underline{c}_k = \sum_{i=0}^{N-1} f_i w^{ik} = \sum_{i=0}^{R} f_{2i} w^{2ik} + \sum_{i=0}^{R-1} f_{2i+1} w^{(2i+1)k}$$

$$= \sum_{i=0}^{R} \underbrace{f_{2i}}_{f_g} w^{2ik} + w^k \cdot \sum_{i=0}^{R-1} \underbrace{f_{2i+1}}_{f_u} w^{(2i+1)k} \tag{4.24}$$

Leider beziehen sich die berechneten Koeffizienten $\underline{c}_k$ auf die nicht existierende Funktion $\underline{f}$ und es besteht nun die Aufgabe, eine Beziehung zwischen den berechneten Fourierkoeffizienten $\underline{c}_k$ und den gesuchten Fourierkoeffizienten der ursprünglichen reellen Funktion herzustellen. Die Anwendung dieser Methoden führt schließlich auf neue Transformationsalgorithmen, wie z.B. der **Hartley-Transformation**, die allerdings zur Rückgewinnung der gesuchten Fourierkoeffizienten die Berechnung des vollständigen Spektrums, d.h. aller $N/2$ Fourierkoeffizienten, erfordert. Damit sind diese Algorithmen für den allgemeinen Einsatz nur bedingt geeignet, denn für die praxisnahe Bedingung $k_{max} < N/2$ führt die Aufteilung einer reellen Funktion in komplexe Teilfunktionen zu einer drastischen Erhöhung der Rechenzeit.

4.3.2   Anwendung von Fensterfunktionen

Bei der in den Beispielen 4.1 bis 4.5 analysierten symmetrischen Rechteckschwingung ergab sich die Dauer der Grundschwingung $T_0 = 2s$ direkt aus dem Funktionsverlauf (Bild 4.1). Dies gilt auch für entsprechende Verläufe von Dreiecksfunktionen oder angeschnittenen Sinus - bzw. Cosinus Funktionen, die durch eine klar definierte Periodendauer gekennzeichnet sind. Die üblichen mathematischen Formelsammlungen enthalten für eine Vielzahl solcher Funktionen die dazu gehörenden Frequenzspektren.

Der Ingenieur in der beruflichen Praxis ist jedoch häufig an der spektralen Analyse von gestörten und nichtperiodischen Zeitverläufen interessiert. Das Bild 4.11 zeigt einen typischen Signalverlauf, der durch die Überlagerung der bereits mehrfach untersuchten, symmetrischen Rechteckschwingung mit einem Rauschsignal der 10-fachen Amplitude generiert wurde. Die Rechteckschwingung ist nicht mehr zu erkennen und die Periodendauer der Grundschwingung, auf der die restlichen Parameter der Fourieranalyse basieren, kann deshalb nicht mehr eindeutig festgelegt werden.

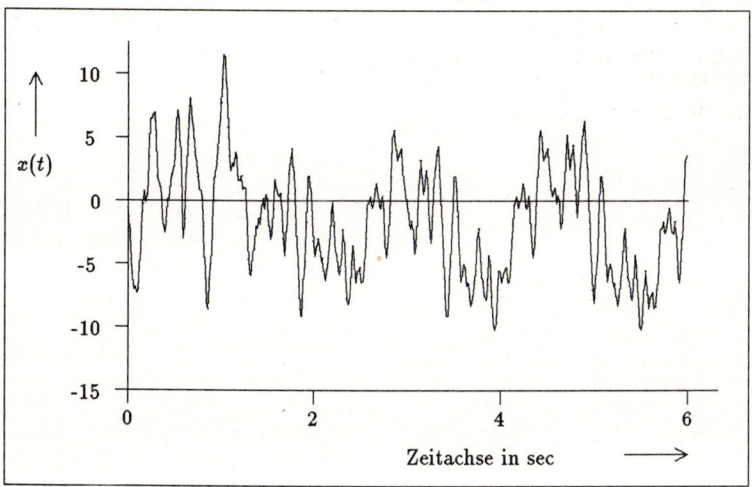

Bild 4.11: Rechtecksignal mit überlagerter 10-facher Rauschamplitude

Das Problem läßt sich jedoch wie folgt lösen:

- Festlegung der Lage und der Dauer eines Zeitabschnittes als Grundperiode T_0.

- Wichtung des ausgewählten Zeitabschnittes mit einer **Fensterfunktion**.

Festlegung eines Zeitabschnittes

Die Wahl des Zeitabschnittes hängt von jenem Zeitintervall ab, für das die gegebene Funktion analysiert werden soll. Bei langen Meßreihen von mehreren Stunden muß die Signalanalys ohnehin abschnittsweise erfolgen. Es geht dabei weniger um die Begrenzung von Rechenzeiten, vielmehr führt die Analyse eines extrem langen Zeitintervalles, in dessen Verlauf bestimmte Frequenzen auftreten und wieder abklingen oder sich mit anderen Frequenzanteilen ablösen, zu wertlosen Frequenzspektren. Die Festlegung der Lage und der Dauer des zu analysierenden Zeitabschnittes hängt somit ausschließlich von der konkreten Problemstellung ab. So fährt man z.B. bei der Erprobung elektrischer oder mechanischer Antriebe sorgfältig definierte Belastungsprofile, die durch konstante Systemparameter gekennzeichnet sind und deren Dauer T_0 die Basis einer sich anschließenden FFT-Analyse bilden. Der Versuchsingenieur sollte schon bei der Festlegung eines Versuchsprogrammes an die Bedingungen einer späteren Signalanalyse denken, damit dann die Auswertung der häufig mit großem Aufwand durchgeführten Erprobungen überhaupt sinnvolle und informative Frequenzspektren ergeben kann [2]. Wichtig ist auch eine sorgfältige manuelle oder automatische Protokollierung des Versuchsablaufes, um später bei der Wahl des zu analysierenden Zeitabschnittes die wirklich interessanten Bereiche klar identifizieren zu können.

Wichtung der Funktion mit einem Zeitfenster

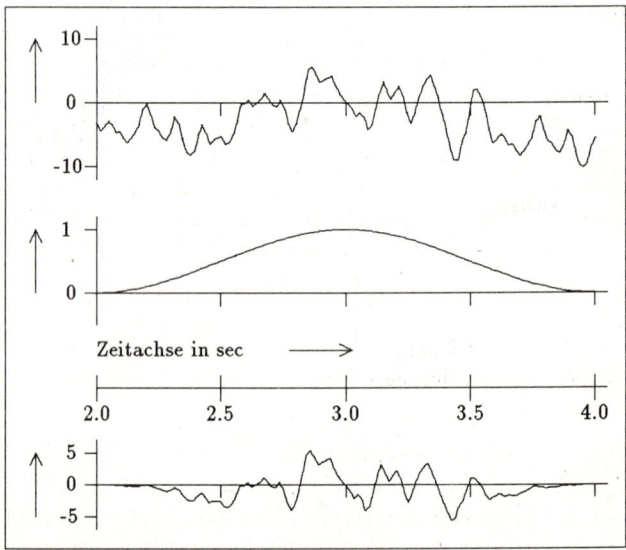

Bild 4.12: Prinzip einer Fensterfunktion

Ein Zeitfenster blendet ein Intervall aus dem gegebenen Funktionsverlauf aus. Mathematisch entspricht dies der Multiplikation mit einer rechteckförmigen Schaltfunktion. Durch das Herausschneiden eines Zeitintervalles entsteht ein rechteckförmiges, pseudo-periodisches Signal, wie dies im Bild 4.12 für

$$2s \leq t \leq 4s$$

---

[2] Besonders unangenehm sind in diesem Zusammenhang diskrete Zeitfolgen mit einer unsicheren, teils unbekannten oder gar asynchronen Zeitbasis.

graphisch dargestellt ist. Die Frequenzanalyse dieses Zeitverlaufes würde jedoch wegen des unstetigen Beginns bzw. Endes der Funktion zu einem fehlerhaften Frequenzspektrum führen, denn die unstetigen Begrenzungen sind ja im eigentlichen Ausgangssignal überhaupt nicht vorhanden, sondern einzig eine unangenehme Nebenwirkung des Ausschneidens.

Um die unstetigen Begrenzungen zu beseitigen, multipliziert man die Funktion mit einer wichtenden Funktion (Fensterfunktion), die durch einen Verlauf entsprechend dem mittleren Teil des Bildes 4.12 gekennzeichnet ist. Besonders beliebig als Fensterfunktion ist das dargestellte **Hanning-Fenster** , das mathematisch wie folgt definiert ist:

$$g_i = \frac{1}{2} \left(1 - \cos \frac{2\pi i}{N} \right) \tag{4.25}$$

Nach der Wichtung ergibt sich dann der im Bild 4.12 unten dargestellte Verlauf der Funktion.

Neben dem Hanning-Fenster gibt es noch eine Reihe weiterer Fensterfunktion, die sich vor allem in der Art der Absenkung der Randwerte unterscheiden. Während beim Funktionsverlauf nach Bild 4.12 die Randwerte den Wert Null annehmen, reduziert das **Hamming-Fenster**

$$g_i = 0.54 - 0.46 \cos \frac{2\pi i}{N} \tag{4.26}$$

die Ränder bei $i = 0$ auf $0.54 - 0.46 = 0.08$, d.h. auf 10% . Bei einem **Flat Top Window** schwingt die Fensterfunktion im Randbereich sogar etwas ins Negative.

Im Hinblick auf die Auswahl einer geeigneten Fensterfunktion ist anzumerken, daß bei einem ausreichend breiten Intervall von z.B. 1024 Abtastwerten die Abtastwerte an den Rändern nur einen relativ geringen Einfluß auf das gesamte Frequenzspektrum ausüben und man deshalb mit den Fensterfunktionen nach (4.25) bzw. (4.26) hervorragende Ergebnisse erhält.

4.4 Aufgaben

AUFGABE 4.1: In den Formelsammlungen der Mathematik bzw. der Elektrotechnik findet man stets Tabellen von Fourierkoeffizienten von wichtigen Funktionsverläufen. Hier sei dem Leser empfohlen, die ihn speziell interessierenden Funktionen durch die Verwendung der einfachen Fourierformeln nach Gleichung (4.1) zu zerlegen und dann das Ergebnis mittels der Formelsammlung zu kontrollieren.

AUFGABE 4.2: Der folgende Ausdruck stellt eine interessante Funktion dar.

$$y = \frac{4}{\pi^2} \cdot x \cdot (\pi - x) \; ; \qquad 0 \leq x \leq \pi$$

Es handelt sich hier eine Art Ersatz von periodischen Funktionen, denn der Funktionsverlauf entspricht halbbbogenartigen Parabeln. Zerlegen Sie diese Funktion in ihre Frequenzanteile und vergleichen sie das Ergebnis mit dem Spektrum einer entsprechenden sinusförmigen Halbwelle.

Lösung: Als Ergebnis erhält man nach einer entsprechenden Zerlegung:

$$y = \frac{2}{3} - \frac{4}{\pi^2} \sum_{i=1}^{\infty} \frac{\cos(2ix)}{i^2}$$

Die Frequenzzerlegung einer Sinus-Funktion gemäß $y = |\sin(x)|$ ergibt

$$y = \frac{2}{\pi} - \frac{4}{\pi} \sum_{i=1}^{\infty} \frac{\cos(2ix)}{(2i-1)(2i+1)}$$

Zum Vergleich beider Spektren zeigt die folgende Tab. 4.4 die Liste der Beträge der jeweiligen Fourierkoeffizienten.

Koeffizient	Parabel	Sinus-Funktion
0	0.667	0.637
2	0.405	0.424
4	0.101	0.085
6	0.045	0.036
8	0.025	0.020
10	0.016	0.013
12	0.011	0.009
14	0.008	0.007
16	0.006	0.005
18	0.005	0.004
20	0.004	0.003

Tab. 4.4: Vergleich der Fourierkoeffizienten (Aufgabe 4.2)

AUFGABE 4.3: Programmierung von FFT-Algorithmen

Das Bild 4.9 läßt sich direkt in einen Algorithmus umsetzen. Als Programmiersprache soll wieder BASIC dienen, weil es den meisten Lesern vertraut sein dürfte und selbst auf preiswerten Taschenrechnern verfügbar ist. Der Aufbau des BASIC - Programmes erfolgt in strukturierter Weise, um ein Umsetzen in höhere Programmiersprachen zu erleichtern. Folgende Schritte sind dazu erforderlich:

Simulation oder Einlesen der Meßdaten

Es wird wieder die symmetrische Rechteckschwingung nach Bild 4.2 analysiert. Der Leser kann jedoch auch andere Signalverläufe hier angeben bzw. statt der simulierten Signale ein entsprechendes Meßdaten-File einlesen. Wichtig ist, daß die Anzahl der Signale der Formel 2^M genügt.

```
REM      FFT - ALGORITHMUS
REM
REM      SETZEN DER ANFANGSWERTE
         DIM fralt(127), fialt(127), frneu(127), fineu(127)
         DIM wi(127), wr(127)
         DIM crp(127), crm(127), cip(127), cim(127)
         DIM BIT(127), zwpot(7)
REM
         N = 128: M = 7
         N1 = N - 1: N2 = N / 2
REM
REM      SETZEN DER NORMIERTEN RECHTECKSCHWINGUNG
         FOR i = 0 TO N2 - 1
         frneu(i) = 100 / N
         frneu(i + N2) = -100 / N
         fineu(i) = 0
         fineu(i + N2) = 0
         NEXT i
```

Bitspiegelung

Die Bitspiegelung erfordert ein Umsetzen der im Bild 4.8 dargestellten Struktur in einen mathematischen Algorithmus.

```
REM
REM      BITSPIEGELUNG
REM
REM      SETZEN DER ZWEIERPOTENZEN
         zwpot(0) = 1
         FOR i = 1 TO M
         zwpot(i) = zwpot(i - 1) * 2
         NEXT i
REM
REM      REKURSIONSFORMEL ZUR BITSPIEGELUNG
         FOR i = 1 TO M
         NM1 = zwpot(i - 1) - 1
         FOR j = 0 TO NM1
         BIT(j + zwpot(i - 1)) = BIT(j) + zwpot(M - i)
         NEXT j
         NEXT i
REM
REM      SPIEGELUNG DER MESSWERTE
         FOR i = 0 TO N1
         fralt(i) = frneu(BIT(i))
         fialt(i) = fineu(BIT(i))
         NEXT i
```

Einheitswurzeln

Insgesamt sind eine Anzahl von M Einheitswurzeln zu berechnen, wobei ein rekursiver Algorithmus zum Einsatz kommt.

$$
\begin{aligned}
W^{i+1} &= W^i \cdot W^1 = (\cos\varphi_i + j\sin\varphi_i)(\cos\varphi_1 + j\sin\varphi_1) \\
&= \underbrace{(\cos\varphi_i \cdot \cos\varphi_1 - \sin\varphi_i \cdot \sin\varphi_1)}_{\text{WREAL}} \\
&\quad + j\underbrace{(\cos\varphi_i \cdot \sin\varphi_1 + \sin\varphi_i \cdot \cos\varphi_1)}_{\text{WIMAG}}
\end{aligned}
\tag{4.27}
$$

Durch diese rekursive Berechnungsvorschrift sind unabhängig von der Anzahl der Abtastwerte N nur 2 Winkelfunktionen direkt zu berechnen. Die restlichen N - 1 Winkelfunktionen erfordern nur noch Multiplikationen.

```
REM
REM   BERECHNUNG DER EINHEITSWURZELN
      phi = 2 * 3.141492 / N
      sinphi = SIN(phi)
      cosphi = COS(phi)
REM


REM   REKURSIVE SCHLEIFE
REM
      wr(0) = 1
      wi(0) = 0
      FOR i = 1 TO N1
      wr(i) = wr(i - 1) * cosphi - wi(i - 1) * sinphi
      wi(i) = wr(i - 1) * sinphi + wi(i - 1) * cosphi
      NEXT i
```

Schmetterling-Algorithmus

```
REM   SCHMETTERLINGS-ALGORITMUS
REM
REM   SCHLEIFE FUER DIE M SPALTEN DES SCHMETTERLINGS
      FOR i = 1 TO M
      isp = zwpot(i - 1)
      js = zwpot(i)
      NS = zwpot(M - i)
REM
REM   SCHLEIFE FUER DIE VERTIKALE ANZAHL DER SCHMETTERLINGE
      FOR j = 0 TO NS - 1
REM
REM   SCHLEIFE FUER DIE EINZELNEN ELEMENTAR-SCHMETTERLINGE
      FOR k = 0 TO zwpot(i - 1) - 1
      ii = js * j + isp + k
      jj = js * j + k
      WIK = ii * zwpot(M - i)
      WIK = WIK - N * INT(WIK / N)
```

```
REM   BERECHNUNG DER HILFSVARIABLEN U
      ureell = wr(WIK) * fralt(ii) - wi(WIK) * fialt(ii)
      uimag = wr(WIK) * fialt(ii) + wi(WIK) * fralt(ii)
REM
REM   KERN DES SCHMETTERLINGSALGORITHMUS
      frneu(jj) = fralt(jj) - ureell
      fineu(jj) = fialt(jj) - uimag
      frneu(ii) = fralt(jj) + ureell
      fineu(ii) = fialt(jj) + uimag

      NEXT k
      NEXT j
REM
REM   UMSPEICHERN
      FOR j = 0 TO N1
      fralt(j) = frneu(j)
      fialt(j) = fineu(j)
      NEXT j
      NEXT i
REM
REM   KOEFFIZIENTEN UMSPEICHERN
      FOR i = 0 TO N1
      crm(i) = fralt(i)
      cim(i) = fialt(i)
      a(i) = 2 * crm(i)
      b(i) = 2 * cim(i)
      NEXT i
```

Darstellung der Ergebnisse

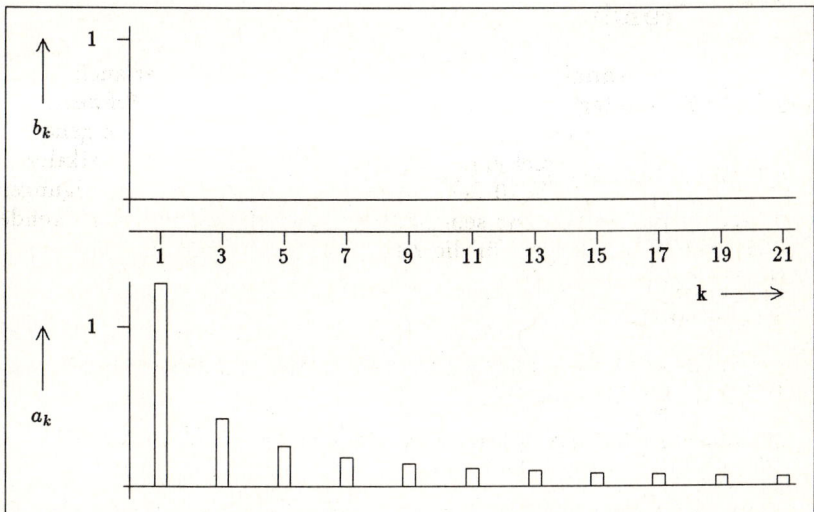

Bild 4.13: Frequenzspektrum (Aufgabe 4.3)

Die Ergebnisse der FFT-Analyse stellt man besten graphisch dar. Im Bild 4.13 sind

die einzelnen Koeffizienten als Säulen über der Frequenz aufgetragen. Die Werte
für die einzelnen Koeffizienten sind nicht überraschend, denn die symmetrische
Rechteckschwingung wurde schließlich schon mehrfach berechnet.

Mit dem vorliegenden Computerprogramm kann der Leser nun beliebige weitere
Funktionen zerlegen und so wertvolle Erfahrungen im Umgang mit den wichtigen
Funktionen seines Anwendungsbereiches sammeln.

Kapitel 5

Regressions- und Korrelationstechniken

Zwei elementare Bausteine der Analyse digitaler Meßsignale unter Anwendung von Methoden der mathematischen Statistik stellen die **Regressionstechniken** und **Korrelationstechniken** dar. Beide Methoden geben zwar in unterschiedlicher Weise Auskunft über

- die Art (Regression)

- den Grad (Korrelation)

eines inneren Zusammenhangs zwischen fehlerbehafteten Meßdaten, sie lassen sich mathematisch jedoch zueinander in Beziehung setzen.

Zusammen sind Regression und Korrelation unverzichtbare Basisverfahren zur Beschreibung und Charakterisierung digitaler Meßdaten. Aus scheinbar zufällig entstandenen Punktwolken von gemessenen Werten werden durch die Anwendung von Regressions- bzw. Korrelationstechniken physikalische Zusammenhänge. Durch diese Analyseverfahren wird das Ergebnis von Messungen erst sichtbar und plausibel.

Im Abschnitt 5.1 soll zunächst die Methodik und die Anwendung der Regression beschrieben werden. Der Abschnitt 5.2 soll zur Erläuterung der Korrelationstechnik und deren konkreten Nutzen Auskunft geben. Schließlich wird im Abschnitt 5.3 ein besonders wichtiger Aspekt der statistischen Analyse behandelt, nämlich der des mathematischen Zusammenhangs zwischen dem Zeitbereich, wie er in den Abschnitten 5.1 und 5.2 Anwendung findet und dem Frequenzbereich, der im Abschnitt 5.3 Ausgangspunkt ist.

5.1 Ausgleichen einer Meßfolge (Regression)

Bei Experimenten gewonnene Meßgrößen unterliegen stochastischen, zufälligen Schwankungen. Man bezeichnet diese Meßgrößen deshalb auch als **Zufallsvariable**.

Mißt man diese Zufallsvariable aber sehr häufig, so können die Methoden der mathematischen Statistik auf sie angewandt werden. Je häufiger man nun eine Zufallsvariable mißt, um so größer wird die Wahrscheinlichkeit, daß sich die zufälligen, stochastischen Schwankungen insgesamt **ausgleichen**, man dem wahren Wert der Zufallsgröße immer näher kommt.

Die dafür von Gauß entwickelte **Ausgleichsrechnung** wird auch mit **Regressionsrechnung** bezeichnet. Nach Kreyszig ist dieser Name zufällig, im Zusammenhang mit einem ganz speziellen Beispiel der Anwendung dieser Theorie entstanden. Er hat sich aber eingebürgert und wird auch hier stellvertretend für die gesamte Theorie der Ausgleichsrechnung Verwendung finden.

Im Abschnitt 5.1.1 sollen die Grundbegriffe kurz erläutert und ein Beispiel für die graphische Ermittlung einer Ausgleichsgeraden vorgeführt werden.

Im Abschnitt 5.1.2 befassen wir uns dann mit der theoretischen Grundlage, der mathematischen Idee, die hinter der Regressionsrechnung steht, dem Prinzip der kleinsten Fehlerquadrate.

Nach der Theorie folgen in den Abschnitten 5.1.3 und 5.1.4 die konkreten Anwendungen, nämlich die der linearen, der nichtlinearen sowie der mehrdimensionalen Regression.

5.1.1 Grundbegriffe der Regression

Mit **Regressionsanalyse** bezeichnet man alle Rechen- aber auch Graphikmethoden zur Ausgleichung von zufälligen Schwankungen bei der Meßwertaufnahme. Als einfachstes Beispiel sei die Mittelwertbildung für *einen* Meßgeber genannt. Betrachtet man also zum Beispiel einen Beschleunigungsmesser in vertikaler z-Richtung und nimmt 10 Werte alle 10 Sekunden auf, wobei der Beschleunigungsmesser ruhend und konstant montiert sein soll, so erhält man die in der folgenden Tabelle 5.1 aufgeführten Meßwerte für die Zufallsvariable $x = b_z$ in m/s^2.

i	x_i
1	9,813
2	9,809
3	9,811
4	9,815
5	9,811
6	9,810
7	9,814
8	9,808
9	9,812
10	9,814

Tab. 5.1: Wertetabelle eines Beschleunigungsmessers

Man erkennt, wie die Meßwerte des z-Beschleunigungsgebers um das zu erwartende Ergebnis der Erdbeschleunigung herum zufällig schwanken. Diese stochastischen, nicht deterministisch bestimmbaren Schwankungen, unvermeidbar bei allen Experimenten mit realen Sensoren, lassen sich nunmehr jedoch ausgleichen, wenn die Summe aller 10 Meßwerte dividiert durch 10, die Anzahl der zur Verfügung stehenden Meßwerte, ermittelt wird. Für unser Beispiel gilt also

$$\sum_{i=1}^{10} x_i = 98,117 \tag{5.1}$$

Der Mittelwert $\bar{x}$ mit

$$\bar{x} = \frac{1}{10} \sum_{i=1}^{10} x_i = \frac{98,117}{10} = 9,8117 \tag{5.2}$$

resultiert somit zu $9,8117 m/s^2$. Je mehr Meßwerte aufgenommen werden, um so näher wird das Ergebnis an die für den betreffenden Ort geltende Naturkonstante der Erdbeschleunigung heranreichen, desto besser werden die zufälligen Schwankungen *rechnerisch ausgeglichen*. An diesem einfachen Beispiel wird auch die Anwendbarkeit von statistischen Methoden ersichtlich: statistische Aussagen sind nur dann ausreichend zu erhalten, wenn eine genügend große Anzahl von auszuwertenden Daten zugrundegelegt werden kann.

Besonders deutlich wird dieses grundlegende Prinzip bei einer graphischen Darstellung wie der im folgenden Bild 5.1. Man erkennt, wie der Mittelwert $\bar{x}$ die Schwankungen der einzelnen in der vorigen Tabelle aufgeführten Messungen der

Zufallsvariablen x insgesamt ausgleicht.

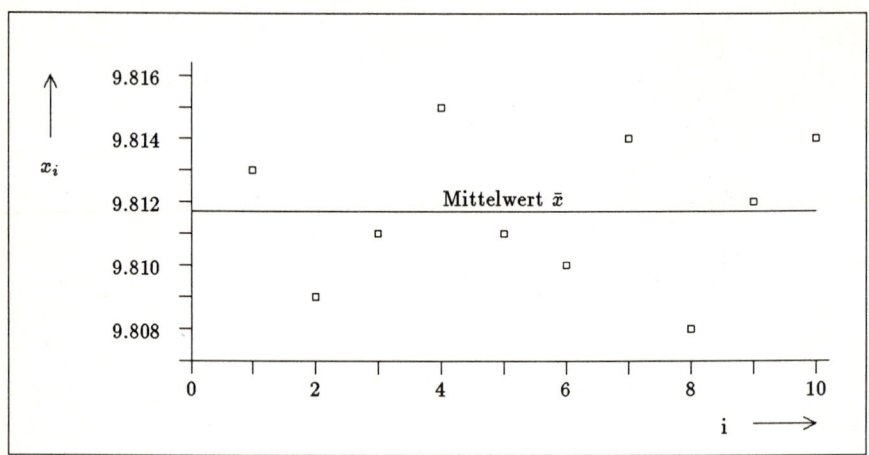

Bild 5.1: Meßwerte und Mittelwert einer Zufallsvariablen

Der nächste Schritt zum Verständnis der Anwendung der Regressionsanalyse sei nunmehr die Betrachtung von Messungen zweier Zufallsvariablen, etwa die Positionsermittlung eines Flugzeuges in m von einem imaginären Nullpunkt in nördlicher und östlicher Richtung. Die Meßdaten stammen von einer mit Funknavigationssensoren gestützten Inertialnavigationsanlage. y sei hier die Nordposition und x die Ostposition jweils in m. Die in der folgende Tabelle aufgeführten Meßwertepaare seien für unsere weiteren Überlegungen gegeben.

i	x_i	y_i
1	82	310
2	118	325
3	160	305
4	210	210
5	260	197
6	305	240
7	350	173
8	390	103
9	445	101
10	484	35

Tab. 5.2: Wertetabelle für die Nord- und Ostposition eines Flugzeuges

Auf den ersten Blick und nur anhand der Zahlenwerte in dieser Tabelle, die zudem nur einen kleinen Ausschnitt zweier Zeitfolgen darstellt, läßt sich nicht unmittelbar eine Abhängigkeit der beiden Meßgrößen x und y ablesen. Die graphische Darstellung in Bild 5.2 eröffnet dagegen diese vorhandene innere Verbindung wesentlich deutlicher.

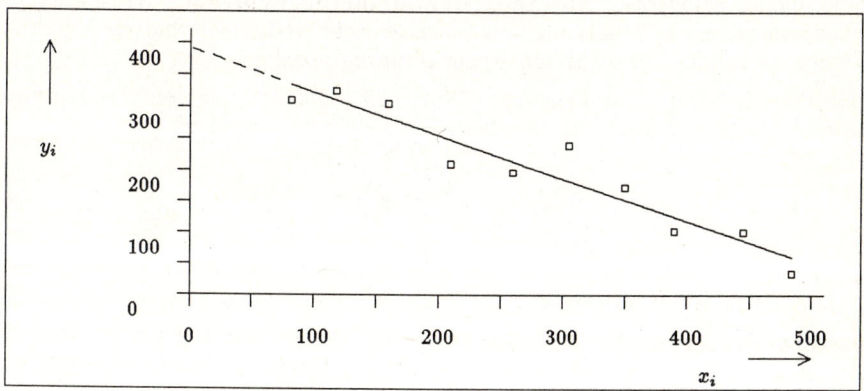

Bild 5.2: Meßwerte zweier Zufallsvariablen x_i, y_i

Aufgetragen sind die Meßwertepaare x_i, y_i mit $i = 1, \cdots, 10$. Graphisch läßt sich nunmehr eine Ausgleichs- oder **Regressionsgerade** so ermitteln, daß die Lage der Meßpunkte möglichst gut angepaßt erscheint. Die Schwankungen der einzelnen Messungen der Zufallsvariablen x und y werden so insgesamt ausgeglichen. Die Abhängigkeit der Zufallsvariablen x und y voneinander wird auf diese Weise dargestellt, durch die Regressionsgerade charakterisiert.

In gleicher Weise können natürlich auch nichtlineare Zusammenhänge, etwa parabelförmige, aus einer Gesamtheit von Meßwertepaaren extrahiert werden. Ein von der Regressionsgeraden im Bild 5.2 stark abweichender Meßwerteverlauf tritt dann sofort auf, wenn das Flugzeug eine Kursänderung ausführt.

Das Bild 5.2 enthält noch eine weitere, elementare Aussage. Dazu betrachte der Leser die gestrichelt dargestellte Extrapolation der Regressionsgeraden. Unter der Annahme, daß die Regressionsgerade das physikalische Verhalten der Meßwerte zutreffend beschreibt, läßt sich die Regressionsgerade zur Vorhersage des Nutzsignales heranziehen. Für den Fall der im Bild 5.2 dargestellten Flugspur kann somit die Flugzeugposition vorhergesagt werden, falls, und damit wird die ganze Problematik schon deutlich, das Flugzeug sich wie das mathematische Modell, in unserem Fall also wie die Regressionsgerade, verhält. Für kurzfristige Extrapolationsrechnungen geht man in der Praxis häufig von der Gültigkeit der mathematischen Zusammenhänge aus und erschließt sich damit eine Vielzahl von interessanten Anwendungsfällen.

So pragmatisch diese graphischen Methoden allerdings auch sein mögen, ein Ersatz für exakte mathematische Formulierungen für die Anwendung in Digitalrechnern können sie nicht sein. Daher soll nun im nächsten Abschnitt 5.1.2 das Prinzip der kleinsten Fehlerquadrate von Gauß als der Schlüssel zur Herleitung dieser mathematischen Analysemethoden zusammenfassend dargestellt werden.

5.1.2 Prinzip der kleinsten Fehlerquadrate

Die von Gauß entwickelte **Methode der kleinsten Fehlerquadrate** oder Fehlerquadratsumme zur Schätzung von Zufallsvariablen aus fehlerhaften Messungen stellt die Grundlage der gesamten Regressionsanalyse dar.

Dieses Prinzip besagt, daß gemessene Werte einer Zufallsvariablen x so auszugleichen sind, daß die Summe der Quadrate der Fehler $x_i - x$, also

$$\sum_{i=1}^{N}(x_i - x)^2 = Min \tag{5.3}$$

zum Minimum wird, wobei die x_i hier die Meßwerte und x den angenommenen „wahren" Wert der Zufallsvariable für den eindimensionalen Fall darstellen sollen.

Unter Zugrundelegung der Zahlenwerte entsprechend dem Bild 5.1 aus dem Abschnitt 5.1.1 mit $x = b_z$ seien $n = 1, \cdots, N = 10$ Meßwerte unter vergleichbaren Versuchsbedingungen aufgenommen gegeben mit $x_1, \cdots, x_{10}$. Gesucht sei derjenige Wert für x, der die Meßwerte möglichst gut ausgleicht. Der Einzelfehler Δx_i jeder Messung beträgt dann

$$\Delta x_i = x_i - x \tag{5.4}$$

Die Quadratsumme der Einzelfehler soll nun definitionsgemäß minimal werden, wobei für die Quadratsumme gilt

$$\sum_{i=1}^{N} \Delta x_i^2 = \sum_{i=1}^{N}(x_i - x)^2 \tag{5.5}$$

Damit aber $\sum_{i=1}^{N}(x_i - x)^2$ als Funktion von x ein Minimum hat, muß gelten

$$\frac{d\left[\sum_{i=1}^{N}(x_i - x)^2\right]}{dx} = 0 = -2\sum_{i=1}^{N}\Delta x_i \tag{5.6}$$

Daraus folgt

$$\sum_{i=1}^{N}\Delta x_i = 0 = \sum_{i=1}^{N}(x_i - x) = \sum_{i=1}^{N}x_i - Nx \tag{5.7}$$

Aus

$$\sum_{i=1}^{N}x_i - Nx = 0 \tag{5.8}$$

ergibt sich schließlich

$$x = \frac{1}{N}\sum_{i=1}^{N}x_i \tag{5.9}$$

angenommener
„wahrer" Wert

Meßwerte

was wiederum den Mittelwert der Zufallsvariablen darstellt. Der Mittelwert ist demnach, wie nicht anders zu erwarten, derjenige Wert, für den die Summe der Fehlerquadrate minimal wird. Für den Mittelwert $\bar{x}$ aus dem ersten Beispiel des Abschnittes 5.1.1 mit $\bar{x} = 9,8117$ bedeutet dies die mathematische Verifizierung der graphischen Darstellung im Bild 5.1. Denn die graphische Ermittlung von $\bar{x}$ erfolgte in gleicher Weise so, daß die Abstände der Meßwerte x_i von $\bar{x}$ insgesamt möglichst minimal werden sollten.

Der nächste Schritt soll nunmehr im Abschnitt 5.1.3 die Herleitung der linearen Regression für den zweidimensionalen Fall auf der Basis von Wertepaaren x_i, y_i zweier Zufallsvariablen x und y sein.

5.1.3 Lineare Regression

Ausgangspunkt sei eine zweidimensionale Grundgesamtheit von Meßwertepaaren x_i, y_i. Es interessiert nunmehr der Zusammenhang zwischen den Zufallsvariablen x und y.

Wir hatten bereits im zweiten Beispiel des Abschnittes 5.1.1 eine solche Grundgesamtheit von 10 Meßwertepaaren kennengelernt und graphisch die Ausgleichsgerade ermittelt.

Daß diese Ermittlung der Regressionsgeraden auch rechnerisch erzielt werden kann, zeigt die folgende Überlegung, mit der aus fehlerbehafteten Meßgrößen eine möglichst gut angepaßte Funktionsgleichung zu erhalten ist.

Allgemein ist also die Aufgabe gestellt, zu N Meßwerten x_i und N dazugehörigen Meßwerten y_i eine ausgleichende Funktion $y = f(x)$ zu finden. Zur Lösung dieser Aufgabe wird ebenfalls wieder die Methode der kleinsten Fehlerquadrate nach Gauß verwendet.

Als einfachsten Fall wählen wir hier im Abschnitt 5.1.3 die **lineare Regression**. Es wird also als Funktionstyp eine Geradengleichung mit

$$y = a + bx \qquad (5.10)$$

zugrundegelegt.

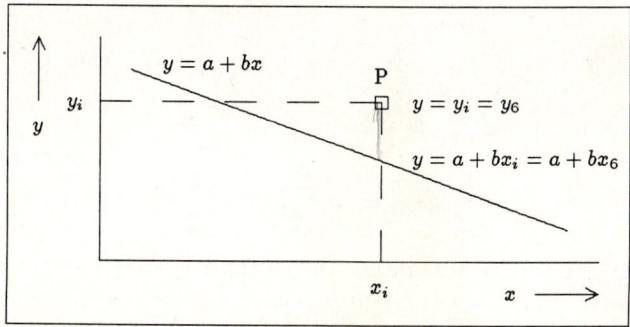

Bild 5.3: Erläuterung zur linearen Regression

Im Bild 5.3 sei der Punkt (x_6, y_6) ausgewählt und der senkrechte Abstand von diesem Punkt zur Geraden $y = a + bx$ ermittelt. Der senkrechte Abstand von $P = (x_i, y_i) = (x_6, y_6)$ zur Geraden $y = a + bx_i$ beträgt dann

$$|y_i - a - bx_i|_{i=6} \tag{5.11}$$

Die Summe der Abstandsquadrate aller N Punkte von der Geraden $y = a + bx$ berechnet sich somit zu

$$S = \sum_{i=1}^{N} |y_i - a - bx_i|^2 \tag{5.12}$$

S ist eine Funktion der zwei Unbekannten a und b aus der obigen Geradengleichung. Gesucht werden nunmehr diejenigen Werte für a und b, bei denen die Summe der Abstandsquadrate S minimal wird, demnach die Geradengleichung $y = a + bx$ den streuenden Meßwertepaaren (x_i, y_i) am besten angepaßt ist, die zufälligen Schwankungen der Zufallsvariablen x und y also am besten ausgleicht.

Da wir es mit einer Funktion mit zwei Variablen zu tun haben, sind die partiellen Ableitungen $\frac{\partial S}{\partial a}$ und $\frac{\partial S}{\partial b}$ zu bilden und zu Null zu setzen. Dies ist die notwendige Bedingung für einen Extremwert einer Funktion. Man erhält dann folgende Resultate

$$\frac{\partial S}{\partial a} = \frac{\sum_{i=1}^{N} |y_i - a - bx_i|^2}{\partial a} = \sum_{i=1}^{N} 2|y_i - a - bx_i|(-1) = 0 \tag{5.13}$$

$$\frac{\partial S}{\partial b} = \frac{\sum_{i=1}^{N} |y_i - a - bx_i|^2}{\partial b} = \sum_{i=1}^{N} 2|y_i - a - bx_i|(-x_i) = 0 \tag{5.14}$$

woraus zu ersehen ist, daß gilt

$$\sum_{i=1}^{N} |y_i - a - bx_i| = 0 \quad (1)$$

$$\sum_{i=1}^{N} |(y_i - a - bx_i)x_i| = 0 \quad (2) \tag{5.15}$$

sowie

$$(1) \rightarrow \sum_{i=1}^{N} y_i = N \cdot a + b \sum_{i=1}^{N} x_i$$

$$(2) \rightarrow \sum_{i=1}^{N} y_i x_i = a \sum_{i=1}^{N} x_i + b \sum_{i=1}^{N} x_i^2 \tag{5.16}$$

Wir führen nun die bereits bekannten Größen für die Mittelwerte

$$\bar{x} = \frac{1}{N} \sum_{i=1}^{N} x_i \quad \text{bzw.} \quad \bar{y} = \frac{1}{N} \sum_{i=1}^{N} y_i \tag{5.17}$$

in den Gleichungen (5.16) ein und erhalten

$$(\text{1}) \rightarrow \quad \frac{1}{N} \sum_{i=1}^{N} y_i \;=\; a + b \frac{1}{N} \sum_{i=1}^{N} x_i$$

$$(5.18)$$

oder

$$\bar{y} \;=\; a + b\bar{x}$$

$$(5.19)$$

und

$$(2) \rightarrow \quad \frac{\displaystyle\sum_{i=1}^{N} y_i x_i}{\displaystyle\sum_{i=1}^{N} x_i} = a + b \frac{\displaystyle\sum_{i=1}^{N} x_i^2}{\displaystyle\sum_{i=1}^{N} x_i}$$

$$(5.20)$$

Gleichung (5.19) umgeformt in

$$a = \bar{y} - b\bar{x}$$

$$(5.21)$$

und Gleichung (5.21) eingesetzt in Gleichung (5.20) ergibt

$$\frac{\displaystyle\sum_{i=1}^{N} y_i x_i}{\displaystyle\sum_{i=1}^{N} x_i} = \overbrace{\bar{y} - b\bar{x}}^{a} + b \frac{\displaystyle\sum_{i=1}^{N} x_i^2}{\displaystyle\sum_{i=1}^{N} x_i}$$

$$(5.22)$$

Für b gilt dann

$$b \left(\frac{\displaystyle\sum_{i=1}^{N} x_i^2}{\displaystyle\sum_{i=1}^{N} x_i} - \bar{x} \right) = \frac{\displaystyle\sum_{i=1}^{N} y_i x_i}{\displaystyle\sum_{i=1}^{N} x_i} - \bar{y}$$

$$b \left(\sum_{i=1}^{N} x_i^2 - \bar{x} \sum_{i=1}^{N} x_i \right) = \sum_{i=1}^{N} y_i x_i - \bar{y} \sum_{i=1}^{N} x_i$$

$$b = \frac{\displaystyle\sum_{i=1}^{N} y_i x_i - \bar{y} \sum_{i=1}^{N} x_i}{\displaystyle\sum_{i=1}^{N} x_i^2 - \bar{x} \sum_{i=1}^{N} x_i}$$

$$(5.23)$$

Mit der Beziehung

$$\bar{x} \;=\; \frac{1}{N} \sum_{i=1}^{N} x_i$$

$$\sum_{i=1}^{N} x_i \;=\; N\bar{x}$$

$$(5.24)$$

wird b schließlich aus Gleichung (5.23) zu

$$b = \frac{\sum\limits_{i=1}^{N} y_i x_i - N\bar{y}\bar{x}}{\sum\limits_{i=1}^{N} x_i^2 - N\bar{x}^2} \qquad (5.25)$$

Ausgehend von der Gleichung (5.21)

$$a = \bar{y} - b\bar{x}$$

kann damit durch Einsetzen von b aus Gleichung (5.25) der Wert für a erhalten werden.

Mit der Ermittlung der Parameter a, b der Gleichung für die Regressionsgerade $y = a + bx$ erhalten wir somit die Funktion, die die zufälligen Schwankungen der Meßwertepaare insgesamt am besten ausgleicht.

Das Verfahren der Berechnung der Koeffizienten der linearen Regression soll nun an einem einfachen Fall demonstriert werden. Mit den Werten aus der Tabelle für die Nord- und Ostposition eines Flugzeuges zum Bild 5.2 im Abschnitt 5.1.1 für (x_i, y_i) mit $i = 1, \cdots, N = 10$ soll die Regressionsgerade $y = a + bx$ rechnerisch bestimmt werden. Dabei bilden wir die in der folgenden Tabelle aufgeführten Hilfsgrößen.

i	x_i	y_i	x_i^2	$x_i y_i$
1	82	310	6724	25420
2	118	325	13924	38350
3	160	305	25600	48800
4	210	210	44100	44100
5	260	197	67600	51220
6	305	240	93025	73200
7	350	173	122500	60550
8	390	103	152100	40170
9	445	101	198025	44945
10	484	35	234256	16940

Tab. 5.3: Hilfsgrößen für die Berechnung der Regressionsgeraden

Es resultieren als Zwischenergebnisse

$$\sum_{i=1}^{10} x_i^2 = 957854$$

$$\sum_{i=1}^{10} y_i x_i = 443695$$

$$\bar{x} = \frac{1}{10} \sum_{i=1}^{10} x_i = 280,4$$

$$\bar{y} = \frac{1}{10} \sum_{i=1}^{10} y_i = 199,9 \qquad (5.26)$$

Der Steigungskoeffizient b der Regressionsgerade wird mit diesen Werten zu

$$b = \frac{\sum\limits_{i=1}^{10} y_i x_i - 10\bar{y}\bar{x}}{\sum\limits_{i=1}^{10} x_i^2 - 10\bar{x}^2}$$

$$b = \frac{443695 - 10 \cdot 199,9 \cdot 280,4}{957854 - 10 \cdot 280,4^2}$$

$$b = \frac{443695 - 560519,6}{957854 - 786241,6} = -\frac{116860,6}{171612,4} = -0,681 \tag{5.27}$$

wobei zu erwarten war, daß die Gerade für unser Beispiel eine negative Steigung aufweist.

Der y-Achsenabschnitt a der Regressionsgeraden wird aus der Beziehung (5.21) zu

$$a = \bar{y} - b\bar{x}$$
$$a = 199,9 - (-0,681)280,4 = 390,85 \tag{5.28}$$

ermittelt. Graphisch ausgewertet erhält man das im Bild 5.2 dargestellte Ergebnis, diesmal jedoch mathematisch exakt bestimmt und nicht mehr nur durch bloßes Augenmaß.

Das hier dargestellte Resultat läßt sich zur Berechnung der Regressionsgeraden aus stochastisch schwankenden Meßwerten von Zufallsvariablen leicht in einem Digital-rechenprogramm zur Auswertung von Zeitfolgen anwenden.

Ausgehend von der Berechnung der Summe der Abstandsquadrate gemäß Gleichung (5.12)

$$S = \sum_{i=1}^{N} |y_i - a - bx_i|^2 \tag{5.29}$$

und der obigen Beziehung (5.28) für a mit

$$a = \bar{y} - b\bar{x} \tag{5.30}$$

läßt sich durch Einsetzen der Gleichung (5.30) in Gleichung (5.29) die folgende Überlegung anstellen

$$S = \sum_{i=1}^{N} |y_i - (\bar{y} - b\bar{x}) - bx_i|^2$$

$$S = \sum_{i=1}^{N} (|y_i - \bar{y}) - b(x_i - \bar{x})|^2 \tag{5.31}$$

Diese Summe der Fehlerquadrate ist demnach nur dann Null, wenn alle Summanden Null sind, wobei für $i = 1, \cdots, N$ gilt

$$y_i - \bar{y} = b(x_i - \bar{x}) \tag{5.32}$$

Mit wiederum $\bar{y} = a + b\bar{x}$ folgt aus Gleichung (5.32)

$$y_i - a - b\bar{x} = bx_i - b\bar{x}$$
$$y_i = a + bx_i \tag{5.33}$$

Diese Gleichung (5.33) ist aber identisch mit der Regressionsgeraden im Punkt (x_i, y_i). Also gilt zusammenfassend:

> Die Summe der Abstandsquadrate ist Null, wenn *alle* Punkte der Zufallsvariablen auf der Regressionsgeraden liegen.

Die aus dem Abschnitt 2.2.1 bekannte statistische Kenngröße **Varianz** σ_x^2 als Maß für die Streuung oder Standardabweichung σ_x der zufälligen Schwankungen von x mit

$$\sigma_x^2 = \frac{1}{N-1} \sum_{i=1}^{N} (x_i - \bar{x})^2$$

$$\sigma_x^2 = \frac{1}{N-1} \left(\sum_{i=1}^{N} x_i^2 - N\bar{x}^2 \right) \tag{5.34}$$

sowie die **Kovarianz** σ_{xy} mit

$$\sigma_{xy} = \frac{1}{N-1} \sum_{i=1}^{N} (x_i - \bar{x})(y_i - \bar{y})$$

$$\sigma_{xy} = \frac{1}{N-1} \left(\sum_{i=1}^{N} y_i x_i - N\bar{y}\bar{x} \right) \tag{5.35}$$

mit der die statistische Abhängigkeit zweier Zufallsgrößen x und y erfaßt werden kann, überführen die Bestimmungsgleichung (5.25) für b

$$b = \frac{\displaystyle\sum_{i=1}^{N} y_i x_i - N\bar{y}\bar{x}}{\displaystyle\sum_{i=1}^{N} x_i^2 - N\bar{x}^2}$$

$$b = \frac{(N-1)\displaystyle\sum_{i=1}^{N} y_i x_i - N\bar{y}\bar{x}}{(N-1)\displaystyle\sum_{i=1}^{N} x_i^2 - N\bar{x}^2} \tag{5.36}$$

unter Berücksichtigung der Gleichungen (5.34) und (5.35) in

$$b = \frac{\frac{1}{N-1}\left(\displaystyle\sum_{i=1}^{N} y_i x_i - N\bar{y}\bar{x}\right)}{\frac{1}{N-1}\left(\displaystyle\sum_{i=1}^{N} x_i^2 - N\bar{x}^2\right)}$$

$$b = \frac{\sigma_{xy}}{\sigma_x^2} \tag{5.37}$$

Der Steigungskoeffizient b der Regressionsgerade zweier Zufallsvariablen x, y läßt sich demnach ermitteln aus dem Quotienten der Kovarianz σ_{xy} und der Varianz σ_x^2. b wird deshalb auch als **Regressionskoeffizient** bezeichnet. Ist $b = 0$, so hängt y nicht von x ab.

Nachdem wir diesen Spezialfall der linearen Regression mit dem Ansatz der Geradengleichung $y = a + bx$ behandelt haben, soll nun im nächsten Abschnitt 5.1.4 ein weiterer Schritt in die Verallgemeinerung mit der **nichtlinearen Regression** erfolgen.

5.1.4 Nichtlineare Regression

Im Abschnitt 5.1.3 war von dem linearen Ansatz $y = a + bx$ der Regressionsgerade ausgegangen worden. Meßwertepaare können natürlich auch auf einer gekrümmten Kurve, etwa einer Parabel, liegen. Dafür interessiert ebenfalls eine Lösung, die wir nunmehr herleiten wollen. Es wird sich zeigen, daß der lineare Ansatz nur ein Spezialfall der verallgemeinerten Betrachtung über die nichtlineare Regression war.

Allgemein sei der Ansatz

$$y(x) = b_0 + b_1 x + b_2 x^2 + \ldots + b_m x^m \tag{5.38}$$

als Ausgangspunkt gewählt. Die Parameter $b_0, b_1, b_2, \ldots, b_m$ sollen so bestimmt werden, daß die Summe der Fehlerquadrate, also die Summe der Quadrate der Abstände zwischen den Meßwertepaaren, die für die Zufallsvariablen x und y gegeben seien, und der zu ermittelnden Kurve $y(x) = b_0 + b_1 x + b_2 x^2 + \cdots + b_m x^m$ ein Minimum werde. Wir benutzen also auch hier die gleiche Gaußsche Grundüberlegung, die so verblüffend einfach wie logisch und doch revolutionierend die Grundlage der Regressionsanalyse bildet.

Gegeben seien demnach die folgenden N Meßwertepaare

$$(x_1, y_1), \ldots, (x_i, y_i), \ldots, (x_N, y_N) \tag{5.39}$$

Durch Einsetzen der x_i in den Polynomansatz für $y(x)$ in Gleichung (5.38) erhält man

$$
\begin{aligned}
y(x_1) &= b_0 + b_1 x_1 + b_2 x_1^2 + \ldots + b_m x_1^m \\
&\vdots \\
y(x_i) &= b_0 + b_1 x_i + b_2 x_i^2 + \ldots + b_m x_i^m \\
&\vdots \\
y(x_N) &= b_0 + b_1 x_N + b_2 x_N^2 + \ldots + b_m x_N^m
\end{aligned}
\tag{5.40}
$$

Die Summe der Fehlerquadrate ist in Analogie zu Abschnitt 5.1.3 wie folgt definiert

$$S = \sum_{i=1}^{N} |y_i - y(x_i)|^2 \tag{5.41}$$

S hat für diejenigen Werte für $b_0, b_1, b_2, \ldots, b_m$ ein Minimum, für die gilt

$$\frac{\partial S}{\partial b_0} = 0, \quad \frac{\partial S}{\partial b_1} = 0, \quad \frac{\partial S}{\partial b_2} = 0, \ldots, \frac{\partial S}{\partial b_m} = 0 \tag{5.42}$$

Uns stehen also $m+1$ lineare Gleichungen zur Lösung $m+1$ unbekannter Koeffizienten $b_0, b_1, b_2, \ldots, b_m$ zur Verfügung. Zur Lösung dieses Gleichungssystems fassen wir zunächst die vorgegebenen Größen zu Vektoren und Matrizen zusammen, um eine übersichtlichere Rechnung zu ermöglichen.

$$\begin{pmatrix} y(x_1) \\ \vdots \\ y(x_i) \\ \vdots \\ y(x_N) \end{pmatrix} = \begin{pmatrix} 1 & x_1 & x_1^2 & \ldots & x_1^m \\ \vdots & \vdots & \vdots & \vdots & \vdots \\ 1 & x_i & x_i^2 & \ldots & x_i^m \\ \vdots & \vdots & \vdots & \vdots & \vdots \\ 1 & x_N & x_N^2 & \ldots & x_N^m \end{pmatrix} \begin{pmatrix} b_0 \\ b_1 \\ \vdots \\ \vdots \\ b_m \end{pmatrix} \tag{5.43}$$

Mit den Abkürzungen

$$\boldsymbol{b} = \begin{pmatrix} b_0 \\ b_1 \\ \vdots \\ \vdots \\ b_m \end{pmatrix} \tag{5.44}$$

und

$$\boldsymbol{H} = \begin{pmatrix} 1 & x_1 & x_1^2 & \ldots & x_1^m \\ \vdots & \vdots & \vdots & \vdots & \vdots \\ 1 & x_i & x_i^2 & \ldots & x_i^m \\ \vdots & \vdots & \vdots & \vdots & \vdots \\ 1 & x_N & x_N^2 & \ldots & x_N^m \end{pmatrix} \tag{5.45}$$

sowie

$$\boldsymbol{y(x)} = \begin{pmatrix} y(x_1) \\ \vdots \\ y(x_i) \\ \vdots \\ y(x_N) \end{pmatrix} \tag{5.46}$$

wird das Gleichungssystem (5.43) zu

$$\boldsymbol{y(x)} = \boldsymbol{Hb} \tag{5.47}$$

Darüber hinaus definieren wir $\boldsymbol{y}$ zu

$$\boldsymbol{y} = \begin{pmatrix} y_1 \\ \vdots \\ y_i \\ \vdots \\ y_N \end{pmatrix} \tag{5.48}$$

Gemäß dem Regressionsansatz im Abschnitt 5.1.3 können die unbekannten Polynomkoeffizienten $\boldsymbol{b}$ für eine Funktion $y(x) = b_0 + b_1 x + b_2 x^2 + \ldots + b_m x^m$, die die zufälligen Schänkungen der Meßwertepaare (x_i, y_i) zweier Zufallsvariablen x und y insgesamt am besten ausgleicht, erhalten werden, wenn die Summe der Fehlerquadrate, also die Summe S der Quadrate der Elemente der Vektordifferenz

$$\boldsymbol{y} - \boldsymbol{y}(x) = \boldsymbol{y} - \boldsymbol{H}\boldsymbol{b} \qquad (5.49)$$

zum Minimum wird, wobei

$$S = \sum_{i=1}^{N} |y_i - y(x_i)|^2 \qquad (5.50)$$

Bekanntlich erzeugt das innere Produkt eines Vektors die Summe der Quadrate der Elemente dieses Vektors. Dieses **Skalarprodukt** ist für einen beliebigen Vektor $\boldsymbol{v}$ definiert mit

$$\boldsymbol{v}^T \boldsymbol{v} = (v_1 \ldots v_N) \begin{pmatrix} v_1 \\ \vdots \\ v_N \end{pmatrix} = \sum_{i=1}^{N} v_i^2 \qquad (5.51)$$

Also ist

$$S = \sum_{i=1}^{N} |y_i - y(x_i)|^2 = (\boldsymbol{y} - \boldsymbol{y}(x))^T (\boldsymbol{y} - \boldsymbol{y}(x)) \qquad (5.52)$$

oder

$$S = (\boldsymbol{y} - \boldsymbol{H}\boldsymbol{b})^T (\boldsymbol{y} - \boldsymbol{H}\boldsymbol{b}) \qquad (5.53)$$

Transponieren und Ausmultiplizieren von Gleichung (5.53) ergibt

$$\begin{aligned} S &= (\boldsymbol{y}^T - \boldsymbol{b}^T \boldsymbol{H}^T)(\boldsymbol{y} - \boldsymbol{H}\boldsymbol{b}) \\ S &= \boldsymbol{y}^T \boldsymbol{y} - \boldsymbol{y}^T \boldsymbol{H}\boldsymbol{b} - \boldsymbol{b}^T \boldsymbol{H}^T \boldsymbol{y} + \boldsymbol{b}^T \boldsymbol{H}^T \boldsymbol{H}\boldsymbol{b} \end{aligned} \qquad (5.54)$$

S, die Summe der Fehlerquadrate, wird in Analogie zu den Überlegungen im Abschnitt 5.1.3 zum Minimum, wenn gilt

$$\frac{\partial S}{\partial \boldsymbol{b}} = 0 \qquad (5.55)$$

wobei noch gezeigt werden kann, daß

$$\frac{\partial^2 S}{\partial \boldsymbol{b}^2} \geq 0 \Rightarrow Minimum \qquad (5.56)$$

$\frac{\partial S}{\partial \boldsymbol{b}}$ berechnet sich dann aus der Beziehung (5.54) für S zu

$$\begin{aligned} \frac{\partial S}{\partial \boldsymbol{b}} &= -\boldsymbol{y}^T \boldsymbol{H} - \boldsymbol{H}^T \boldsymbol{y} + \boldsymbol{H}^T \boldsymbol{H}\boldsymbol{b} + \boldsymbol{b}^T \boldsymbol{H}^T \boldsymbol{H} \\ &= -2\boldsymbol{H}^T \boldsymbol{y} + 2\boldsymbol{H}^T \boldsymbol{H}\boldsymbol{b} := 0 \end{aligned} \qquad (5.57)$$

Daraus ergibt sich schließlich für den Vektor der zu bestimmenden Polynomkoeffizienten b gemäß Gleichung (5.44) für den vorgegebenen Polynomansatz $y(x) = b_0 + b_1 x + b_2 x^2 + \ldots + b_m x^m$, mit dem die Schwankungen der Meßwerte der Zufallsvariablen x und y insgesamt am besten ausgeglichen werden

$$b = \left(H^T H \right)^{-1} H^T y \qquad (5.58)$$

Der Ausdruck $\left(H^T H \right)^{-1} H^T$ wird allgemein als **Pseudo-Inverse** $H^{\#}$ von H bezeichnet.

Aus der Bestimmungsgleichung (5.58) für den Vektor b kann nun bei gegebener Matrix H mit

$$H = \begin{pmatrix} 1 & x_1 & x_1^2 & \ldots & x_1^m \\ \vdots & \vdots & \vdots & \vdots & \vdots \\ 1 & x_i & x_i^2 & \ldots & x_i^m \\ \vdots & \vdots & \vdots & \vdots & \vdots \\ 1 & x_N & x_N^2 & \ldots & x_N^m \end{pmatrix}$$

sowie gegebenem Vektor y mit

$$y = \begin{pmatrix} y_1 \\ \vdots \\ y_i \\ \vdots \\ y_N \end{pmatrix}$$

unter Einsetzen der vorgegebenen Meßwertepaare

$$(x_1, y_1), \ldots, (x_i, y_i), \ldots, (x_N, y_N)$$

und unter Vorgabe der gewählten Funktionsform des Polynomansatzes, also des Polynomgrades m, der Vektor b bestimmt werden.

Zur Kontrolle unserer allgemeinen Überlegungen sei nun zunächst der einfache Fall der linearen Regression mit dem Funktionsansatz $y = a + bx$ aus dem Abschnitt 5.1.3 erneut herangezogen. Der Polynomgrad beträgt hier also $m = 1$. Der Vektor b berechnet sich dann zu

$$b = \begin{pmatrix} b_0 \\ b_1 \end{pmatrix} = \begin{pmatrix} a \\ b \end{pmatrix} \qquad (5.59)$$

Gemessen werden die N Meßwertepaare

$$(x_1, y_1), \ldots, (x_i, y_i), \ldots, (x_N, y_N)$$

Die Matrix H wird zu

$$H = \begin{pmatrix} 1 & x_1 \\ \vdots & \vdots \\ 1 & x_i \\ \vdots & \vdots \\ 1 & x_N \end{pmatrix}$$

sowie $\boldsymbol{y}$ zu

$$y = \begin{pmatrix} y_1 \\ \vdots \\ y_i \\ \vdots \\ y_N \end{pmatrix}$$

Errechnet werden sollen nun die Elemente des Vektors $\boldsymbol{b}$ nach der Bestimmungsgleichung (5.58)

$$b = \left(\boldsymbol{H}^T\boldsymbol{H}\right)^{-1}\boldsymbol{H}^T\boldsymbol{y}$$

Dabei ist $\boldsymbol{H}^T$

$$\boldsymbol{H}^T = \begin{pmatrix} 1 & \cdots & 1 & \cdots & 1 \\ x_1 & \cdots & x_i & \cdots & x_N \end{pmatrix}$$

sowie $\boldsymbol{H}^T\boldsymbol{H}$

$$\boldsymbol{H}^T\boldsymbol{H} = \begin{pmatrix} 1 & \cdots & 1 & \cdots & 1 \\ x_1 & \cdots & x_i & \cdots & x_N \end{pmatrix} \begin{pmatrix} 1 & x_1 \\ \vdots & \vdots \\ 1 & x_i \\ \vdots & \vdots \\ 1 & x_N \end{pmatrix} = \begin{pmatrix} N & \sum_{i=1}^{N} x_i \\ \sum_{i=1}^{N} x_i & \sum_{i=1}^{N} x_i^2 \end{pmatrix}$$

$(\boldsymbol{H}^T\boldsymbol{H})^{-1}$ wird damit zu

$$\left(\boldsymbol{H}^T\boldsymbol{H}\right)^{-1} = \begin{pmatrix} N & \sum_{i=1}^{N} x_i \\ \sum_{i=1}^{N} x_i & \sum_{i=1}^{N} x_i^2 \end{pmatrix}^{-1} \tag{5.60}$$

Mit der bekannten Rechenregel für die Inverse einer $2x2$ Matrix wird dieser Ausdruck in Gleichung (5.60) zu

$$\left(\boldsymbol{H}^T\boldsymbol{H}\right)^{-1} = \begin{pmatrix} N & \sum_{i=1}^{N} x_i \\ \sum_{i=1}^{N} x_i & \sum_{i=1}^{N} x_i^2 \end{pmatrix}^{-1}$$

$$= \frac{1}{N\sum_{i=1}^{N} x_i^2 - \sum_{i=1}^{N} x_i \sum_{i=1}^{N} x_i} \begin{pmatrix} \sum_{i=1}^{N} x_i^2 & -\sum_{i=1}^{N} x_i \\ -\sum_{i=1}^{N} x_i & N \end{pmatrix} \tag{5.61}$$

Schließlich ergibt sich durch Einsetzen der Beziehung (5.61) in Gleichung (5.58) der folgende Ausdruck für b

$$b = \left(H^T H\right)^{-1} \begin{pmatrix} 1 & \cdots & 1 & \cdots & 1 \\ x_1 & \cdots & x_i & \cdots & x_N \end{pmatrix} \begin{pmatrix} y_1 \\ \vdots \\ y_i \\ \vdots \\ y_N \end{pmatrix}$$

$$b = \left(H^T H\right)^{-1} \begin{pmatrix} \sum_{i=1}^{N} y_i \\ \sum_{i=1}^{N} y_i x_i \end{pmatrix}$$

$$b = \frac{1}{N \sum_{i=1}^{N} x_i^2 - \sum_{i=1}^{N} x_i \sum_{i=1}^{N} x_i} \begin{pmatrix} \sum_{i=1}^{N} x_i^2 & -\sum_{i=1}^{N} x_i \\ -\sum_{i=1}^{N} x_i & N \end{pmatrix} \begin{pmatrix} \sum_{i=1}^{N} y_i \\ \sum_{i=1}^{N} y_i x_i \end{pmatrix}$$

$$b = \frac{1}{N \sum_{i=1}^{N} x_i^2 - \sum_{i=1}^{N} x_i \sum_{i=1}^{N} x_i} \begin{pmatrix} \sum_{i=1}^{N} x_i^2 \sum_{i=1}^{N} y_i - \sum_{i=1}^{N} x_i \sum_{i=1}^{N} y_i x_i \\ -\sum_{i=1}^{N} x_i \sum_{i=1}^{N} y_i + N \sum_{i=1}^{N} y_i x_i \end{pmatrix} = \begin{pmatrix} b_0 \\ b_1 \end{pmatrix} \quad (5.62)$$

b_1 oder b aus dem Funktionsansatz $y = a + bx$ wird damit zu

$$b_1 = \frac{-\sum_{i=1}^{N} x_i \sum_{i=1}^{N} y_i + N \sum_{i=1}^{N} y_i x_i}{N \sum_{i=1}^{N} x_i^2 - \sum_{i=1}^{N} x_i \sum_{i=1}^{N} x_i} \quad (5.63)$$

und weiter

$$b_1 = \frac{-(\frac{1}{N} \sum_{i=1}^{N} x_i)(\frac{1}{N} \sum_{i=1}^{N} y_i) N + \sum_{i=1}^{N} y_i x_i}{\sum_{i=1}^{N} x_i^2 - (\frac{1}{N} \sum_{i=1}^{N} x_i)(\frac{1}{N} \sum_{i=1}^{N} x_i) N} \quad (5.64)$$

wobei gemäß Gleichung (5.17) galt $\bar{x} = \frac{1}{N} \sum_{i=1}^{N} x_i$ und $\bar{y} = \frac{1}{N} \sum_{i=1}^{N} y_i$. Damit erhält man endgültig für $b_1 = b$

$$b_1 = \frac{\sum_{i=1}^{N} y_i x_i - N \bar{y} \bar{x}}{\sum_{i=1}^{N} x_i^2 - N \bar{x}^2} \quad (5.65)$$

Ein Vergleich mit dem Ergebnis aus dem Abschnitt 5.1.3 zeigt die zu erwartende Übereinstimmung für die lineare Regression, hier jedoch aus der allgemeinen Formulierung, und nicht beschränkt auf den linearen Fall, hergeleitet.

Gleiches gilt für den y-Achsenabschnitt b_0 oder a aus der Beziehung $y = a + bx$. $b_0 = a$ berechnet sich aus Gleichung (5.62) zu

$$b_0 = \frac{\sum_{i=1}^{N} x_i^2 \sum_{i=1}^{N} y_i - \sum_{i=1}^{N} x_i \sum_{i=1}^{N} y_i x_i}{N \sum_{i=1}^{N} x_i^2 - \sum_{i=1}^{N} x_i \sum_{i=1}^{N} x_i}$$

$$b_0 = \frac{\sum_{i=1}^{N} x_i^2 (\frac{1}{N} \sum_{i=1}^{N} y_i) - (\frac{1}{N} \sum_{i=1}^{N} x_i)(\sum_{i=1}^{N} y_i x_i)}{\sum_{i=1}^{N} x_i^2 - N(\frac{1}{N} \sum_{i=1}^{N} x_i)(\frac{1}{N} \sum_{i=1}^{N} x_i)}$$

$$b_0 = \frac{\sum_{i=1}^{N} x_i^2 \bar{y} - \bar{x} \sum_{i=1}^{N} y_i x_i}{\sum_{i=1}^{N} x_i^2 - N \bar{x}^2} \tag{5.66}$$

was sich als identisch mit dem im Abschnitt 5.1.3 ermittelten Ausdruck für a erweist. Mit den Meßwerten der (x_i, y_i) aus der Tabelle 5.2 zu Bild 5.2 berechnet sich für das Beispiel der linearen Regression mit $i = 10$

$$b_0 = \frac{957854 \cdot 199,9 - 280,4 \cdot 443695}{957854 - 10 \cdot (280,4)^2}$$

$$b_0 = \frac{191475010 - 124412070}{957854 - 786241} = \frac{67062940}{171613} = 390,78 \tag{5.67}$$

wobei dieser Wert bis auf Rundungsfehler mit dem Ergebnis im Abschnitt 5.1.3 mit $a = 390,85$ für das Beispiel aus dem Bild 5.2 übereinstimmt.

Der eigentliche Sinn der Herleitung der allgemeinen Gleichung zur Ermittlung von Regressionsparametern lag nun aber nicht in der Verifizierung der bereits auf einfacherem Wege erhaltenen Koeffizienten a und b des linearen Geradengleichungsansatzes $y = a + bx$, sondern in der sich damit eröffnenden Möglichkeit, auch nichtlineare Ausgleichskurven so zu bestimmen, daß die Summe der Fehlerquadrate zwischen der Ausgleichskurve und den einzelnen Meßwertepaaren von Zufallsvariablen möglichst klein wird. Die Wiederholung des linearen Falles diente hier lediglich als Bestätigung für die Richtigkeit der allgemeinen Lösung.

Als weiterer Fall soll deshalb nunmehr ein nichtlineares Problem behandelt werden. Ein Dopplerradarsystem an Bord eines Flugzeuges liefere die in der folgenden Tabelle 5.4 aufgeführten 10 Meßwerte für die Geschwindigkeit in Ostrichtung $y = v_{Ost}$ in Abhängigkeit von der Meßzeit $x = T$.

i	x_i	y_i
1	10	308
2	20	326
3	30	351
4	40	395
5	50	453
6	60	521
7	70	595
8	80	691
9	90	792
10	100	912

Tab. 5.4: Werte für die Geschwindigkeit in Ostrichtung eines Flugzeuges $y = v_{Ost}$ in Abhängigkeit von der Meßzeit $x = T$

Die Ergebnisse der Messungen sind in Bild 5.4 graphisch dargestellt.

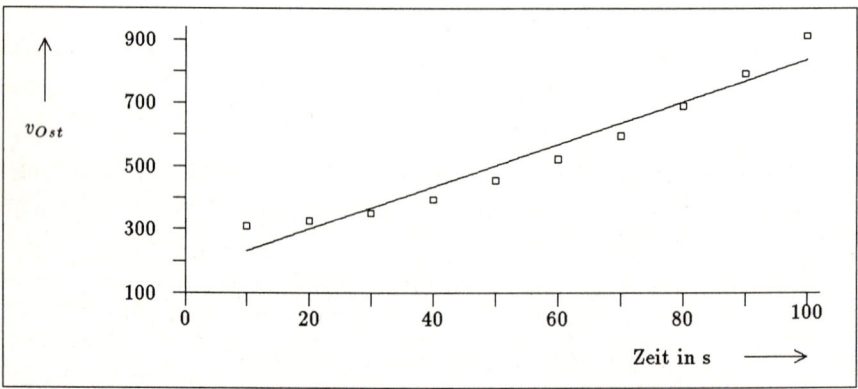

Bild 5.4: Nichtlineare Regression

Wie sich bei dem Vergleich der Meßwerte und einer optimal angepaßten Regressionsgeraden im Bild 5.4 zeigt, haben wir es hier nicht mit einer linearen, sondern parabelförmigen Abhängigkeit der Zufallsvariablen x und y und damit von v_{Ost} und T zu tun. Als Ansatz für die Funktion der Ausgleichskurve wählen wir deshalb

$$y = b_0 + b_2 x^2 \qquad (5.68)$$

Aufgabe ist es nun, mit Hilfe der der allgemeinen Gleichung (5.58) für die Bestimmung der Regressionskoeffizienten die Parameter b_0 und b_2 zu berechnen. Diese allgemeine Gleichung lautete

$$b = \left(H^T H\right)^{-1} H^T y$$

Für unser Beispiel folgt mit $N = 10$

$$b = \begin{pmatrix} b_0 \\ b_2 \end{pmatrix}$$

$$H = \begin{pmatrix} 1 & x_1^2 \\ \vdots & \vdots \\ 1 & x_i^2 \\ \vdots & \vdots \\ 1 & x_N^2 \end{pmatrix}$$

$$y = \begin{pmatrix} y_1 \\ \vdots \\ y_i \\ \vdots \\ y_N \end{pmatrix}$$

$$H^T = \begin{pmatrix} 1 & \cdots & 1 & \cdots & 1 \\ x_1^2 & \cdots & x_i^2 & \cdots & x_N^2 \end{pmatrix}$$

$$H^T H = \begin{pmatrix} 1 & \cdots & 1 & \cdots & 1 \\ x_1^2 & \cdots & x_i^2 & \cdots & x_N^2 \end{pmatrix} \begin{pmatrix} 1 & x_1^2 \\ \vdots & \vdots \\ 1 & x_i^2 \\ \vdots & \vdots \\ 1 & x_N^2 \end{pmatrix} = \begin{pmatrix} N & \sum_{i=1}^{N} x_i^2 \\ \sum_{i=1}^{N} x_i^2 & \sum_{i=1}^{N} x_i^4 \end{pmatrix}$$

$$\left(H^T H\right)^{-1} = \begin{pmatrix} N & \sum_{i=1}^{N} x_i^2 \\ \sum_{i=1}^{N} x_i^2 & \sum_{i=1}^{N} x_i^4 \end{pmatrix}^{-1}$$

$$= \frac{1}{N \sum_{i=1}^{N} x_i^4 - \sum_{i=1}^{N} x_i^2 \sum_{i=1}^{N} x_i^2} \begin{pmatrix} \sum_{i=1}^{N} x_i^4 & -\sum_{i=1}^{N} x_i^2 \\ -\sum_{i=1}^{N} x_i^2 & N \end{pmatrix}$$

Mit Gleichung (5.58) wird dann b zu

$$
b = \cfrac{1}{N\sum_{i=1}^{N}x_i^4 - \sum_{i=1}^{N}x_i^2\sum_{i=1}^{N}x_i^2}
\begin{pmatrix} \sum\limits_{i=1}^{N}x_i^4 & -\sum\limits_{i=1}^{N}x_i^2 \\ -\sum\limits_{i=1}^{N}x_i^2 & N \end{pmatrix}
\begin{pmatrix} 1 & \cdots & 1 & \cdots & 1 \\ x_1^2 & \cdots & x_i^2 & \cdots & x_N^2 \end{pmatrix}
\begin{pmatrix} y_1 \\ \vdots \\ y_i \\ \vdots \\ y_N \end{pmatrix}
$$

$$
b = \cfrac{1}{N\sum_{i=1}^{N}x_i^4 - \sum_{i=1}^{N}x_i^2\sum_{i=1}^{N}x_i^2}
\begin{pmatrix} \sum\limits_{i=1}^{N}x_i^4 & -\sum\limits_{i=1}^{N}x_i^2 \\ -\sum\limits_{i=1}^{N}x_i^2 & N \end{pmatrix}
\begin{pmatrix} \sum\limits_{i=1}^{N}y_i \\ \sum\limits_{i=1}^{N}y_i x_i^2 \end{pmatrix}
$$

$$
b = \cfrac{1}{N\sum_{i=1}^{N}x_i^4 - \sum_{i=1}^{N}x_i^2\sum_{i=1}^{N}x_i^2}
\begin{pmatrix} \sum\limits_{i=1}^{N}x_i^4\sum\limits_{i=1}^{N}y_i - \sum\limits_{i=1}^{N}x_i^2\sum\limits_{i=1}^{N}y_i x_i^2 \\ -\sum\limits_{i=1}^{N}x_i^2\sum\limits_{i=1}^{N}y_i + N\sum\limits_{i=1}^{N}y_i x_i^2 \end{pmatrix}
= \begin{pmatrix} b_0 \\ b_2 \end{pmatrix}
$$

Somit ergibt sich für b_0 und b_2

$$
b_0 = \cfrac{\sum\limits_{i=1}^{N}x_i^4\sum\limits_{i=1}^{N}y_i - \sum\limits_{i=1}^{N}x_i^2\sum\limits_{i=1}^{N}y_i x_i^2}{N\sum\limits_{i=1}^{N}x_i^4 - \sum\limits_{i=1}^{N}x_i^2\sum\limits_{i=1}^{N}x_i^2}
$$

$$
b_2 = \cfrac{-\sum\limits_{i=1}^{N}x_i^2\sum\limits_{i=1}^{N}y_i + N\sum\limits_{i=1}^{N}y_i x_i^2}{N\sum\limits_{i=1}^{N}x_i^4 - \sum\limits_{i=1}^{N}x_i^2\sum\limits_{i=1}^{N}x_i^2}
\tag{5.69}
$$

Mit den Meßwerten aus der Tabelle zum Bild 5.4 und $N = 10$ folgt:

i	x_i	y_i	x_i^2	x_i^4	$y_i x_i^2$
1	10	308	100	$10 \cdot 10^3$	$30,8 \cdot 10^3$
2	20	326	400	$160 \cdot 10^3$	$130,4 \cdot 10^3$
3	30	351	900	$810 \cdot 10^3$	$315,9 \cdot 10^3$
4	40	395	1600	$2560 \cdot 10^3$	$632,0 \cdot 10^3$
5	50	453	2500	$6250 \cdot 10^3$	$1132,5 \cdot 10^3$
6	60	521	3600	$12960 \cdot 10^3$	$1875,6 \cdot 10^3$
7	70	595	4900	$24010 \cdot 10^3$	$2915,5 \cdot 10^3$
8	80	691	6400	$40960 \cdot 10^3$	$4422,4 \cdot 10^3$
9	90	792	8100	$65610 \cdot 10^3$	$6415,2 \cdot 10^3$
10	100	912	10000	$100000 \cdot 10^3$	$9120,0 \cdot 10^3$

Tab. 5.5: Berechnungswerte für das Beispiel einer nichtlinearen Regression

Daraus folgen als Zwischenergebnisse

$$\sum_{i=1}^{10} y_i = 5344$$

$$\sum_{i=1}^{10} x_i^2 = 38500$$

$$\sum_{i=1}^{10} x_i^4 = 253330 \cdot 10^3$$

$$\sum_{i=1}^{N} y_i x_i^2 = 26990,3 \cdot 10^3$$

und damit schließlich durch Einsetzen in Gleichung (5.69)

$$b_0 = 300$$
$$b_2 = 0,061$$

Die nichtlineare Funktion auf der Basis des Ansatzes der Gleichung (5.68) , die den gegebenen Meßdaten des Beispiels im Bild 5.4 am besten angepaßt ist, lautet demnach

$$y = 300 + 0,061 x^2$$

Wie wir demonstrieren konnten, stellt die allgemeine Formulierung zur Ermittlung der Regressionskoeffizienten

$$b = \left(H^T H \right)^{-1} H^T y$$

aus N Meßwertepaaren (x_i, y_i) sowie einem Polynomansatz m-ten Grades eine schnelle Methode zur Berechnung einer Ausgleichskurve auf der Grundlage der gegebenen Meßdaten unter Zugrundelegung des Gaußschen Prinzips der kleinsten Fehlerquadrate dar. Vor allem aber die hervorragende Anwendbarkeit dieser Gleichung im Digitalrechner eröffnet vielfältige Anwendungsmöglichkeiten.

5.1.5   Mehrdimensionale Regression

Nachdem im Abschnitt 5.1.3 die lineare Regression als grundlegende Anwendung des Gaußschen Prinzips der kleinsten Fehlerquadrate vorgestellt worden war und im Abschnitt 5.1.4 diese Anwendung auf nichtlineare Ansätze erweitert werden konnte, soll nun in diesem Abschnitt der letzte Schritt allgemein zur **mehrdimensionalen Regression** vollzogen werden. Dazu gehen wir zweckmäßigerweise zunächst von einem 3-dimensionalen Ansatz mit den Zufallsvariablen x, y, z aus. Abschließend soll dann der Übergang von der Dimension 3 zur Dimension q erfolgen.

Für den 3-dimensionalen Fall seien also N Meßwertesätze von Zufallsvariablen x, y, z mit

$$(x_1, y_1, z_1), \ldots, (x_N, y_N, z_N) \tag{5.70}$$

gegeben, wobei wie bisher das mathematische Modell in der Form eines Polynomansatzes gewählt werden soll, der allerdings auch durch jeden anderen geeigneten Ansatz ersetzt werden kann. Es gilt dann

$$z(x_1, y_1) = b_0 + b_1 x_1 + b_2 x_1^2 \ldots b_m x_1^m + c_1 y_1 + c_2 y_1^2 + \ldots + c_p y_1^p$$
$$\vdots$$
$$z(x_N, y_N) = b_0 + b_1 x_N + b_2 x_N^2 \ldots b_m x_N^m + c_1 y_N + c_2 y_N^2 + \ldots + c_p y_N^p$$

Dieses Gleichungssystem kann wieder zu Vektoren und Matrizen zusammengefaßt werden, um eine übersichtlichere Rechnung zu ermöglichen.

$$\begin{pmatrix} z(x_1, y_1) \\ \vdots \\ z(x_i, y_i) \\ \vdots \\ z(x_N, y_N) \end{pmatrix} = \begin{pmatrix} 1 & x_1 & x_1^2 & \ldots & x_1^m & y_1 & y_1^2 & \ldots & y_1^p \\ \vdots & \vdots & \vdots & \vdots & \vdots & \vdots & \vdots & \vdots & \vdots \\ 1 & x_i & x_i^2 & \ldots & x_i^m & y_i & y_i^2 & \ldots & y_i^p \\ \vdots & \vdots & \vdots & \vdots & \vdots & \vdots & \vdots & \vdots & \vdots \\ 1 & x_N & x_N^2 & \ldots & x_N^m & y_N & y_N^2 & \ldots & y_N^p \end{pmatrix} \begin{pmatrix} b_0 \\ b_1 \\ \vdots \\ b_m \\ c_1 \\ \vdots \\ c_p \end{pmatrix} \tag{5.71}$$

Mit den Abkürzungen

$$\mathbf{z}(\mathbf{x}, \mathbf{y}) = \begin{pmatrix} z(x_1, y_1) \\ \vdots \\ z(x_i, y_i) \\ \vdots \\ z(x_N, y_N) \end{pmatrix} \tag{5.72}$$

bzw.

$$\mathbf{A} = \begin{pmatrix} 1 & x_1 & x_1^2 & \ldots & x_1^m & y_1 & y_1^2 & \ldots & y_1^p \\ \vdots & \vdots & \vdots & \vdots & \vdots & \vdots & \vdots & \vdots & \vdots \\ 1 & x_i & x_i^2 & \ldots & x_i^m & y_i & y_i^2 & \ldots & y_i^p \\ \vdots & \vdots & \vdots & \vdots & \vdots & \vdots & \vdots & \vdots & \vdots \\ 1 & x_N & x_N^2 & \ldots & x_N^m & y_N & y_N^2 & \ldots & y_N^p \end{pmatrix} \tag{5.73}$$

$$\mathbf{k} = \begin{pmatrix} b_0 \\ b_1 \\ \vdots \\ b_m \\ c_1 \\ \vdots \\ c_p \end{pmatrix} \qquad (5.74)$$

wird das Gleichungssystem (5.71) zu

$$\mathbf{z}(\mathbf{x}, \mathbf{y}) = \mathbf{A}\mathbf{k} \qquad (5.75)$$

Äquivalent zu den Überlegungen in den Abschnitten 5.1.3 und 5.1.4 können nun die unbekannten Polynomkoeffizienten $\mathbf{k}$ für eine 3-dimensionale Funktion

$$z(x, y) = b_0 + b_1 x + b_2 x^2 + \ldots + b_m x^m + c_1 y + c_2 y^2 + \ldots + c_p y^p \qquad (5.76)$$

die die zufälligen Schwankungen der N Meßwertesätze (x_i, y_i, z_i) der Zufallsvariablen x, y und z insgesamt am besten ausgleicht, erhalten werden, wenn die Summe der Fehlerquadrate, also die Summe G der Quadrate der Elemente der Vektordifferenz

$$\mathbf{z} - \mathbf{z}(\mathbf{x}, \mathbf{y}) = \mathbf{z} - \mathbf{A}\mathbf{k} \qquad (5.77)$$

zum Minimum wird, wobei

$$\mathbf{z} = \begin{pmatrix} z_1 \\ \vdots \\ z_i \\ \vdots \\ z_N \end{pmatrix} \qquad (5.78)$$

Demnach gilt

$$G = \sum_{i=1}^{N} |z_i - z(x_i, y_i)|^2 \qquad (5.79)$$

Analog zu den Überlegungen in den früheren Abschnitten wird die Summe der Fehlerquadrate G zum Minimum, wenn gilt

$$\frac{\partial G}{\partial \mathbf{k}} = 0 \qquad (5.80)$$

Auch hier erhält man in völlig gleicher Weise wie vorher zur Ermittlung von Gleichung (5.58) das Ergebnis für den Koeffizientenvektor $\mathbf{k}$ mit

$$\mathbf{k} = \left(\mathbf{A}^T \mathbf{A} \right)^{-1} \mathbf{A}^T \mathbf{z} \qquad (5.81)$$

Der dreidimensionale Fall konnte also auf die normale Form der nichtlinearen Regression überführt werden.

Für eine dreidimensionale Funktion $z = b_2 x^2 + c_1 y$ soll nun die obige Beziehung (5.81) zur Berechnung der Koeffizienten b_2 und c_1 beispielhaft verwendet werden. Gegeben seien die Werte von $N = 10$ Messungen der Zufallsvariablen x, y, z mit

i	x_i	y_i	z_i
1	1,95	352,66	32,58
2	2,13	297,21	33,61
3	2,22	289,10	30,48
4	2,37	225,76	31,06
5	2,66	212,83	29,74
6	2,60	167,82	29,28
7	2,67	168,97	26,71
8	2,74	123,25	28,22
9	2,97	127,47	28,84
10	3,05	73,21	28,91

Tab. 5.6: Meßgrößen einer dreidimensionalen Funktion vom Typ $z = b_2 x^2 + c_1 y$

Der Koeffizientenvektor $\mathbf{k}$ wird zu

$$\mathbf{k} = \begin{pmatrix} b_2 \\ c_1 \end{pmatrix} \tag{5.82}$$

und berechnet sich nach der Gleichung (5.81)

$$\mathbf{k} = \left(\mathbf{A}^T \mathbf{A} \right)^{-1} \mathbf{A}^T \mathbf{z}$$

worin

$$\mathbf{A} = \begin{pmatrix} x_1^2 & y_1 \\ \vdots & \vdots \\ x_i^2 & y_i \\ \vdots & \vdots \\ x_{10}^2 & y_{10} \end{pmatrix} \tag{5.83}$$

$$\mathbf{z} = \begin{pmatrix} z_1 \\ \vdots \\ z_i \\ \vdots \\ z_{10} \end{pmatrix}$$

sind.

$\mathbf{A}^T$ wird dann zu

$$\mathbf{A}^T = \begin{pmatrix} x_1^2 & \cdots & x_i^2 & \cdots & x_{10}^2 \\ y_1 & \cdots & y_i & \cdots & y_{10} \end{pmatrix}$$

Weiter gilt

$$\mathbf{A}^T \mathbf{A} = \begin{pmatrix} x_1^2 & \cdots & x_i^2 & \cdots & x_{10}^2 \\ y_1 & \cdots & y_i & \cdots & y_{10} \end{pmatrix} \begin{pmatrix} x_1^2 & y_1 \\ \vdots & \vdots \\ x_i^2 & y_i \\ \vdots & \vdots \\ x_{10}^2 & y_{10} \end{pmatrix} = \begin{pmatrix} \sum_{i=1}^{10} x_i^4 & \sum_{i=1}^{10} x_i^2 y_i \\ \sum_{i=1}^{10} y_i x_i^2 & \sum_{i=1}^{10} y_i^2 \end{pmatrix}$$

Die Inverse $(\mathbf{A}^T\mathbf{A})^{-1}$ berechnet sich nach der allgemeinen Beziehung

$$\mathbf{M}^{-1} = \frac{1}{|\mathbf{M}|}\begin{pmatrix} d & -b \\ -c & a \end{pmatrix}$$

wenn

$$\mathbf{M} = \begin{pmatrix} a & b \\ c & d \end{pmatrix}$$

wobei

$$|\mathbf{M}| = a \cdot d - b \cdot c$$

Damit folgt für $(\mathbf{A}^T\mathbf{A})^{-1}$

$$(\mathbf{A}^T\mathbf{A})^{-1} = \frac{1}{|\sum\limits_{i=1}^{10} x_i^4 \sum\limits_{i=1}^{10} y_i^2 - \sum\limits_{i=1}^{10} x_i^2 y_i \sum\limits_{i=1}^{10} y_i x_i^2|}\begin{pmatrix} \sum\limits_{i=1}^{10} y_i^2 & -\sum\limits_{i=1}^{10} x_i^2 y_i \\ -\sum\limits_{i=1}^{10} y_i x_i^2 & \sum\limits_{i=1}^{10} x_i^4 \end{pmatrix}$$

und für $\mathbf{k} = (\mathbf{A}^T\mathbf{A})^{-1}\mathbf{A}^T\mathbf{z}$

$$\mathbf{k} = (\mathbf{A}^T\mathbf{A})^{-1}\begin{pmatrix} x_1^2 & \cdots & x_i^2 & \cdots & x_{10}^2 \\ y_1 & \cdots & y_i & \cdots & y_{10} \end{pmatrix}\begin{pmatrix} z_1 \\ \vdots \\ z_i \\ \vdots \\ z_{10} \end{pmatrix}$$

$$\mathbf{k} = (\mathbf{A}^T\mathbf{A})^{-1}\begin{pmatrix} \sum\limits_{i=1}^{10} x_i^2 z_i \\ \sum\limits_{i=1}^{10} y_i z_i \end{pmatrix}$$

$$\mathbf{k} = \frac{1}{|\sum\limits_{i=1}^{10} x_i^4 \sum\limits_{i=1}^{10} y_i^2 - \sum\limits_{i=1}^{10} x_i^2 y_i \sum\limits_{i=1}^{10} y_i x_i^2|}\begin{pmatrix} \sum\limits_{i=1}^{10} y_i^2 \sum\limits_{i=1}^{10} x_i^2 z_i - \sum\limits_{i=1}^{10} x_i^2 y_i \sum\limits_{i=1}^{10} y_i z_i \\ -\sum\limits_{i=1}^{10} y_i x_i^2 \sum\limits_{i=1}^{10} x_i^2 z_i + \sum\limits_{i=1}^{10} x_i^4 \sum\limits_{i=1}^{10} y_i z_i \end{pmatrix}$$

Da

$$\mathbf{k} = \begin{pmatrix} b_2 \\ c_1 \end{pmatrix}$$

berechnen sich b_2 und c_1 wie folgt

$$b_2 = \frac{\sum\limits_{i=1}^{10} y_i^2 \sum\limits_{i=1}^{10} x_i^2 z_i - \sum\limits_{i=1}^{10} x_i^2 y_i \sum\limits_{i=1}^{10} y_i z_i}{|\sum\limits_{i=1}^{10} x_i^4 \sum\limits_{i=1}^{10} y_i^2 - \sum\limits_{i=1}^{10} x_i^2 y_i \sum\limits_{i=1}^{10} y_i x_i^2|}$$

$$c_1 = \cfrac{-\sum\limits_{i=1}^{10} y_i x_i^2 \sum\limits_{i=1}^{10} x_i^2 z_i + \sum\limits_{i=1}^{10} x_i^4 \sum\limits_{i=1}^{10} y_i z_i}{|\sum\limits_{i=1}^{10} x_i^4 \sum\limits_{i=1}^{10} y_i^2 - \sum\limits_{i=1}^{10} x_i^2 y_i \sum\limits_{i=1}^{10} y_i x_i^2|}$$

Aus den Meßwerten der vorigen Tabelle berechnen sich die in den Bestimmungsgleichungen für b_2 und c_1 vorkommenden Größen folgendermaßen

i	x_i	y_i	z_i	x_i^2	x_i^4	y_i^2	$x_i^2 z_i$	$x_i^2 y_i$	$y_i z_i$
1	1,9	352,6	32,5	3,8	14,4	124369,0	123,8	1340,1	11489,6
2	2,1	297,2	33,6	4,5	20,5	88333,7	152,5	1349,3	9989,2
3	2,2	289,1	30,4	4,9	24,2	83578,8	150,2	1425,2	8811,7
4	2,3	225,7	31,0	5,6	31,5	50967,5	174,5	1268,7	7012,1
5	2,6	212,8	29,7	7,0	50,0	45296,6	210,5	1506,8	6329,5
6	2,6	167,8	29,2	6,7	45,7	28163,5	197,9	1134,4	4913,7
7	2,6	168,9	26,7	7,1	50,8	28550,8	190,4	1204,7	4513,1
8	2,7	123,2	28,2	7,5	56,3	15190,5	211,9	925,6	3478,1
9	2,9	127,4	28,8	8,8	77,8	16248,6	254,3	1124,2	3676,2
10	3,0	73,2	28,9	9,3	86,5	5359,7	268,8	680,8	2116,5

Tab. 5.7: Berechnungswerte für das Beispiel einer mehrdimensionalen Regression
vom Typ $z = b_2 x^2 + c_1 y$

Damit erhalten wir

$$\sum_{i=1}^{10} y_i^2 = 486059,12$$

$$\sum_{i=1}^{10} x_i^2 z_i = 1935,31$$

$$\sum_{i=1}^{10} x_i^2 y_i = 11960,28$$

$$\sum_{i=1}^{10} y_i z_i = 62330,15$$

$$\sum_{i=1}^{10} x_i^4 = 458,17$$

Somit folgt für b_2

$$b_2 = \frac{486059,12 \cdot 1935,31 - 11960,28 \cdot 62330,15}{|458,17 \cdot 486059,12 - 11960,28 \cdot 11960,28|}$$

$$b_2 = 2,46$$

und für c_1 in gleicher Weise

$$c_1 = 0,068$$

Die zu bestimmende dreidimensionale Funktion $z = b_2 x^2 + c_1 y$ wird mit diesen Werten zu

$$z = 2,46 x^2 + 0,068 y$$

Ausgehend von der vorhergehenden dreidimensionalen Überlegung ist es nur noch ein kleiner Schritt, die Verallgemeinerung auf einen beliebigen q-dimensionalen Fall vorzunehmen.

Es seien also N Meßwertsätze der Zufallsvariablen $x_1, \ldots, x_q$ gegeben mit

$$(x_{11}, \ldots, x_{1q}), \ldots, (x_{N1}, \ldots, x_{Nq}) \tag{5.84}$$

Der Polynomansatz für diese q Zufallsvariablen wird dann zu

$$x_q(x_{11}, \ldots, x_{1q-1}) = h_0 + h_1^{(1)} x_{11} + h_2^{(1)} x_{11}^2 + \ldots + h_1^{(q-1)} x_{1q-1} + h_2^{(q-1)} x_{1q-1}^2 \cdots$$

$$\vdots$$

$$x_q(x_{N1}, \ldots, x_{Nq-1}) = h_0 + h_1^{(1)} x_{N1} + h_2^{(1)} x_{N1}^2 + \ldots + h_1^{(q-1)} x_{Nq-1} + h_2^{(q-1)} x_{Nq-1}^2 \cdots \tag{5.85}$$

In völliger Analogie zu unseren bisherigen Betrachtungen kann auch dieses Gleichungssystem erneut zu Vektoren und Matrizen wie folgt zusammengefaßt werden

$$\begin{pmatrix} x_q(x_{11}, \ldots, x_{1q-1}) \\ \vdots \\ x_q(x_{N1}, \ldots, x_{Nq-1}) \end{pmatrix} = \begin{pmatrix} 1 & x_{11} & x_{11}^2 & \ldots & x_{1q-1} & x_{1q-1}^2 & \ldots \\ \vdots & \vdots & \vdots & \vdots & \vdots & \vdots & \vdots \\ 1 & x_{N1} & x_{N1}^2 & \ldots & x_{Nq-1} & x_{Nq-1}^2 & \ldots \end{pmatrix} \begin{pmatrix} h_0 \\ h_1^{(1)} \\ h_2^{(1)} \\ \vdots \\ h_1^{(q-1)} \\ h_2^{(q-1)} \\ \vdots \end{pmatrix} \tag{5.86}$$

Mit den Abkürzungen

$$\mathbf{x_q(x_1, \ldots, x_{q-1})} = \begin{pmatrix} x_q(x_{11}, \ldots, x_{1q-1}) \\ \vdots \\ x_q(x_{N1}, \ldots, x_{Nq-1}) \end{pmatrix}$$

$$\mathbf{M} = \begin{pmatrix} 1 & x_{11} & x_{11}^2 & \ldots & x_{1q-1} & x_{1q-1}^2 & \ldots \\ \vdots & \vdots & \vdots & \vdots & \vdots & \vdots & \vdots \\ 1 & x_{N1} & x_{N1}^2 & \ldots & x_{Nq-1} & x_{Nq-1}^2 & \ldots \end{pmatrix}$$

$$\mathbf{h} = \begin{pmatrix} h_0 \\ h_1^{(1)} \\ h_2^{(1)} \\ \vdots \\ h_1^{(q-1)} \\ h_2^{(q-1)} \\ \vdots \end{pmatrix} \tag{5.87}$$

wird das Gleichungssystem (5.86) zu

$$\mathbf{x_q}(\mathbf{x_1}, \ldots, \mathbf{x_{q-1}}) = \mathbf{M}\mathbf{h} \qquad (5.88)$$

Die Bestimmungsgleichung für den Koeffizientenvektor $\mathbf{h}$ der mehrdimensionalen Regression nach dem Prinzip der kleinsten Fehlerquadrate von Gauß lautet dann analog zu den vorigen Fällen

$$\mathbf{h} = \left(\mathbf{M}^T\mathbf{M}\right)^{-1}\mathbf{M}^T\mathbf{x_q} \qquad (5.89)$$

wobei

$$\mathbf{x_q} = \begin{pmatrix} x_{1q} \\ \vdots \\ x_{Nq} \end{pmatrix} \qquad (5.90)$$

Die Beziehung (5.89) beinhaltet nun das Maximum an Verallgemeinerung aller denkbaren Regressionsfälle, die wir im Abschnitt 5.1 behandelt haben. Die dreidimensionale mit $q = 3$, die nichtlineare zweidimensionale mit $q = 2$ und die lineare zweidimensionale Regression mit $q = 2$ und Polynomgrad 1 in den Abschnitten 5.1.3 und 5.1.4 sowie im ersten Teil des Abschnittes 5.1.5 stellen somit Sonderfälle dieser Verallgemeinerung dar.

Da die Darstellung der mehrdimensionalen Regression in Gleichung (5.89) sehr einfach für die Anwendung in Digitalrechnern unter Eingabe der variablen Parameter programmiert werden kann, währenddessen eine Berechnung von Hand, vor allem bei Berücksichtigung einer großen Anzahl von Meßdaten, nicht mehr durchführbar ist, ist der Nutzen dieser geschlossenen Formulierung der mehrdimensionalen Regression erheblich.

Abschließend sei noch darauf hingewiesen, daß auch ein anderer als der Polynomansatz für die Regressionsanalyse Anwendung finden kann. Es verändert sich dadurch lediglich die Matrix $\mathbf{H}, \mathbf{A}$ oder $\mathbf{M}$ des angesetzten Gleichungssystems.

5.2   Korrelation zwischen Meßdaten

Nachdem im Abschnitt 5.1 zentraler Schwerpunkt der Betrachtungen die ART der funktionalen Verknüpfung zwischen Zufallsvariablen und der Ausgleich der fehlerbehafteten, stochastischen Schwankungen unterliegenden Meßdaten war, soll nunmehr auf den GRAD des inneren Zusammenhangs zwischen den Meßdaten einer Zufallsvariablen bzw. zwischen den Meßdaten zweier oder mehrerer Zufallsvariablen näher eingegangen werden. Dieser Grad des inneren Zusammenhangs wird die **Korrelation** zwischen Meßdaten bzw. Variablen genannt. Dazu sollen im Abschnitt 5.2.1 die Grundbegriffe und Voraussetzungen für die Anwendung der Techniken der Korrelationsanalyse vorgestellt werden. Im Abschnitt 5.2.2 wird die Definition und die Anwendung des Korrelationskoeffizienten, im Abschnitt 5.2.3 die der Korrelationsfunktionen (Auto- und Kreuzkorrelationsfunktionen), sowie im Abschnitt 5.2.4 die der allgemeinen, mehrdimensionalen Korrelation erläutert werden.

5.2.1 Grundbegriffe der Korrelation

Betrachtet man zum Beispiel gegebene Meßwertepaare

$$(x_1, y_1), \ldots, (x_i, y_i), \ldots, (x_N, y_N)$$

zweier Variablen x und y und stellt sich die graphische Darstellung einmal wie in Bild 5.5 a) und zum anderen wie in Bild 5.4 b) vor, so erkennt man in diesen Extremfällen deutlich, daß in a) ein innerer Zusammenhang zwischen den Meßwertepaaren (x_i, y_i) und damit zwischen den Variablen x und y vorhanden sein muß, daß dieser innere Zusammenhang jedoch in b) nur sehr klein, wenn nicht sogar überhaupt nicht vorhanden sein kann. Diese Überlegung betrachtet also die **Korrelation** zwischen x und y, das heißt den Grad der Abhängigkeit zwischen diesen. Sinn des Abschnittes 5.2 ist es nun, mathematische Beziehungen zu erläutern, mit deren Hilfe eine Quantifizierung dieses Grades der inneren Verknüpfung zwischen Meßdaten bzw. Variablen möglich ist.

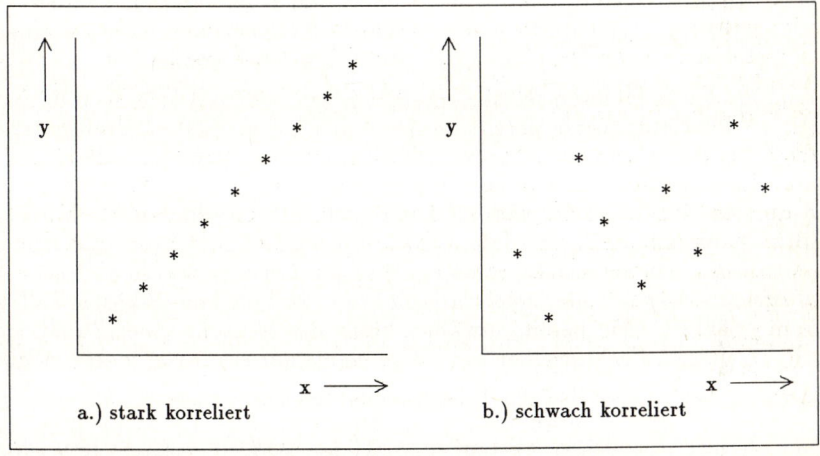

a.) stark korreliert   b.) schwach korreliert

Bild 5.5: Darstellung von Meßwertepaaren (x_i, y_i)

Besteht zwischen den Meßwertepaaren (x_i, y_i) ein streng funktionaler (z.B. wie in Bild 5.4 a) ein linearer) Zusammenhang, so spricht man von einem „deterministischen", vorhersehbaren, bestimmbaren, da funktionell eindeutig verknüpft, Prozeß zweier vollständig voneinander abhängenden, keinen Zufallsschwankungen unterliegenden, Variablen, der allerdings in der Praxis bei Verwendung von Meßapparaturen, die nahezu immer mehr oder weniger schwankenden, zahlreichen unkontrollierbaren, zufälligen, „statistischen" Fehlerursachen unterworfen sind, im strengen Sinne selten vorkommt. „Stochastisch" dagegen bezeichnet man Variable, die zufälligen Schwankungen bei der Meßaufnahme unterliegen. Diese stochastischen Prozesse mit Hilfe der Korrelationsanalyse zu untersuchen und zu charakterisieren, ist unser Ziel im vorliegenden Abschnitt 5.2.

Deutlich wird der Begriff der zufälligen Schwankungen in Bild 5.6, wo wir

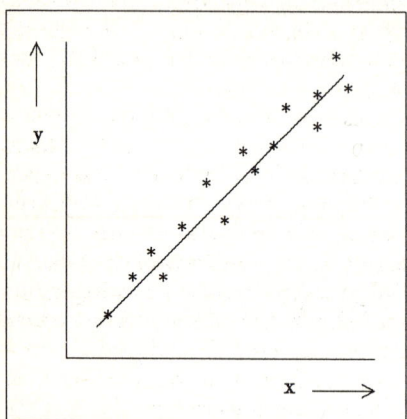

es offensichtlich mit einer inneren funktionalen (linearen) Verbindung zwischen den (x_i, y_i) zu tun haben, die jedoch im strengen Sinne nicht als deterministisch aufgefasst werden kann. Insbesondere ist erkennbar: die Meßwertepaare (x_i, y_i) unterliegen stochastischen, nicht vorhersehbaren Schwankungen. Aber gerade hier liegt der entscheidende Vorteil der Korrelationsanalyse: Stochastische Prozesse, also Zufallsvariable, lassen sich mit den mathematischen Methoden der statistischen Analyse trotz der auftretenden Schwankungen charakterisieren, zueinander in Beziehung setzen, wobei Aussagen über die innere funktionale Abhängigkeit zwischen ihnen gewonnen werden können.

Bild 5.6: Darstellung zufällig, stochastisch schwankender Meßwertepaare (x_i, y_i)

Während für den Korrelationskoeffizienten, dem wir uns im Abschnitt 5.2.2 zuwenden werden, die Kenntnis der bereits im Abschnitt 2. behandelten Größen zur Charakterisierung der statistischen Eigenschaften von Zufallsvariablen, wie Mittelwert, Varianz, Kovarianz, Voraussetzung ist, bedarf die Anwendung der Analyseverfahren in den Abschnitten 5.2.3 und 5.2.4, nämlich die Berechnung der **Korrelationsfunktionen**, zweier Eigenschaften der Zufallsvariablen, die von entscheidender Bedeutung sind: **Stationarität** und **Ergodizität**. Diese notwendigen Anforderungen an eine zu analysierende Zufallsvariable, bzw. Zeitfolge im diskreten Fall, seien nun kurz erläutert. Wie bereits erwähnt, stellt die Messung eines Zufallsprozesses, z.B. $z(t)$, auch stochastischer Prozeß genannt, nur eines von vielen möglichen Resultaten bei der Wiederholung der Messung dar. Dabei ist es für unsere Überlegung unerheblich, ob die Meßaufnahme kontinuierlich oder, für den Digitalrechner geeignet, diskret in gleichen Abständen, z.B. der Meßzeit, erfolgt. Jede einzelne Zeitfunktion $z(t)$ bzw. Zeitfolge z_t als Ergebnis eines Experimentes wird „Musterfunktion" genannt. Die Gesamtheit aller gemessenen Musterfunktionen $z(t)$, das „Ensemble", definiert den Zufallsprozeß.

Im Bild 5.7 ist als Beispiel das einen Zufallsprozeß bildende Ensemble von vier Musterfunktionen einer Meßgröße $z(t)$ dargestellt. Die Meßgröße nimmt dabei zu einem bestimmten Zeitpunkt t_1, nämlich $z(t_1)$, bei jedem der vier Experimente einen anderen Wert an. $z(t_1)$ ist demnach eine Zufallsvariable, für die die Erwartungswerte $E[z(t_1)]$ und $E[z^2(t_1)]$ nach Abschnitt 2.2.4 berechnet werden können. Als stationär definiert man dann einen Zufallsprozeß $z(t_1)$, dessen statistische Eigenschaften wie $E[z(t_1)]$ und $E[z^2(t_1)]$ zeitunabhängig sind, also Konstanten darstellen. Dies bedeutet aber, daß eine gegebene Wahrscheinlichkeitsdichtefunktion, genannt $f(z, t_1)$, z.B. bei einer vorgegebenen Normalverteilung die Gaußsche Wahrscheinlichkeitsdichtefunktion,

$$f(z, t_1) = \frac{1}{\sqrt{2\pi}\sigma} e^{\frac{-(z-m)^2}{2\sigma^2}}$$

wobei die Parameter σ und m als Standardabweichung σ, mit σ^2 als Varianz, und m der Mittelwert der Zufallsvariablen $z(t_1)$ bezeichnet werden und wie folgt definiert sind: $\sigma^2 = E[z^2] - E[z]^2 \quad m = E[z]$, unabhängig von der Beobachtungszeit t_1 wird. Um einen stationären Zufallsprozeß handelt es sich demnach dann, wenn die statistischen Eigenschaften dieses Prozesses für einen Beobachtungszeitpunkt t_1 gleich sind denjenigen für einen beliebigen anderen Beobachtungszeitpunkt $t_2 = t_1 + \tau$. Für das Beispiel eines normalverteilten Prozesses geht man folglich davon aus, daß die Natur des beobachteten Prozesses, nämlich die Eigenschaft der Normalverteilung, charakterisiert durch m und σ, unabhängig vom Beobachtungszeitraum sein muß, um von Stationarität sprechen zu können. Stationäre Zufallsprozesse, die z.B. einer Normalverteilung unterliegen, weisen also einen konstanten, von der Beobachtungszeit t_i unabhängigen Mittelwert m und eine ebensolche Varianz σ^2 auf. Stationäre Zufallsprozesse besitzen im allgemeinen eine weitere Eigenschaft, die eine handhabbare Berechnung statistischer Größen, wie z.B. der Autokorrelationsfunktion im Abschnitt 5.2.3, erst ermöglicht, nämlich die **Ergodizität**. Gemeint ist damit folgendes: Ergodisch sind Zufallsprozesse genau dann, wenn die berechneten statistischen Kenngrößen, wie z.B. Mittelwert oder Autokorrelationsfunktion, über alle Musterfunktionen eines Ensembles zu einem bestimmten Zeitpunkt t_1, also $z_1(t_1), z_2(t_1), z_3(t_1), z_4(t_1)$ in unserem Beispiel in Bild 5.6, auch über die gesamte Meßdauer t einer einzigen repräsentativen Musterfunktion des Ensembles, z.B. $z_1(t)$, ermittelt werden können. Daher leitet sich auch der Begriff von der „Musterfunktion" ab. Die Meßaufnahme einer einzigen repräsentativen Musterfunktion eines stationären und ergodischen Zufallsprozesses und die Berechnung der statistischen Kenngrößen dieser Musterfunktion genügen dann völlig, um einen Zufallsprozeß vollständig charakterisieren zu können.

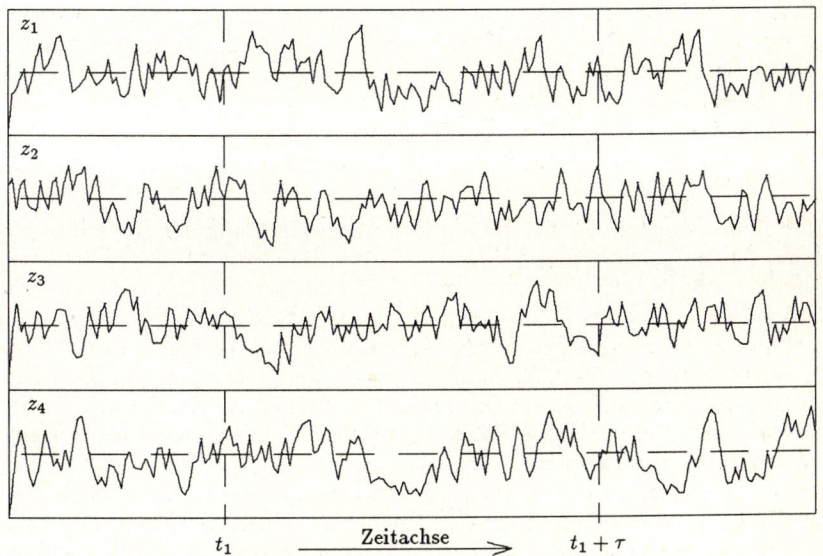

Bild 5.7: Ensemble von Musterfunktionen eines Zufallsprozesses

5.2.2   Korrelationskoeffizient

Gehen wir davon aus, daß bei einem Experiment zwei Zufallsvariable x und y gemessen werden, somit also z.B. N Meßwertepaare (x_i, y_i) gegeben seien. Dies kann eine Temperaturmessung in Abhängigkeit von der Höhe sein oder eine Windgeschwindigkeit in Abhängigkeit vom Ort der Messung oder ähnliches. Den Experimentator interessieren häufig innere Zusammenhänge zwischen den x_i, y_i, d.h., ob die beiden Meßgrößen der sogenannten „Stichprobe", also der N Meßwertepaare, miteinander **korreliert** sind, mit anderen Worten ob eine Abhängigkeit zwischen ihnen existiert. Dies ist, wie wir schon gesehen haben, oftmals nicht einfach mit bloßem Auge beim Betrachten der graphisch dargestellten Meßpunkte erkennbar. Es gibt aber ein Hilfsmittel zur Bewertung bzw. Quantifizierung der Abhängigkeit zweier Meßgrößen, das sich aus den in den Abschnitten 2.2 und 5.1 definierten statistischen Parametern herleiten läßt: die Berechnung des **Korrelationskoeffizienten** r_{xy}.

Erinnern wir uns, daß der Mittelwert der x_i sich wie folgt berechnete:

$$\bar{x} = \frac{1}{N}(x_1 + \ldots + x_N)$$

Die Varianz der x_i war wie folgt definiert:

$$\sigma_x^2 = \frac{1}{N-1} \sum_{i=1}^{N} (x_i - \bar{x})^2$$

Das gleiche gilt entsprechend für die Meßwerte y_i:

$$\bar{y} = \frac{1}{N}(y_1 + \ldots + y_N)$$

$$\sigma_y^2 = \frac{1}{N-1} \sum_{i=1}^{N} (y_i - \bar{y})^2$$

Darüber hinaus kennen wir bereits die Definitionsgleichung der Kovarianz σ_{xy} bezogen auf die (x_i, y_i):

$$\sigma_{xy} = \frac{1}{N-1} \sum_{i=1}^{N} (x_i - \bar{x})(y_i - \bar{y})$$

Unter Verwendung dieser drei Größen σ_{xy}, σ_x^2 und σ_y^2 berechnet sich der **Korrelationskoeffizient** r_{xy} wie folgt:

$$r_{xy} = \frac{\sigma_{xy}}{\sigma_x \sigma_y} \tag{5.91}$$

Anhand des Beispieles in Bild 5.4 mit a) stark korrelierten und b) schwach korrelierten Meßdaten soll nun gezeigt werden, wie sich die grobe Einschätzung von schwacher und starker Korrelation in Form des Korrelationskoeffizienten quantifizieren läßt.

Im einzelnen sind die folgenden Meßwerte in Bild 5.4 dargestellt:

a) Stark korreliert

i	x_i	y_i
1	0,42	0,35
2	0,77	0,70
3	1,12	1,05
4	1,47	1,40
5	1,82	1,75
6	2,17	2,10
7	2,52	2,45
8	2,87	2,80
9	3,15	3,15

b) Schwach korreliert

i	x_i	y_i
1	0,42	1,05
2	0,77	0,35
3	1,12	2,10
4	1,47	1,40
5	1,82	0,70
6	2,10	1,75
7	2,45	1,05
8	2,87	2,45
9	3,22	1,75

Tab. 5.8: Stark korrelierte und schwach korrelierte Meßdaten

Die Werte aus der Tabelle a) setzen wir jetzt in die Bestimmungsgleichungen für den Mittelwert der x_i und der y_i, die Varianz der x_i und der y_i, sowie der Kovarianz der x_i und y_i ein und erhalten mit $N = 9$:

$\bar{x} = 1,81$ $\quad \bar{y} = 1,75$ für $\sigma_x^2 = 0,89$, damit für $\sigma_x = 0,94$, und für $\sigma_y^2 = 0,92$, damit für $\sigma_y = 0,96$ sowie als Kovarianz $\sigma_{xy} = 0,91$. Schließlich wird mit diesen Ergebnissen und der Bestimmungsgleichung für den Korrelationskoeffizienten r_{xy}:

$$r_{xy} = \frac{\sigma_{xy}}{\sigma_x \sigma_y}$$

$$r_{xy} = \frac{0,90}{0,94 \cdot 0,96} = \frac{0,90}{0,90} = 1$$

Dieses Resultat eines Korrelationskoeffizienten von 1 zeigt demnach für unser Beispiel in Bild 5.4 a), daß die dort dargestellten Meßwerte x_i, y_i vollständig miteinander korreliert sind. Wir zeigen nun am Beispiel des Bildes 5.4 b), daß je schwächer die Meßwerte miteinander korreliert sind, desto kleiner der Korrelationskoeffizient r_{xy} werden muß bis hin zu $r = 0$ für einen völlig unkorrelierten „Zusammenhang". Mit den Meßwerten aus der Tabelle b) ergeben sich bei $N = 9$:

$\bar{x} = 1,80$ $\quad \bar{y} = 1,40$ für $\sigma_x^2 = 0,90$, damit für $\sigma_x = 0,95$, und für $\sigma_y^2 = 0,46$, damit für $\sigma_y = 0,68$ sowie als Kovarianz $\sigma_{xy} = 0,32$. Mit diesen Werten erhalten wir für den Korrelationskoeffizienten r_{xy} im Falle der schwach korrelierten Meßdaten:

$$r_{xy} = \frac{\sigma_{xy}}{\sigma_x \sigma_y}$$

$$r_{xy} = \frac{0,32}{0,95 \cdot 0,68} = \frac{0,32}{0,65} = 0,47$$

Aus dem Wert von $r_{xy} = 0,47$ können wir ablesen, daß der innere Zusammenhang zwischen den x_i und y_i offensichtlich zwar schwach, aber auch nicht als völlig unkorreliert bezeichnet werden kann. Ein Ergebnis, das bei bloßer Betrachtung des Bildes 5.4 b) nicht erwartet werden konnte. Dies unterstreicht unsere bereits geäußerte Vermutung: Die Berechnung des Korrelationskoeffizienten läßt mehr Rückschlüsse auf die Beschaffenheit von Meßdaten zu als die Betrachtung der graphischen Darstellung oder gar die Betrachtung der reinen Zahlenwerte. Der Korrelationskoeffizient kann Werte zwischen -1 und 1 annehmen, -1 z.B. bei einer Geraden mit negativer Steigung. Er ist somit ein Maß für die lineare Abhängigkeit zwischen den Meßvariablen x und y.

Abschließend sollen noch zwei weitere Berechnungsarten des Korrelationskoeffizienten der Vollständigkeit halber angegeben werden, die unter Umständen bei bestimmten Anwendungen Vorteile aufweisen:

$$r_{xy} = \frac{\sum_{i=1}^{N}(x_i - \bar{x})(y_i - \bar{y})}{\sqrt{\sum_{i=1}^{N}(x_i - \bar{x})^2 \sum_{i=1}^{N}(y_i - \bar{y})^2}}$$

$$r_{xy} = \frac{\sum_{i=1}^{N}x_i y_i - \frac{1}{N}\left[\sum_{i=1}^{N}x_i \sum_{i=1}^{N}y_i\right]}{\sqrt{\sum_{i=1}^{N}x_i^2 - \frac{1}{N}\left(\sum_{i=1}^{N}x_i\right)^2}\sqrt{\sum_{i=1}^{N}y_i^2 - \frac{1}{N}\left(\sum_{i=1}^{N}y_i\right)^2}}$$

5.2.3   Definition der Korrelationsfunktionen

Grundlage der folgenden Betrachtungen soll nun erneut ein Ensemble von stochastisch, zufällig schwankenden Meßgrößen sein, wie wir sie in Bild 5.5 dargestellt sahen, also digital oder kontinuierlich aufgezeichnete Meßdaten in Abhängigkeit von der Meßzeit t. Uns interessiert jetzt, ob diese Meßsignale innere Gesetzmäßigkeiten aufweisen, ob sie zueinander in irgendeiner Weise in Beziehung stehen. Dazu helfen uns nun aber weder der Mittelwert, noch die Varianz oder Streuung und auch nicht der Korrelationskoeffizient, der die lineare Abhängigkeit zweier Meßgrößen zahlenmäßig beschreibt, weiter.

Zur Charakterisierung des inneren Zusammenhanges stochastischer Prozesse steht allerdings eine sehr nützliche statistische Funktion zur Verfügung, die hier in der Anwendung beschrieben werden soll: die **Kovarianzfunktion** φ oder auch **Korrelationsfunktion**, die die mittels der Varianz normierte Kovarianzfunktion darstellt.

Soll die Abhängigkeit der Werte der Musterfunktionen des oben beschriebenen Ensembles zu einem bestimmten Zeitpunkt t_1, also z_{t1}, von denen eines vorangegangenen oder späteren Zeitpunktes t_2, also z_{t2}, derselben Musterfunktionen ermittelt werden, so spricht man von der **Autokovarianzfunktion** φ_{zz}, die wie folgt definiert ist:

$$\varphi_{zz}(t_1, t_2) = E[z(t_1)z(t_2)] \tag{5.92}$$

wobei E den Erwartungswert darstellt und gemäß den Beziehungen im Abschnitt 2.2.8 berechnet wird. Interessiert darüber hinaus die Abhängigkeit eines stochastischen Prozesses x von einem zweiten stochastischen Prozeß y, so bedient man sich der **Kreuzkovarianzfunktion** φ_{xy}, die in völliger Analogie zur Autokovarianzfunktion wie folgt definiert ist:

$$\varphi_{xy}(t_1, t_2) = E[x(t_1)y(t_2)] \tag{5.93}$$

Erinnern wir uns an die Definitionsgleichung für die **Kovarianz** für zwei Zufallsvariable $x(t_1)$ und $y(t_2)$ mit

$$E\left[(x(t_1) - E\left[x(t_1)\right])(y(t_2) - E\left[y(t_2)\right])\right] = E[x(t_1)y(t_2)] - E[x(t_1)]E[y(t_2)] \quad (5.94)$$

Gehen wir nun davon aus, daß $E[x(t_1)]$ und $E[y(t_2)]$, die jeweiligen Mittelwerte der zwei Zufallsvariablen, Null wären, so ergäbe sich für die Kovarianz

$$E\left[(x(t_1) - E\left[x(t_1)\right])(y(t_2) - E\left[y(t_2)\right])\right] = E[x(t_1)y(t_2)] \quad (5.95)$$

Diese Formulierung entspricht nun aber genau der der Gleichung (5.93)

Mit anderen Worten: Wenn die Erwartungswerte $E[x]$ und $E[y]$ Null sind, wird aus der Kreuzkovarianzfunktion die Kovarianz für die Zufallsvariablen $x(t_1)$ und $y(t_2)$. Normiert man sie schließlich mit den Standardabweichungen $\sigma_{x(t_1)}$ und $\sigma_{y(t_2)}$ so erhält man die bereits bekannte Definitionsgleichung für den Korrelationskoeffizienten:

$$r_{x(t_1)y(t_2)} = \frac{E[x(t_1)y(t_2)] - E[x(t_1)]E[y(t_2)]}{\sigma_{x(t_1)}\sigma_{y(t_2)}}$$

$$r_{x(t_1)y(t_2)} = \frac{\sigma_{x(t_1)y(t_2)}}{\sigma_{x(t_1)}\sigma_{y(t_2)}}$$

Entsprechend wird aus der Autokovarianzfunktion im Falle, daß die Erwartungswerte $E[x(t_1)]$ und $E[y(t_2)]$ Null sind, die Kovarianz für die Zufallsvariablen $x(t_1)$ und $x(t_2)$ bzw. nach Normierung mit den Standardabweichungen $\sigma_{x(t_1)}$ und $\sigma_{x(t_2)}$ der Korrelationskoeffizient $r_{x(t_1)x(t_2)}$.

Soweit in Kürze die prinzipielle Einführung in die Theorie der Kovarianzfunktionen. Was uns hier jedoch weit mehr interessiert, ist die Umsetzung dieser Theorie in praktikable Algorithmen zur statistischen Analyse von stochastischen Meßgrößen. Dazu gehen wir zurück zu den Überlegungen im Abschnitt 5.2.1. Als Voraussetzung zur Anwendung statistischer Analyseverfahren hatten wir genannt: die Stationarität und die Ergodizität der betrachteten Zufallsprozesse.

Stationarität bedeutet, daß sich die statistischen Eigenschaften eines Zufallsprozesses zeitlich nicht verändern. Dies heißt demnach, daß auch die Wahrscheinlichkeitsdichtefunktion dieses Prozesses von der Beobachtungszeit t_1 unabhängig ist. Die Erwartungswerte $E[x(t_1)]$ und $E[x^2(t_1)]$ sind für diesen Fall folglich auch unabhängig von der Beobachtungszeit t_1. Sie sind also Konstanten. Auch die Kovarianzfunktionen werden somit unabhängig von den Beobachtungszeiten t_1 und t_2, bleiben allerdings abhängig von der Zeitdifferenz $t_1 - t_2 = \tau$, die als **Verschiebungszeit** bezeichnet wird.

Die Autokovarianzfunktion wird somit zu:

$$\varphi_{zz}(\tau) = E\left[z(t_1)z(t_1 + \tau)\right] \quad (5.96)$$

Ebenso ergibt sich für die Kreuzkovarianzfunktion die folgende Beziehung in Abhängigkeit von t_1 und τ:

$$\varphi_{xy}(\tau) = E\left[x(t_1)y(t_1 + \tau)\right] \quad (5.97)$$

Als wesentliche Eigenschaften der Kovarianzfunktionen von Zufallsprozessen sind die folgenden nützlichen Beziehungen zu nennen, wobei bezüglich der Herleitung auf die im Abschnitt 9 aufgeführte Literatur verwiesen wird:

$$\varphi_{zz}(0) = \varphi_{zz}(\tau)_{max} = E\left[z^2\right]$$

$$\varphi_{zz}(-\tau) = \varphi_{zz}(\tau)$$

$$\varphi_{xy}(-\tau) = \varphi_{yx}(\tau)$$

$$\lim_{\tau \to \infty} \varphi_{zz}(\tau) = 0$$

$$\lim_{\tau \to 0} \frac{d\varphi_{zz}(\tau)}{d\tau} = 0 \tag{5.98}$$

Ergodizität als weitere vorausgesetzte Eigenschaft ermöglicht es uns jetzt, von den Berechnungen statistischer Funktionen über mehrere Musterfunktionen des Ensembles eines stochastischen Prozesses zu einem bestimmten Zeitpunkt t_1, also

$$z_1(t_1), z_2(t_1), \ldots, z_N(t_1)$$

überzugehen zur Berechnung der Kovarianzfunktionen über die gesamte Meßdauer t einer einzigen repräsentativen Musterfunktion des Ensembles,

$$z_1(t)$$

was meßtechnisch gesehen natürlich von wesentlichem Vorteil ist. Die Betonung liegt dabei allerdings auf dem Wort **repräsentativ**. Das heißt: die gewonnene Musterfunktion muß einen **statistisch** repräsentativen Querschnitt des Ensembles darstellen. In der Praxis werden nahezu alle Ergebnisse auf der Basis der Annahme stationärer und ergodischer Zeitfolgen aufgrund *einer* Meßaufnahme ermittelt. Aus den Definitionsgleichungen für die Kovarianzfunktionen werden somit unter der Ergodizitätsannahme und der Stationaritätsbedingung mathematisch einfachere Beziehungen, die der folgenden Zusammenstellung entnommen werden können:

$$E[z] = \lim_{T \to \infty} \frac{1}{2T} \int\limits_{-T}^{T} z(t)dt$$

$$E[z^2] = \lim_{T \to \infty} \frac{1}{2T} \int\limits_{-T}^{T} z^2(t)dt$$

$$\varphi_{zz}(\tau) = \lim_{T \to \infty} \frac{1}{2T} \int\limits_{-T}^{T} z(t)z(t+\tau)dt$$

$$\varphi_{xy}(\tau) = \lim_{T \to \infty} \frac{1}{2T} \int\limits_{-T}^{T} x(t)y(t+\tau)dt \tag{5.99}$$

wobei $E[z]$ und $E[z^2]$ die Erwartungswerte von z und z^2 sowie $\varphi_{zz}(\tau)$ die Autokovarianzfunktion von $z(t)$ und $\varphi_{xy}(\tau)$ die Kreuzkovarianzfunktion von $x(t)$ und $y(t)$ darstellen.

Die Gleichungen (5.99) stellen nun zwar eine bedeutende Erleichterung bei der Berechnung der statistischen Größen Mittelwert, Varianz und Kovarianzfunktionen dar, sie sind jedoch bezogen auf kontinuierliche Zeitfunktionen und vornehmlich für theoretische Berechnungen bei Vorliegen geschlossener Zeitfunktionsansätze $z(t)$ anwendbar. Unhandlich sind sie dagegen bei dem, was das eigentliche Ziel des hier vorliegenden Buches sein soll, nämlich bei der statistischen Auswertung digital gemessener Zeitfolgen, die in der diskreten Form

$$\{z_t\}_{t=1...N}$$

durch Abtastung der kontinuierlichen Ereignisse vorliegen. Beträgt das Zeitintervall zwischen zwei diskreten Meßwerten beispielsweise Δt Sekunden, dann resultiert daraus eine Aufzeichnungsrate von $\frac{1}{\Delta t}$ pro Sekunde Meßaufzeichnungszeit also $\frac{1}{\Delta t}$ Hz als Abtastfrequenz. Der auswertbare Frequenzbereich liegt dabei infolge des **Abtasttheorems** zwischen 0 und $\frac{1}{2\Delta t}$, der sogenannten **Nyquist-Frequenz**.

Wie bereits vorher erläutert, lautet dagegen die diskrete Schreibweise zur Berechnung des Mittelwertes $\bar{z}$ und der Varianz σ_z^2 einer Zeitfolge $\{z_t\}_{t=1...N}$ mit N als der Gesamtanzahl Messungen wie folgt:

$$\bar{z} \;=\; \frac{1}{N}\sum_{t=1}^{N} z_t \tag{5.100}$$

$$\sigma_z^2 \;=\; \frac{1}{N-1}\sum_{t=1}^{N}\left(z_t - \bar{z}\right)^2$$

Die Autokovarianzfunktion der diskreten Zeitfolge $\{z_t\}_{t=1...N}$ in einer für den Digitalrechner geeigneten Form für stationäre und ergodische Zeitfolgen ist schließlich in der folgenden Weise definiert, wobei zur weiteren Vereinfachung der Beziehung der Mittelwert $\bar{z}$ als Null vorausgesetzt wird:

$$\varphi_{zz}(k) \;=\; \frac{1}{N-k}\sum_{t=1}^{N-k} z_t z_{t+k} \tag{5.101}$$

mit:

$$k \;=\; 0,1,\ldots,M$$
$$M \;\leq\; \frac{N}{2}$$

Sollte der Mittelwert z_m nicht Null betragen, so ist er wie angegeben zu berechnen und von der Zeitfolge z_t entweder implizit in der Gleichung (5.101) oder explizit vor Anwendung der Gleichung (5.101) zu subtrahieren. Der Parameter k ist dabei der **Verschiebungsparameter**, der dem τ für den kontinuierlichen Fall entspricht, wobei gilt:

$$k = \frac{\tau}{\Delta t}$$

In äquivalenter Weise gestaltet sich die Definitionsgleichung für die Kreuzkovarianzfunktion im diskreten Fall, mit deren Hilfe die statistische Abhängigkeit zweier verschiedener Zeitfolgen voneinander betrachtet werden kann. Gegeben seien folglich zwei diskrete Zeitfolgen

$$\{x_t\}_{t=1\ldots N}$$
$$\{y_t\}_{t=1\ldots N}$$

Die entsprechenden Mittelwerte $\bar{x}$ und $\bar{y}$ sowie die Varianzen σ_x^2 und σ_y^2 dieser Zeitfolgen mit jeweils N als der Gesamtanzahl Messungen berechnen sich in gleicher Weise wie im Falle der vorher allein betrachteten Zeitfolge $\{z_t\}_{t=1\ldots N}$:

$$\bar{x} = \frac{1}{N}\sum_{t=1}^{N} x_t$$

$$\sigma_x^2 = \frac{1}{N-1}\sum_{t=1}^{N} (x_t - \bar{x})^2$$

$$\bar{y} = \frac{1}{N}\sum_{t=1}^{N} y_t$$

$$\sigma_y^2 = \frac{1}{N-1}\sum_{t=1}^{N} (y_t - \bar{y})^2$$

Schließlich ergibt sich für die Kreuzkovarianzfunktion zweier diskreter Zeitfolgen $\{x_t\}_{t=1\ldots N}$ und $\{y_t\}_{t=1\ldots N}$, wobei auch hier zur weiteren Vereinfachung der Beziehung die Mittelwerte $\bar{x}$ und $\bar{y}$ als Null vorausgesetzt werden:

$$\varphi_{xy}(k) = \frac{1}{N-k}\sum_{t=1}^{N-k} x_t y_{t+k}$$

$$k = 0, 1, \ldots, M \quad \text{und} \quad M \leq \frac{N}{2}$$

Der Übergang letztendlich von der Auto- bzw. der Kreuzkovarianzfunktion zu den entsprechenden **Korrelationsfunktionen** gestaltet sich durch einfache Normierung der Kovarianzfunktionen mittels des gemäß Gleichung (5.98) definierten Wertes der Kovarianzfunktion an der Stelle $k = 0$, nämlich

$$\varphi_{zz}(0) = E\left[z^2\right]$$

also für eine mit $E[z] = 0$ mittelwertfreie Zeitfolge z, die hier vorausgesetzt wird, der Varianz σ_z^2, da

$$\sigma_z^2 = E\left[z^2\right] - E\left[z\right]^2 = E\left[z^2\right]$$

bei der Autokorrelationsfunktion $\rho_{zz}(k)$ bzw. in völliger Analogie dazu mittels der Wurzeln aus den Varianzen σ_x^2 und σ_y^2 bei der Kreuzkorrelationsfunktion $\rho_{xy}(k)$:

$$\rho_{zz}(k) = \frac{\varphi_{zz}(k)}{\sigma_z^2}$$

$$\rho_{xy}(k) = \frac{\varphi_{xy}(k)}{\sqrt{\sigma_x^2}\sqrt{\sigma_y^2}} = \frac{\varphi_{xy}(k)}{\sigma_x \sigma_y} \qquad (5.102)$$

Gemäß der ersten Beziehung in den Gleichungen (5.98) ist für $k = 0$ und bei vorausgesetzter mittelwertfreier Zeitfolge der Wert der Autokovarianzfunktion $\varphi_{zz}(0)$ gleich dem Erwartungswert $E\left[z^2\right]$, also für diskrete, ergodische und stationäre Zeitfolgen gilt:

$$\varphi_{zz}(0) \;=\; \frac{1}{N}\sum_{t=1}^{N}(z_t)^2 \tag{5.103}$$

$$=\; \frac{1}{N}\sum_{t=1}^{N}(z_t - \bar{z})^2 \tag{5.104}$$

$$\approx\; \frac{1}{N-1}\sum_{t=1}^{N}(z_t - \bar{z})^2 \tag{5.105}$$

$$\approx\; \sigma_z^2 \tag{5.106}$$

da $\bar{z} = 0$ und für große N die Annahme $N \approx N - 1$ getroffen werden kann. Damit folgt für die Autokorrelationsfunktion $\rho_{zz}(k)$ für $k = 0$:

$$\rho_{zz}(0) \;=\; \frac{\varphi_{zz}(0)}{\sigma_z^2} \tag{5.107}$$

$$=\; \frac{\sigma_z^2}{\sigma_z^2} = 1 \tag{5.108}$$

Die Autokorrelationsfunktion ist also stets auf 1 normiert, wobei sie diese Zahl bei der „Verschiebung" $k = 0$ als jeweils ersten Wert annimmt.

Die in den Gleichungen (5.98) für die Kovarianzfunktionen angegebenen Eigenschaften sind für die Korrelationsfunktionen in gleicher Weise gültig. Zusätzlich gelten die folgenden wichtigen Grundsätze:

Periodische Zeitfunktionen oder Zeitfolgen ergeben periodische Kovarianz- bzw. Korrelationsfunktionen.

Einer Kovarianz- bzw. Korrelationsfunktion entsprechen unendlich viele Zeitfunktionen oder Zeitfolgen. Das bedeutet: die Phaseninformation geht bei der Berechnung der Kovarianz- bzw. Korrelationsfunktionen verloren.

Es soll nunmehr anhand eines einfachen und überschaubaren Falles das Grundprinzip und der große Nutzen der Berechnung der Korrelationsfunktion demonstriert werden. Die vergleichsweise geringe Anzahl $N = 25$ von zugrundegelegten Meßdaten wurde zur besseren Überschaubarkeit gewählt. Sie hat dabei natürlich den Nachteil einer relativ begrenzten Genauigkeit der Rechenverfahren. Allerdings liegen die Ergebnisse trotz der geringen Anzahl von Daten so nahe am theoretisch „richtigen" Resultat, daß diese Ungenauigkeiten zugunsten der Übersichtlichkeit hingenommen werden können. Man sollte sich jedoch, wie in allen Bereichen der Statistik, darüber im klaren sein, daß nur eine genügend große Datenbasis die Gewähr zuverlässiger Ergebnisse bei der Anwendung der Korrelationstechniken bietet.

Gegeben seien folglich 25 Meßdaten

$$\{z_t\}_{t=1...25}$$

die der folgenden Tabelle entnommen werden können, wobei t hier in $[s]$ gemessen sei und z_t beispielsweise die Messung einer Beschleunigungsgröße in $\left[\frac{m}{s^2}\right]$ darstellt:

t	z_t
1	0,0
2	5,0
3	8,7
4	10,0
5	8,7
6	5,0
7	0,0
8	- 5,0
9	- 8,7
10	-10,0
11	- 8,7
12	- 5,0
13	0,0
14	5,0
15	8,7
16	10,0
17	8,7
18	5,0
19	0,0
20	- 5,0
21	- 8,7
22	-10,0
23	- 8,7
24	- 5,0
25	0,0

Tab. 5.9: Meßgrößen z_t des Beispiels einer periodischen Zeitfolge

Zunächst interessiert uns die Berechnung des Mittelwertes von z_t:

$$\bar{z} = \frac{1}{25} \sum_{t=1}^{25} z_t \qquad (5.109)$$

$$\bar{z} = 0$$

$\bar{z}$, der Mittelwert, ist also 0. Die Tabellenwerte lassen im übrigen auf eine symmetrische, periodische Funktion schließen.

Wir sehen uns als nächstes diese Funktion einmal im Bild 5.8 oben graphisch dargestellt an.

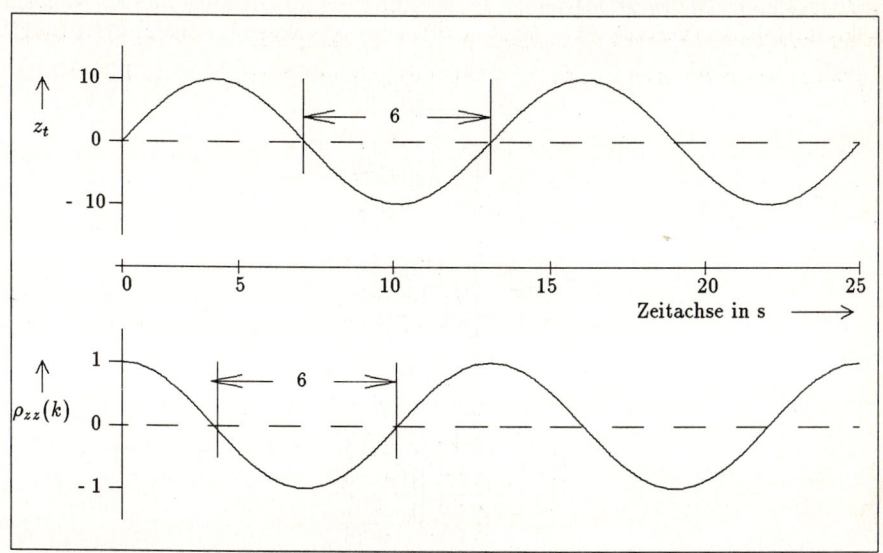

Bild 5.8: Zeitfolge z_t und Autokorrelationsfunktion

Es handelt sich also um eine Sinusfunktion. Aufgetragen im Bild 5.8 oben sind 25 Funktionswerte bei der Betrachtung eines Meßabschnittes von $25\,s$, was einer Aufzeichnungsrate von 1 Hz entspricht.

Weiter interessiert uns der Wert für die Varianz der Zeitfolge z_t:

$$\sigma_z^2 = \frac{1}{24} \sum_{t=1}^{25} (z_t - \bar{z})^2$$

$$\sigma_z^2 = \frac{1}{24} \sum_{t=1}^{25} (z_t)^2$$

$$\sigma_z^2 = 50,2$$

Die Resultate der Berechnung der Werte für die Kovarianzfunktion $\varphi_{zz}(k)$ nach der Gleichung (5.101)

$$\varphi_{zz}(k) = \frac{1}{N-k} \sum_{t=1}^{N-k} z_t z_{t+k}$$

$$\varphi_{zz}(k) = \frac{1}{25-k} \sum_{t=1}^{25-k} z_t z_{t+k}$$

mit:

$$k = 0, 1, \ldots, M$$

$$M \leq \frac{25}{2} = 12,5$$

können der nächsten Tabelle entnommen werden, wobei wir sehen, daß die Werte des Verschiebungsparameters k von 0 bis 12 reichen. Das bedeutet, die zu erhaltenen Autokovarianzfunktionswerte sind nur maximal bis zur Hälfte der Anzahl der zugrundegelegten Meßwerte definiert. In der Tabelle sind ebenfalls bereits eingetragen die mittels der Varianz $\sigma_z^2 = 50,2$ normierten Autokorrelationsfunktionswerte

$$\rho_{zz}(k) = \frac{\varphi_{zz}(k)}{\sigma_z^2}$$

$$\rho_{zz}(k) = \frac{\varphi_{zz}(k)}{50,2}$$

k	$\varphi_{zz}(k)$	$\rho_{zz}(k)$
0	48,2	0,96
1	43,5	0,87
2	27,3	0,54
3	4,0	0,08
4	-20,3	-0,41
5	-39,2	-0,78
6	-47,6	-0,95
7	-43,5	-0,87
8	-28,1	-0,56
9	- 5,4	-0,11
10	18,4	0,37
11	37,3	0,74
12	46,4	0,92

Tab 5.10: Autokovarianzfunktionswerte $\varphi_{zz}(k)$ und
Autokorrelationsfunktionswerte $\rho_{zz}(k)$ des Beispiels
einer periodischen Zeitfolge

Die Werte der Autokorrelationsfunktion $\rho_{zz}(k)$ aus der vorangegangenen Tabelle bezogen auf die Zeitfolge z_t des Beispiels im Bild 5.7 oben sind im Bild 5.7 unten dargestellt. Das Resultat zeigt vor allem, daß das periodische Verhalten der Zeitfolge bei der Berechnung der Autokorrelationsfunktion unter Beibehaltung der Periode der Halbschwingung von 6 s zum Ausdruck gelangt.

Es sei allerdings angemerkt, daß die Phaseninformation der Zeitfolge nach Berechnung der Autokorrelationsfunktionswerte verloren geht. Zu der im Bild 5.7 aufgetragenen Autokorrelationsfunktion gehören somit beliebig viele periodische Zeitfolgen der Schwingungsdauer 12 s. Der Wert für die mit der Varianz normierte Korrelationsfunktion an der Stelle $\tau = 0$ ist, wie aus obiger Tabelle hervorgeht, wegen der geringen Anzahl N von bei der Auswertung berücksichtigten Meßwerten mit 0,96 ermittelt worden. Je größer die Zahl N jedoch gewählt wird, desto mehr nähert sich der erste Wert der Autokorrelationsfunktion der 1 an. Dies liegt an dem mit $N - 1$ definierten Nenner der Bestimmungsgleichung für die Varianz im Gegensatz zum mit N definierten Nenner der Beziehung zur Berechnung der Autokorrelationsfunktion.

Theoretisch exakt lautet unser Beispiel einer Zeitfolge z_t im Bild 5.7:

$$z_t = A\sin(\omega_0 t + \theta) = 10\sin(\frac{\pi}{6}t - \frac{\pi}{6}) \qquad (5.110)$$

Für den Erwartungswert von $E[z^2]$ ergibt sich unter Einsetzen der vorhergehenden Gleichung (5.110):

$$E[z^2] = \lim_{T\to\infty} \frac{1}{2T} \int_{-T}^{T} z^2(t)dt = \frac{A^2}{2} = 50 \qquad (5.111)$$

Der Mittelwert für z_t berechnet sich mit

$$E[z] = \lim_{T\to\infty} \frac{1}{2T} \int_{-T}^{T} z(t)dt = 0 \qquad (5.112)$$

Damit ist die Varianz der Zeitfolge des Beispiels gleich dem Erwartungswert $E[z^2] = 50$. Dieses theoretisch berechnete Ergebnis zeigt, daß trotz der vergleichsweise geringen Anzahl von zugrundegelegten Meßdaten bei der diskreten Behandlung mit einem Ergebnis von $50,2$ eine ausreichende Genauigkeit erzielt werden kann.

Schließlich errechnet sich die Autokovarianzfunktion $\varphi_{zz}(\tau)$ für das Beispiel zu

$$\varphi_{zz}(\tau) = \lim_{T\to\infty} \frac{1}{2T} \int_{-T}^{T} z(t)z(t+\tau)dt = \frac{A^2}{2}\cos\omega_0\tau = 50\cos\frac{\pi}{6}\tau \qquad (5.113)$$

sowie die entsprechende Autokorrelationsfunktion

$$\rho_{zz}(\tau) = \frac{\varphi_{zz}(\tau)}{\sigma_z^2} = \cos\frac{\pi}{6}\tau \qquad (5.114)$$

wobei sich bei der graphischen Darstellung keine erkennbaren Unterschiede zwischen der zuletzt vorgenommenen theoretischen und der vorher gezeigten diskreten Berechnung auf der Basis von nur 25 Meßwerten ergeben.

Die Periodizität der Autokorrelationsfunktion ist kein Widerspruch zu der vorher vorgestellten Eigenschaft dieser Funktion bei der Analyse von stochastischen Prozessen:

$$\lim_{\tau\to\infty} \varphi_{zz}(\tau) = 0 \qquad (5.115)$$

Die Modellvorstellung einer periodischen Zeitfolge ist nämlich im klassischen Sinne deterministisch und gerade *nicht* stochastisch. Insofern gilt die Aussage in Gleichung (5.115) nicht für das hier benutzte Modell. Dennoch nützt es uns bei der beispielhaften Anwendung der Analyseverfahren und der Demonstration der Idee, die hinter den Verfahren steht.

Wichtig ist vor allem der schon vorher geäußerte Hinweis, daß die zu analysierende Zeitfolge mittelwertfrei sein muß. Ist sie dies nicht, so ist der Mittelwert zu subtrahieren, was eine einfache Operation bei einem konstanten Mittelwert darstellt, jedoch ungleich komplizierter zu bewerkstelligen ist, wenn der Mittelwert zeitlich variiert, die statistischen Kenngrößen somit also nicht mehr als konstant und damit als stationär angenommen werden können. Dafür gibt es jedoch die Möglichkeit der Eleminierung des **Trends**, also des zeitlich variierenden Mittelwerts, worauf im Abschnitt 6. näher eingegangen wird.

Einen weiteren wichtigen Fall stellt das **Weiße Rauschen** dar, ein stochastischer Prozeß, der gänzlich unkorreliert und mittelwertfrei ist.

Die Autokorrelationsfunktion des weißen Rauschens ist mit

$$\rho_{zz}(\tau) = 1 \qquad \tau = 0$$
$$\rho_{zz}(\tau) = 0 \qquad \tau \neq 0$$

definiert.

Die Autokovarianzfunktion bei $\tau = 0$ und damit auch die Varianz dieses Prozesses sind als unendlich anzunehmen, was physikalisch nicht realisierbar ist. Dennoch stellt dieser Prozeß des weißen Rauschens ein wichtiges und zentrales Element der statistischen Analyse, vor allem aber der Modellierung stochastischer Prozesse ganz allgemein dar. Dabei kann eine ganze Reihe dieser Prozesse durch Anregung spezieller Filter durch weißes Rauschen generiert werden, was uns noch im Abschnitt 7. beschäftigen wird.

Betrachten wir trotz des Wissens um die Nichtrealisierbarkeit des weißen Rauschens im Bild 5.9 eine Anzahl von 25 Zufallsmeßdaten eines Rauschprozesses und berechnen exemplarisch Mittelwert, Varianz und Autokorrelationsfunktion dieser Zeitfolge und vergleichen sie mit den theoretisch für weißes Rauschen zu erwartenden Ergebnissen.

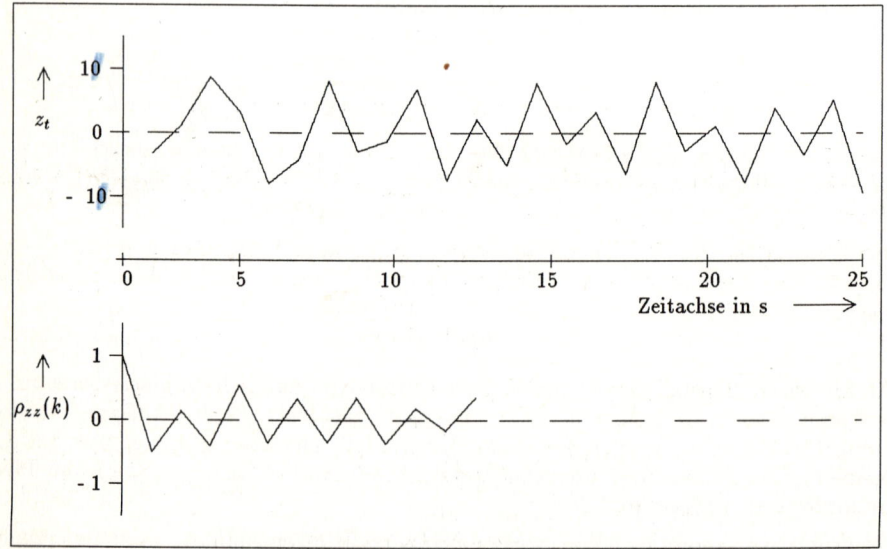

Bild 5.9: Zeitfolge z_t und Autokorrelationsfunktion ρ_{zz}

Die im Bild 5.9 dargestellten 25 Werte der Zeitfolge z_t für einen Rauschprozeß zwischen -1 und $+1$ sind in der folgenden Tabelle zahlenmäßig erfaßt:

t	z_t
1	-0,32
2	0,13
3	0,87
4	0,33
5	-0,79
6	-0,42
7	0,81
8	-0,29
9	-0,13
10	0,68
11	-0,74
12	0,22
13	-0,51
14	0,78
15	-0,17
16	0,33
17	-0,64
18	0,80
19	-0,28
20	0,11
21	-0,77
22	0,39
23	-0,34
24	0,52
25	-0,94

Tab. 5.11: Meßgrößen z_t des Beispiels eines Rauschprozesses

Als Mittelwert dieser mit 25 Meßwerten sehr begrenzten Zeitfolge erhalten wir den Wert von:

$$\bar{z} = \frac{1}{25} \sum_{t=1}^{25} z_t \qquad (5.116)$$

$$\bar{z} = 0,02$$

Für die Varianz erhalten wir den Wert:

$$\sigma_z^2 = \frac{1}{24} \sum_{t=1}^{25} (z_t - \bar{z})^2$$

$$\sigma_z^2 = \frac{1}{24} \sum_{t=1}^{25} (z_t - 0,02)^2$$

$$\sigma_z^2 = 0,33$$

Abschließend betrachten wir in der folgenden Tabelle die Ergebnisse der Berechnung der Kovarianz- sowie der Korrelationsfunktionswerte für den im Bild 5.9 oben dargestellten Rauschprozeß. Die Korrelationsfunktionswerte sind graphisch im Bild 5.9 unten aufgetragen.

k	$\varphi_{zz}(k)$	$\rho_{zz}(k)$
0	0,31	0,94
1	-0,07	-0,21
2	0,06	0,18
3	-0,12	-0,36
4	0,17	0,52
5	-0,11	-0,33
6	0,10	0,30
7	-0,11	-0,33
8	0,12	0,36
9	-0,11	-0,33
10	0,06	0,18
11	-0,03	-0,09
12	0,11	0,33

Tab. 5.12: Autokovarianzfunktionswerte $\varphi_{zz}(k)$ und
Autokorrelationsfunktionswerte $\rho_{zz}(k)$ des Beispiels
eines Rauschprozesses

Der Darstellung der Autokorrelationsfunktion für den Rauschprozeß unseres Beispieles im Bild 5.9 ist zu entnehmen, daß auch hier der erste Funktionswert bei etwa 1, aber wegen der zu geringen Anzahl von Meßwerten N nicht genau bei 1 liegt. Zu erwarten wäre dann ein Abfallen der Funktion auf 0 gewesen, hätte es sich um weißes Rauschen im theoretischen Sinne gehandelt. Die Funktion unseres Beispieles schwankt jedoch um 0 herum zwischen doch deutlich von 0 verschiedenen Werten. Offensichtlich sind in dem im Bild 5.9 oben dargestellten Rauschprozeß nicht nur zufällige Anteile enthalten, die sich bei der Berechnung der Autokorrelationsfunktion herausgemittelt hätten, sondern hochfrequente deterministische Anteile, die bei bloßer Betrachtung der Zeitfolge des Rauschens nicht unmittelbar erkennbar waren, die jedoch mit Hilfe der Autokorrelationsfunktion extrahiert und damit analysiert werden konnten. Somit haben wir auf diesem Wege eine Möglichkeit kennengelernt, die unter Anwendung der Korrelationstechnik eine beliebige Zeitfolge daraufhin untersuchen kann, ob zumindest eine Annäherung an weißes Rauschen vorliegt, also ein stochastischer Prozeß, der alle Frequenzen gleichmäßig enthält, oder **farbiges Rauschen**, bei dem bestimmte Frequenzen häufiger vertreten sind als andere. Wie diese Aussage im Frequenzbereich anschaulich vermittelt werden kann, wird uns im Abschnitt 5.3 beschäftigen.

Mit Hilfe der Autokorrelationsfunktion waren somit innere Abhängigkeiten von Zeitfolgen analysierbar. Weißes Rauschen hatte nur zum Verschiebungszeitpunkt 0 eine Abhängigkeit aufzuweisen, was natürlich so sein muß, denn bei einer Verschiebung von $\tau = 0$ bzw. $k = 0$ sind die Signaldaten $z(t)$ und $z(t + \tau)$ bzw. z_t und z_{t+k} identisch und damit voneinander maximal abhängig.

Zu allen anderen Verschiebungszeiten ist keinerlei Abhängigkeit mehr feststellbar. Die Meßwerte des weißen Rauschens sind also, wie es seine Definition auch nicht anders erwarten läßt, gänzlich unkorreliert. Bei einer periodischen Zeitfolge, wie die der Sinusfunktion, erhält man mittels der Korrelationsanalyse das Ergebnis, daß die Meßwerte mit der gleichen Periodendauer miteinander korreliert sind, also zueinander in Beziehung stehen, wie sie die zu analysierende Zeitfolge selbst aufweist. Bei einer verrauschten periodischen Zeitfolge werden bei der Korrelationsanalyse die, unkorrelierten, Rauschanteile eliminiert. Übrig bleiben lediglich die periodischen, korrelierten, Anteile und gegebenenfalls die korrelierten Rauschanteile. Mit Hilfe der Korrelationsanalyse lassen sich somit korrelierte Anteile einer Zeitfolge extrahieren und im Zeitbereich darstellen, durch geeignete Transformationen auch im Frequenzbereich, worauf im Abschnitt 5.3 näher eingegangen wird.

Eine Erweiterung der möglichen Rückschlüsse auf innere Abhängigkeiten zweier verschiedener Zeitfolgen läßt die Anwendung der Kreuzkorrelationsfunktion zu. Zwei gänzlich unkorrelierte Zeitfolgen wie zum Beispiel die einer Cosinusfunktion und eines dem weißen Rauschen weitgehend angenäherten mittelwertfreien Rauschprozesses ergeben eine Kreuzkorrelationsfunktion, die nicht von 0 verschieden ist. Dagegen würde jede auch noch so begrenzte Abhängigkeit von zwei Zeitfolgen in einer von 0 zu unterscheidenden Kreuzkorrelationsfunktion resultieren, wobei aber der Maximalwert dieser Kreuzkorrelationsfunktion im Gegensatz zur Autokorrelationsfunktion nicht an der Stelle $\tau = 0$ bzw. $k = 0$ sein muß, sondern an einer beliebigen Stelle τ bzw. k auftreten kann, nämlich der, die die maximale Abhängigkeit der zwei Zeitfolgen aufweist.

5.2.4 Mehrdimensionale Korrelation

Nachdem im vorigen Abschnitt schon im Zusammenhang mit der Definition und Anwendung der Kreuzkovarianzfunktion gemäß Gleichung (5.102) unter Betrachtung zweier Zeitfolgen von zweidimensionalen Korrelationen die Rede war, soll dieser erste Schritt nunmehr in einer Verallgemeinerung auf eine beliebige Anzahl von Zufallsvariablen erweitert werden. Es sei also die Aufgabe gestellt, eine beliebige Anzahl gegebener Zeitfolgen statistisch mit Hilfe von Auto- und Kreuzkorrelationsfunktionen auf ihre inneren Abhängigkeiten zu sich selbst und zu den jeweils anderen Zeitfolgen hin zu untersuchen, wobei wir uns auf den diskreten Fall beschränken wollen, der den Vorteil der Nutzung von Matrizen und deren bequeme Umsetzung in Digitalrechnern aufweist. Gegeben seien die folgenden Zeitfolgen:

$$\{x_t\}_{t=1,\ldots,N} = (x_1,\ldots,x_N)$$
$$\{y_t\}_{t=1,\ldots,N} = (y_1,\ldots,y_N)$$
$$\{z_t\}_{t=1,\ldots,N} = (z_1,\ldots,z_N)$$
$$\vdots$$

usw.

Diese Zeitfolgen seien ausnahmslos mittelwertfrei, also a priori mittelwertfrei oder vor Ausführung der Korrelationsanalyse zum Beispiel durch Anwendung des im

Abschnitt 6. vorgestellten Trendfilters vom Mittelwert befreit. Es gilt somit:

$$\bar{x} = \bar{y} = \bar{z} = \ldots = 0$$

Die Varianzen der Zeitfolgen berechnen sich nach der bekannten Beziehung zu:

$$\sigma_x^2 = \frac{1}{N-1} \sum_{i=1}^{N} (x_i - \bar{x})^2$$

$$= \frac{1}{N-1} \sum_{i=1}^{N} x_i^2$$

$$\sigma_y^2 = \frac{1}{N-1} \sum_{i=1}^{N} (y_i - \bar{y})^2$$

$$= \frac{1}{N-1} \sum_{i=1}^{N} y_i^2$$

$$\sigma_z^2 = \frac{1}{N-1} \sum_{i=1}^{N} (z_i - \bar{z})^2$$

$$= \frac{1}{N-1} \sum_{i=1}^{N} z_i^2$$

$$\vdots$$

usw.

Die Standardabweichungen resultieren aus den Varianzen wie folgt:

$$\sigma_x = \sqrt{\sigma_x^2}$$

$$\sigma_y = \sqrt{\sigma_y^2}$$

$$\sigma_z = \sqrt{\sigma_z^2}$$

$$\vdots$$

usw.

Berechnet werden dazu nun die Autokovarianzfunktionen

$$\varphi_{xx}(k), \varphi_{yy}(k), \varphi_{zz}(k), \ldots$$

sowie die Kreuzkovarianzfunktionen

$$\varphi_{xy}(k), \varphi_{xz}(k), \varphi_{yx}(k), \varphi_{yz}(k), \varphi_{zx}(k), \varphi_{zy}(k), \ldots$$

In allgemeiner Matrixschreibweise und unter Heranziehung der Gleichungen (5.101) und (5.102) erhalten wir zusammengefaßt:

$$
\begin{pmatrix}
\varphi_{xx}(k) & \varphi_{xy}(k) & \varphi_{xz}(k) & \cdots \\
\varphi_{yx}(k) & \varphi_{yy}(k) & \varphi_{yz}(k) & \cdots \\
\varphi_{zx}(k) & \varphi_{zy}(k) & \varphi_{zz}(k) & \cdots \\
\vdots & \vdots & \vdots & \vdots
\end{pmatrix} =
$$

$$
= \frac{1}{N-k}
\begin{pmatrix}
x_1 & x_2 & \cdots & x_{N-k} \\
y_1 & y_2 & \cdots & y_{N-k} \\
z_1 & z_2 & \cdots & z_{N-k} \\
\vdots & \vdots & \vdots & \vdots
\end{pmatrix}
\cdot
\begin{pmatrix}
x_{1+k} & y_{1+k} & z_{1+k} & \cdots \\
x_{2+k} & y_{2+k} & z_{2+k} & \cdots \\
\vdots & \vdots & \vdots & \vdots \\
x_N & y_N & z_N & \cdots
\end{pmatrix}
\qquad (5.117)
$$

mit

$$
k = 0, 1, 2, \ldots, M \; ; \qquad M \leq \frac{N}{2}
$$

Unter Verwendung der folgenden Abkürzungen folgt für die Gleichung (5.117)

$$
\boldsymbol{\Phi} =
\begin{pmatrix}
\varphi_{xx}(k) & \varphi_{xy}(k) & \varphi_{xz}(k) & \cdots \\
\varphi_{yx}(k) & \varphi_{yy}(k) & \varphi_{yz}(k) & \cdots \\
\varphi_{zx}(k) & \varphi_{zy}(k) & \varphi_{zz}(k) & \cdots \\
\vdots & \vdots & \vdots & \vdots
\end{pmatrix}
\qquad (5.118)
$$

$$
\boldsymbol{A} =
\begin{pmatrix}
x_1 & x_2 & \cdots & x_{N-k} \\
y_1 & y_2 & \cdots & y_{N-k} \\
z_1 & z_2 & \cdots & z_{N-k} \\
\vdots & \vdots & \vdots & \vdots
\end{pmatrix}
\qquad (5.119)
$$

$$
\boldsymbol{B} =
\begin{pmatrix}
x_{1+k} & y_{1+k} & z_{1+k} & \cdots \\
x_{2+k} & y_{2+k} & z_{2+k} & \cdots \\
\vdots & \vdots & \vdots & \vdots \\
x_N & y_N & z_N & \cdots
\end{pmatrix}
\qquad (5.120)
$$

$$
\boldsymbol{\Phi} = \frac{1}{N-k}\boldsymbol{A} \cdot \boldsymbol{B}
\qquad (5.121)
$$

Die Matrix $\boldsymbol{\Phi}$ der Kovarianzfunktionen lautet schließlich in Termen der Korrelationsfunktionen:

$$
\boldsymbol{\Phi} =
\begin{pmatrix}
\rho_{xx}(k)\sigma_x^2 & \rho_{xy}(k)\sigma_x\sigma_y & \rho_{xz}(k)\sigma_x\sigma_z & \cdots \\
\rho_{yx}(k)\sigma_y\sigma_x & \rho_{yy}(k)\sigma_y^2 & \rho_{yz}(k)\sigma_y\sigma_z & \cdots \\
\rho_{zx}(k)\sigma_z\sigma_x & \rho_{zy}(k)\sigma_z\sigma_y & \rho_{zz}(k)\sigma_z^2 & \cdots \\
\vdots & \vdots & \vdots & \vdots
\end{pmatrix}
\qquad (5.122)
$$

wobei diese Umwandlung auf die in Gleichung (5.102) benutzten Definitionsgleichungen der Auto- und Kreuzkorrelationsfunktionen unter Normierung der entsprechenden Auto- und Kreuzkovarianzfunktionen mit den jeweiligen Varianzen bzw.

Produkten der Standardabweichungen zurückgeht:

$$\varphi_{xx}(k) = \rho_{xx}(k)\sigma_x^2$$
$$\varphi_{xy}(k) = \rho_{xy}(k)\sigma_x\sigma_y$$
$$\vdots$$

Mit Hilfe der Gleichung (5.121) lassen sich somit für eine beliebige Anzahl von zu analysierenden Zeitfolgen sämtliche Auto- und Kreuzkorrelationsfunktionen schnell und übersichtlich angeben.

Betrachten wir dazu als Beispiel zwei gegebene Zeitfolgen

$$\{x\}_{t=1,\dots,N} \qquad \{y\}_{t=1,\dots,N}$$

Unter Benutzung der Gleichung (5.121) sollen die jeweiligen Auto- und Kreuzkorrelationsfunktionen berechnet werden. Die Matrix $\boldsymbol{\Phi}$ lautet dann für den zweidimensionalen Fall:

$$\boldsymbol{\Phi} = \begin{pmatrix} \varphi_{xx}(k) & \varphi_{xy}(k) \\ \varphi_{yx}(k) & \varphi_{yy}(k) \end{pmatrix} = \begin{pmatrix} \rho_{xx}(k)\sigma_x^2 & \rho_{xy}(k)\sigma_x\sigma_y \\ \rho_{yx}(k)\sigma_y\sigma_x & \rho_{yy}(k)\sigma_y^2 \end{pmatrix} \qquad (5.123)$$

Die Matrix $\boldsymbol{A}$ wird für unser Beispiel zu

$$\boldsymbol{A} = \begin{pmatrix} x_1 & x_2 & \dots & x_{N-k} \\ y_1 & y_2 & \dots & y_{N-k} \end{pmatrix} \qquad (5.124)$$

und die Matrix $\boldsymbol{B}$ errechnet sich zu

$$\boldsymbol{B} = \begin{pmatrix} x_{1+k} & y_{1+k} \\ x_{2+k} & y_{2+k} \\ \vdots & \vdots \\ x_N & y_N \end{pmatrix} \qquad (5.125)$$

Damit wird $\boldsymbol{\Phi}$ unter Anwendung der Regeln der Matrizenmultiplikation zu

$$\boldsymbol{\Phi} = \begin{pmatrix} \rho_{xx}(k)\sigma_x^2 & \rho_{xy}(k)\sigma_x\sigma_y \\ \rho_{yx}(k)\sigma_y\sigma_x & \rho_{yy}(k)\sigma_y^2 \end{pmatrix} \qquad (5.126)$$

$$\boldsymbol{\Phi} = \frac{1}{N-k}\boldsymbol{A}\cdot\boldsymbol{B} \qquad (5.127)$$

$$\boldsymbol{\Phi} = \frac{1}{N-k}\begin{pmatrix} x_1 & x_2 & \dots & x_{N-k} \\ y_1 & y_2 & \dots & y_{N-k} \end{pmatrix} \cdot \begin{pmatrix} x_{1+k} & y_{1+k} \\ x_{2+k} & y_{2+k} \\ \vdots & \vdots \\ x_N & y_N \end{pmatrix} \qquad (5.128)$$

$$\boldsymbol{\Phi} = \frac{1}{N-k}\begin{pmatrix} \displaystyle\sum_{t=1}^{N-k} x_t x_{t+k} & \displaystyle\sum_{t=1}^{N-k} x_t y_{t+k} \\ \displaystyle\sum_{t=1}^{N-k} y_t x_{t+k} & \displaystyle\sum_{t=1}^{N-k} y_t y_{t+k} \end{pmatrix} \qquad (5.129)$$

Vergleichen wir die Elemente der Matrix für $\boldsymbol{\Phi}$ in Gleichung (5.126) und Gleichung (5.129) miteinander, so erhalten wir letztendlich als Ergebnis

$$\varphi_{xx}(k) \;=\; \rho_{xx}(k)\sigma_x^2 = \frac{1}{N-k}\sum_{t=1}^{N-k} x_t x_{t+k} \qquad (5.130)$$

$$\varphi_{xy}(k) \;=\; \rho_{xy}(k)\sigma_x\sigma_y = \frac{1}{N-k}\sum_{t=1}^{N-k} x_t y_{t+k} \qquad (5.131)$$

$$\varphi_{yx}(k) \;=\; \rho_{yx}(k)\sigma_y\sigma_x = \frac{1}{N-k}\sum_{t=1}^{N-k} y_t x_{t+k} \qquad (5.132)$$

$$\varphi_{yy}(k) \;=\; \rho_{yy}(k)\sigma_y^2 = \frac{1}{N-k}\sum_{t=1}^{N-k} y_t y_{t+k} \qquad (5.133)$$

Dieses Ergebnis für den zweidimensionalen Fall unter Anwendung der allgemeinen Gleichung (5.121) ist identisch mit den Beziehungen (5.101) bzw. (5.102) im Abschnitt 5.2.3 als wir uns mit der Herleitung der Kovarianzfunktionen beschäftigten. Schließlich ergibt sich als Endresultat für die gesuchten Korrelationsfunktionen

$$\rho_{xx}(k) \;=\; \frac{1}{N-k}\frac{1}{\sigma_x^2}\sum_{t=1}^{N-k} x_t x_{t+k} \qquad (5.134)$$

$$\rho_{xy}(k) \;=\; \frac{1}{N-k}\frac{1}{\sigma_x\sigma_y}\sum_{t=1}^{N-k} x_t y_{t+k} \qquad (5.135)$$

$$\rho_{yx}(k) \;=\; \frac{1}{N-k}\frac{1}{\sigma_y\sigma_x}\sum_{t=1}^{N-k} y_t x_{t+k} \qquad (5.136)$$

$$\rho_{yy}(k) \;=\; \frac{1}{N-k}\frac{1}{\sigma_y^2}\sum_{t=1}^{N-k} y_t y_{t+k} \qquad (5.137)$$

5.3 Zusammenhang von Zeit- und Frequenzbereich

Während im Abschnitt 5.2 mit Hilfe von Kovarianz- bzw. Korrelationsfunktionen die statistischen Eigenschaften von Zeitfunktionen bzw. Zeitfolgen im Zeitbereich beschrieben werden konnten, ist es oftmals von großem Interesse, die Eigenschaften der Zeitfunktionen im **Frequenzbereich** zu untersuchen.

Nehmen wir das Beispiel einer Sinusfunktion, für das ermittelt worden war, daß die Kovarianzfunktion ebenfalls periodische Eigenschaften mit der gleichen Kreisfrequenz ω_0 wie die Zeitfunktion selbst aufweist. Bei der statistischen Charakterisierung im Frequenzbereich dieser als Sinusfunktion vorgegebenen Zeitfolge müßte ja sehr anschaulich genau an der Stelle der Kreisfrequenz ω_0 ein Maximum auftreten. Um uns dieser gewünschten Betrachtung zu nähern, benötigen wir zunächst die folgenden Überlegungen: Einen mathematischen Zusammenhang zwischen der Kovarianzfunktion $\varphi_{zz}(\tau)$ und der sogenannten **Spektralen Leistungsdichte** oder auch **Leistungsspektrum** $\Theta_{zz}(\omega)$ stellt das **Wiener-Khintchine-Theorem** her. Diese Leistungsdichte ist definiert als die Fouriertransformierte der Autokovarianzfunktion mit:

$$\Theta_{zz}(\omega) = \int\limits_{-\infty}^{+\infty} \varphi_{zz}(\tau)e^{-j\omega\tau}d\tau \qquad (5.138)$$

$\Theta_{zz}(\omega)$ stellt dann das Leistungsdichtespektrum eines Zufallsprozesses z_t dar, dessen Autokovarianzfunktion mit $\varphi_{zz}(\tau)$ definiert ist, und beschreibt die Leistungsverteilung von z_t im Frequenzbereich. Auch die inverse Transformation zu Gleichung (5.138) ist gegeben durch die Beziehung

$$\varphi_{zz}(\tau) = \frac{1}{2\pi} \int\limits_{-\infty}^{+\infty} \Theta_{zz}(\omega)e^{j\omega\tau}d\omega \qquad (5.139)$$

wobei für $\tau = 0$ als wichtige Beziehung daraus resultiert

$$\varphi_{zz}(0) = E[z^2] = \frac{1}{2\pi} \int\limits_{-\infty}^{+\infty} \Theta_{zz}(\omega)d\omega \qquad (5.140)$$

Bei Integration über die spektrale Leistungsdichte erhält man also den Wert der Kovarianzfunktion an der Stelle $\tau = 0$, der für eine mittelwertfreie Zeitfolge und bei großer Anzahl von Meßwerten etwa der Varianz entspricht. Entsprechende Überlegungen führen bei Zugrundelegung der Kreuzkovarianzfunktion zweier Zeitfolgen x_t und y_t zur Definition der **Kreuzleistungsdichte**, die die Fouriertransformierte der Kreuzkovarianzfunktion darstellt:

$$\Theta_{xy}(\omega) = \int\limits_{-\infty}^{+\infty} \varphi_{xy}(\tau)e^{-j\omega\tau}d\tau \qquad (5.141)$$

Die Exponentialfunktion in Gleichung (5.138) läßt sich noch durch die trigonometrischen Funktionen ersetzen:

$$\Theta_{zz}(\omega) = \int\limits_{-\infty}^{+\infty} \varphi_{zz}(\tau)\cos(\omega\tau)d\tau - j \int\limits_{-\infty}^{+\infty} \varphi_{zz}(\tau)\sin(\omega\tau)d\tau \qquad (5.142)$$

Da der zweite Integrand eine ungerade Funktion von τ ist, ergibt das Integral den Wert Null und die Gleichung (5.142) vereinfacht sich zu

$$\Theta_{zz}(\omega) = \int\limits_{-\infty}^{+\infty} \varphi_{zz}(\tau)\cos(\omega\tau)d\tau \qquad (5.143)$$

Die Gleichung (5.143) beschreibt die Berechnung der spektralen Leistungsdichte für einen kontinuierlichen Zufallsprozeß, also für eine **Zeitfunktion**. Für diskrete

Prozesse, also für eine **Zeitfolge**, wird aus dieser Formulierung in Gleichung (5.143) die folgende Beziehung

$$\Theta_{zz}(\omega) = \lim_{M \to \infty} \sum_{k=-M}^{+M} \varphi_{zz}(k) \cos(\omega k) \qquad (5.144)$$

Da darüber hinaus

$$\cos(\omega k) = \cos(-\omega k) \qquad (5.145)$$

und

$$\varphi_{zz}(k) = -\varphi_{zz}(k) \qquad (5.146)$$

wird Gleichung (5.144) zu

$$\Theta_{zz}(\omega) = \lim_{M \to \infty} \left[\varphi_{zz}(0) + 2 \sum_{k=1}^{+M} \varphi_{zz}(k) \cos(\omega k) \right] \qquad (5.147)$$

Falls die Summe in Gleichung (5.147) konvergiert, existiert ein hinreichend großes M, für das gilt

$$\Theta_{zz}(\omega) \approx \varphi_{zz}(0) + 2 \sum_{k=1}^{+M} \varphi_{zz}(k) \cos(\omega k) \qquad (5.148)$$

Die somit definierte spektrale Leistungsdichte weist die folgenden charakteristischen Eigenschaften auf:

$$\Theta_{zz}(\omega) = \Theta_{zz}(-\omega) \qquad (5.149)$$
$$\Theta_{zz}(\omega) \geq 0, \quad \omega = -\omega_{max}, \dots, +\omega_{max} \qquad (5.150)$$

Außerdem ist analog zur Autokovarianzfunktion festzustellen, daß bei der Berechnung der Leistungsdichte die Phaseninformation der verschiedenen Frequenzkomponenten verloren geht. Ein gegebenes Leistungsdichtespektrum kann somit einer Vielzahl von verschiedenen Zeitfunktionen entsprechen.

Bei der Berechnung der spektralen Leistungsdichte treten nun allerdings eine Reihe von unerwünschten Effekten auf, denen wir uns zur Vermeidung von Berechnungsfehlern noch kurz widmen müssen:

Zum einen nimmt mit zunehmender Verschiebungszeit k im diskreten Fall und endlicher Anzahl N von zur Verfügung stehenden Meßwerten die Genauigkeit der berechneten Kovarianzfunktion ab. Es ist deshalb notwendig, den Werten von $\varphi_{zz}(k)$ weniger Gewicht zu verleihen, die bei größeren Verschiebungsparametern k ermittelt werden.

Zum anderen ergeben sich bei der praktischen Berechnung des Leistungsdichtespektrums nach Gleichung (5.148) wegen der endlichen Summationsgrenze M infolge von auftretenden Frequenzfaltungsphänomenen, hervorgerufen durch die wegen der endlichen Meßzeit nur in begrenzter Zahl vorhandenen Kovarianzfunktionswerte,

Ungenauigkeiten in Form von negativen Seitenbändern, die gemäß der obigen charakteristischen Eigenschaften von Leistungsspektren nicht auftreten dürfen.

Beide Probleme lassen sich nun nicht vollständig eleminieren, aber durch die Verwendung von speziellen sogenannten **Fensterfunktionen** doch relativ gut unterdrücken. Als einfaches Beispiel einer solchen Fensterfunktion sei das sogenannte **Tukey-Fenster** kurz erläutert. Die Koeffizienten $\nu(k)$ des Fensters berechnen sich mit der folgenden Gleichung zu

$$\nu(k) = \frac{1 + \cos(\frac{\pi k}{M})}{2} \; ; \quad \text{mit} \quad k = 0, 1, 2, \ldots, M \qquad (5.151)$$

und M als Abbrechpunkt der Kovarianzfunktion.

Diese Fensterfunktionswerte sind nun zur Eleminierung der oben genannten zwei Phänomene in Gleichung (5.148) mit den Werten der Autokovarianzfunktion zu multiplizieren. $\Theta_{zz}(\omega)$ wird dann zu

$$\Theta_{zz}(\omega) \approx \varphi_{zz}(0)\nu(0) + 2 \sum_{k=1}^{+M} \varphi_{zz}(k)\nu(k) \cos(\omega k) \qquad (5.152)$$

Diese Gleichung (5.152) stellt nun eine einfache, allerdings auch sehr rechenaufwendige Möglichkeit der Berechnung spektraler Leistungsdichten auf der Grundlage vorgegebener Autokovarianzfunktionen von diskret vorliegenden Zeitfolgen dar.

Ein anderes Verfahren zur Ermittlung der spektralen Leistungsdichte diskreter Zeitfolgen, das die Zahl der erforderlichen Rechenoperationen und damit die Rechenzeit im Digitalrechner entscheidend senkt, da es die die Leistungsdichte nicht über die Kovarianzfunktion sondern direkt aus den Werten der Zufallsfolge berechnet und außerdem das Problem der Frequenzfaltung durch die Verwendung spezieller Datenfensterfunktionen noch effektiver unterdrückt, ist das der schnellen Fourier-Transformation FFT. Dieses Verfahren ist im Abschnitt 4. ausführlich beschrieben.

Wenden wir uns nun wieder dem eingangs dieses Abschnittes 5.3 erwähnten und im Abschnitt 5.2.3 bereits mehrfach zur Demonstration unserer statistischen Analyseverfahren verwendeten Fall einer sinusförmigen Zeitfolge zu. Bei der Berechnung der Autokovarianzfunktion resultierten insgesamt 12 Werte auf der Basis von 25 Meßwerten der zugrundeliegenden Zeitfolge. Der Abbrechpunkt M der Autokovarianzfunktion liegt also bei

$$M = 12$$

In der nachfolgenden Tabelle 5.13 fassen wir für unser Beispiel den Verschiebungsparameter k, die Funktionswerte von $\varphi_{zz}(k)$ sowie die für $M = 12$ nach Gleichung (5.151) berechneten Fensterfunktionswerte $\nu(k)$ zusammen.

Die Tukey-Fensterfunktion ist im Bild 5.10 unten graphisch dargestellt. Deutlich erkennbar ist dabei, daß die Wichtung der Autokovarianzfunktionswerte von 1 auf 0 in 12 Schritten abnimmt.

Unter Verwendung der Gleichung (5.152) und der Zahlenwerte in der obigen Tabelle sollen nun die Werte des Leistungsspektrums $\Theta_{zz}(\omega)$ berechnet werden. Dabei variiert für unser Beispiel die Kreisfrequenz in Schritten von

0 , $\pi/12$, $2\pi/12$, $3\pi/12$, $4\pi/12$. Diese Auswahl ist natürlich beliebig und kann auch feiner unterteilt werden. Als Resultate erhalten wir die in der Tabelle 5.14 aufgeführten Werte:

k	$\varphi_{zz}(k)$	$\nu(k)$
0	48,2	1,00
1	43,5	0,99
2	27,3	0,94
3	4,0	0,86
4	-20,3	0,75
5	-39,2	0,63
6	-47,6	0,50
7	-43,5	0,37
8	-28,1	0,25
9	- 5,4	0,15
10	18,4	0,07
11	37,3	0,02
12	46,4	0,00

Tab. 5.13: Autokovarianzfunktionswerte $\varphi_{zz}(k)$ und Tukey-Fensterfunktionswerte $\nu(k)$ einer periodischen Zeitfolge

ω	$\Theta_{zz}(\omega)$
0	21
$\frac{\pi}{12}$	166
$\frac{2\pi}{12}$	292
$\frac{3\pi}{12}$	131
$\frac{4\pi}{12}$	- 6

Tab. 5.14: Spektrale Leistungsdichte Θ_{zz} in Abhängigkeit von der Kreisfrequenz ω des Beispiels einer periodischen Zeitfolge

Der Verlauf dieser für das diskrete Beispiel einer periodischen Zeitfolge errechneten spektralen Leistungsdichte ist dem Bild 5.10 oben zu entnehmen. Zu erkennen ist der Anstieg auf ein Maximum bei der Kreisfrequenz $\omega_0 = 2\pi/12 = \pi/6$, also der Kreisfrequenz, die wir tatsächlich für unser Beispiel aus dem Abschnitt 5.2.3 ausgewählt hatten. Zu bemerken bleibt, daß die Leistungsdichte nicht einem Linienspektrum gleich an der Stelle $\omega_0 = \frac{\pi}{6}$ auftritt, sondern Seitenbänder bei $\frac{\pi}{12}$ und $\frac{3\pi}{12}$ erscheinen. Ebenso ist festzustellen, daß die Leistungsdichte Θ_{zz} an der Stelle $\frac{4\pi}{12}$ einen, wenn auch geringfügigen, negativen Wert annimmt. Dies resultiert aus den bereits zuvor erwähnten Ungenauigkeiten, die durch Frequenzfaltung entstehen. Vor allem die in unserem Beispiel zur Beibehaltung der Übersichtlichkeit verwendete sehr geringe Anzahl von 12 Werten für die Autokovarianzfunktion trägt zu dieser Ungenauigkeit maßgeblich bei. Je mehr Werte aber hier zur Anwendung gelangen, desto genauer wird das Ergebnis werden.

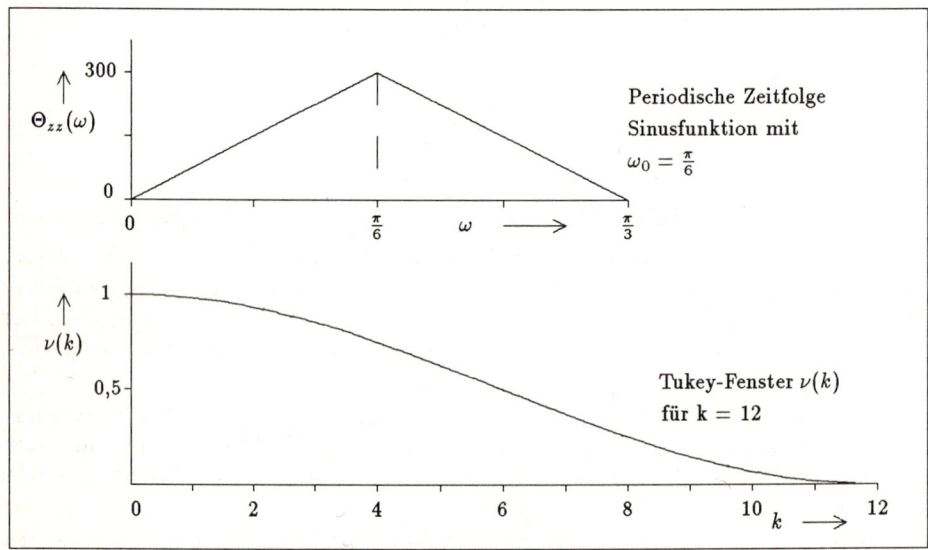

Bild 5.10: Spektrale Leistungsdichte $\Theta_{zz}(\omega)$ mit Tukey-Fenster

Die im Bild 5.10 dargestellten Ergebnisse wurden, wie erwähnt, auf der Basis der Beziehung in Gleichung (5.152) berechnet. Sie zeigen, daß ein qualitativ richtiges Ergebnis trotz des sehr geringen Aufwandes erhalten werden kann. Sie zeigen aber auch, daß bei der Interpretation von Leistungsspektren generell Vorsicht geboten ist. Dies soll mittels eines Vergleiches zum theoretisch „richtigen" Ergebnis, das analytisch hergeleitet wird, demonstriert werden. Dazu erinnern wir uns an die mathematische Formulierung der zu analysierenden periodischen Zeitfolge, die wie folgt definiert war

$$z_t = A\sin(\omega_0 t + \theta) = 10\sin(\frac{\pi}{6}t - \frac{\pi}{6}) \tag{5.153}$$

Die dazu gehörige Autokovarianzfunktion lautete in kontinuierlicher Schreibweise

$$\varphi_{zz}(\tau) = \lim_{T\to\infty} \frac{1}{2T} \int\limits_{-T}^{T} z(t)z(t+\tau)dt = \frac{A^2}{2}\cos(\omega_0\tau) = 50\cos\left(\frac{\pi}{6}\tau\right) \tag{5.154}$$

Mittels der Gleichung (5.138) zur Berechnung der spektralen Leistungsdichte in kontinuierlicher Schreibweise erhält man für $\Theta_{zz}(\omega)$

$$\Theta_{zz}(\omega) = \int\limits_{-\infty}^{+\infty} \varphi_{zz}(\tau)e^{-j\omega\tau}d\tau \tag{5.155}$$

$$= \int\limits_{-\infty}^{+\infty} \frac{A^2}{2}\cos\omega_0\tau e^{-j\omega\tau}d\tau \tag{5.156}$$

$$= \int\limits_{-\infty}^{+\infty} 50\cos\frac{\pi}{6}\tau e^{-j\omega\tau}d\tau \tag{5.157}$$

$$= \frac{A^2}{2}\pi[\delta(\omega-\omega_0)\delta(\omega+\omega_0)] \tag{5.158}$$

$$= 50\pi[\delta(\omega-\omega_0)\delta(\omega+\omega_0)] \tag{5.159}$$

wobei die δ-Funktion wie folgt definiert ist

$$\delta(\omega-\omega_0)\delta(\omega+\omega_0) = 0, \qquad \omega \neq \omega_0, \qquad \omega \neq -\omega_0$$
$$\delta(\omega-\omega_0)\delta(\omega+\omega_0) = \infty, \qquad \omega = \omega_0, \qquad \omega = -\omega_0$$

Im Bild 5.10 oben ist diese theoretisch berechnete spektrale Leistungsdichte dargestellt. Nur bei $\omega = \omega_0$, der Kreisfrequenz, mit der die periodische Zeitfolge unseres Beispieles eingestellt war, erhalten wir somit eine Linie im Leistungsspektrum mit dem Wert $\Theta_{zz}(\omega_0) = \infty$. Für alle übrigen Frequenzen ist im kontinuierlichen Fall der Wert für $\Theta_{zz}(\omega) = 0$.

Vergleichen wir Bild 5.11 oben und 5.10 oben miteinander, so wird unterstrichen, wie Frequenzfaltungsphänomene und Rundungsfehler das Ergebnis im diskreten Fall mit einer endlichen Anzahl von Meßwerten bzw. Autokovarianzfunktionswerten verfälschen können.

Erinnern wir uns weiter an das theoretisch berechnete Ergebnis der Autokorrelationsfunktion für weißes Rauschen aus dem Abschnitt 5.2.3, das wie folgt definiert war

$$\rho_{zz}(\tau) = 1 \qquad \tau = 0$$
$$\rho_{zz}(\tau) = 0 \qquad \tau \neq 0$$

Die Autokovarianzfunktion erhalten wir durch Multiplikation mit der Varianz, da weißes Rauschen definitionsgemäß mittelwertfrei ist. Wir hatten weiter erwähnt, daß die Autokovarianzfunktion bei $\tau = 0$ und damit auch die Varianz dieses Prozesses als unendlich anzunehmen sind. Mit Hilfe der δ-Funktion ist damit mathematisch folgende Beschreibung möglich

$$\varphi_{zz}(\tau) = \varphi_0\delta(\tau) \tag{5.160}$$

wobei

$$\delta(\tau) = 0, \qquad \tau \neq 0$$
$$\delta(\tau) = \infty, \qquad \tau = 0$$

und

$$\varphi_0 = const. = K$$

Für das Leistungspektrum $\Theta_{zz}(\omega)$ des weißen Rauschens resultiert dann unter Anwendung der Gleichung (5.138) und unter Einsetzen der Gleichung (5.160)

$$\Theta_{zz}(\omega) = \varphi_0 = K \qquad\qquad (5.161)$$

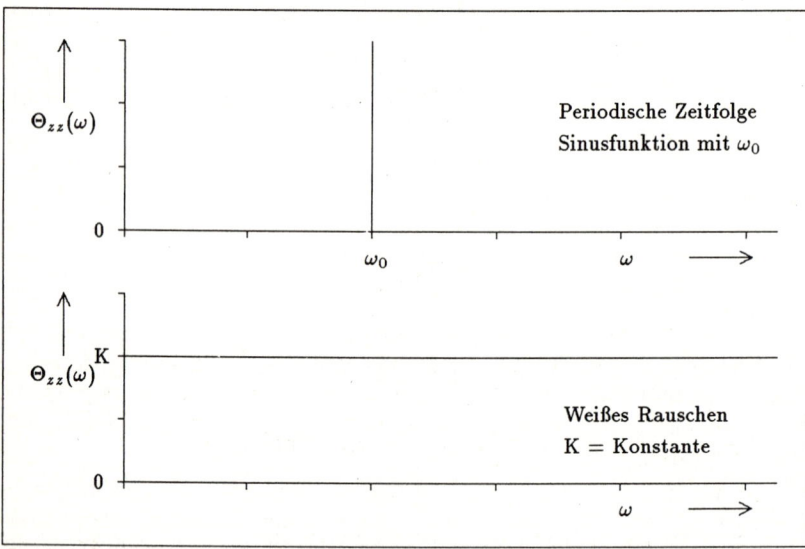

Bild 5.11: Elementare spektrale Leistungsdichten $\Theta_{zz}(\omega)$

Ein Ergebnis, das die bereits vorher beschriebene Eigenschaft des weißen Rauschens bestätigt. Die Rauschanteile sind auf alle Frequenzen gleichmäßig verteilt. Farbiges Rauschen hätte im Frequenzbereich dagegen bei bestimmten Frequenzen höhere Anteile am Leistungsspektrum als bei anderen. Im Bild 5.10 unten ist die spektrale Leistungsdichte für weißes Rauschen graphisch dargestellt.

5.4   Aufgaben

AUFGABE 5.1: Es sind auf der Grundlage der in der nachfolgenden Tabelle aufgeführten Meßwerte für (x_i, y_i) die Parameter der folgenden Ausgleichskurve durch nichtlineare Regression zu ermitteln.

$$y_t = b_0 + b_3 x_t^3$$

Lösung: $y_t = 1.0 + 0.05 x_t^3$

i	x_i	y_i
1	1	1.05
2	2	1.40
3	3	2.35
4	4	4.20
5	5	7.25
6	6	11.80
7	7	18.15
8	8	26.60
9	9	37.45
10	10	51.00

Tab. 5.15: Meßwerte zur Aufgabe 5.3

AUFGABE 5.2: Es ist der y-Achsenabschnitt a der Regressionsgeraden allgemein unter Einsetzen von b aus der Gleichung (5.25) in die Beziehung

$$a = \bar{y} - b\bar{x}$$

zu berechnen. Das Ergebnis aus dem vorigen Beispiel für a ist mit dieser allgemeinen Beziehung zu verifizieren.

Lösung:

$$a = \bar{y} - \frac{\bar{x}\sum_{i=1}^{N} y_i x_i - N\bar{y}\bar{x}^2}{\sum_{i=1}^{N} x_i^2 - N\bar{x}^2} = \frac{\bar{y}\sum_{i=1}^{N} x_i^2 \bar{x}\sum_{i=1}^{N} y_i x_i}{\sum_{i=1}^{N} x_i^2 - N\bar{x}^2} = \frac{\bar{y}\sum_{i=1}^{10} x_i^2 \bar{x}\sum_{i=1}^{10} y_i x_i}{\sum_{i=1}^{10} x_i^2 - 10\bar{x}^2}$$

AUFGABE 5.3: Liegt der Wert für das Zeitintervall zwischen zwei diskreten Meßwerten Δt bei $0,05$ Sekunden, so ergibt sich eine Aufzeichnungsrate von 20 Meßdaten pro Sekunde. Die Nyquist-Frequenz berechnet sich dann zu 10 Hz.

Kapitel 6

Trendanalyse-Verfahren

6.1 Prinzipien der Trendanalyse

Als wir uns im Abschnitt 5.2 mit der Stationarität von Meßdaten auseinandersetzten, führten wir aus, daß stationäre Zufallsprozesse, die der Normalverteilung unterliegen, was bei den meisten Anwendungen im technisch-naturwissenschaftlichen Bereich vorausgesetzt werden kann, einen zeitlich konstanten Mittelwert und eine zeitlich konstante Varianz aufweisen. Da dies jedoch in der Realität äußerst selten auftritt, vielmehr ist der Normalfall der, daß der Mittelwert mehr oder weniger niederfrequenten Schwankungen unterliegt, sind Überlegungen anzustellen, auf welche Weise möglichst elegant diese niederfrequenten zeitlich variierenden Mittelwerte eliminiert werden können. Ein auf das jeweilige Anwendungsgebiet angepasstes Filter ist sicherlich eine der denkbaren Lösungen des Problems. Bei Digitalmeßdaten wäre dies dann ein Digitalfilter. Um die Herleitung und Anwendung eines sehr variablen und anpassungsfähigen Filters mit den gewünschten Eigenschaften geht es uns nunmehr im vorliegenden Abschnitt 6.

Ziel unserer folgenden Überlegungen ist es also, ein Digitalfilter zu entwickeln, das niederfrequent schwankende Mittelwerte aus Digitalmeßdaten so eliminiert, daß ein stochastisch schwankender höherfrequenter Rauschanteil der Digitaldaten erhalten wird, dessen Mittelwert zeitlich konstant bleibt. Diese zeitlich variierenden Mittelwertschwankungen nennt man den **Trend** einer Meßreihe, ein Wort, das in statistischen Auswertungen von Wirtschaftsdaten seinen Ursprung hat, das entsprechende Digitalfilter heißt **Trendfilter**.

Mathematisch formuliert würde dies nichts anderes bedeuten, als daß eine gemessene instationäre Zeitfolge y_t aufzuspalten wäre in einen stationären, höherfrequenten, mittelwertfreien Rauschanteil z_t, auch als Residuen oder Fluktuationen bezeichnet, und einen im allgemeinen instationären niederfrequenten Trendanteil m_t, wobei meist von dem additiven Modell

$$y_t = m_t + z_t \tag{6.1}$$

ausgegangen werden kann. Mit Hilfe des digitalen Trendfilters soll es nun gelingen, m_t so zu modellieren, daß die stationäre Residuenfolge z_t durch die Eleminierung des Trendanteils nicht verfälscht wird. Der verbleibende mittelwertfreie Rauschanteil kann anschließend statistisch analysiert werden.

Das digitale Trendfilter läßt sich unter Verwendung von Gewichtsfaktoren bzw. Filterkoeffizienten a_r wie folgt allgemein definieren:

$$m_t = \sum_{r=-L}^{M} a_r y_{t+r} \tag{6.2}$$

mit L vorausgegangenen, M „zukünftigen“ Eingangswerten der Messfolge y_t und $L + M + 1$ Filterkoeffizienten a_r. Als Ergebnis dieser Operation erhält man den zeitlich variablen Trend m_t. Durch ein geeignetes nichtrekursives, digitales, meist mit $L = M$ symmetrisches, lineares Filter kann somit aus der instationären Zeitfolge y_t der Trend m_t als eine gewichtete Summe von Eingangswerten aus der „Vergangenheit“ und „Zukunft“ der Messfolge extrahiert werden. Ist die Anzahl und Art der Filterkoeffizienten so gewählt, daß die nach der Eleminierung des Trends aus der Messfolge verbleibende Residuenfolge z_t stationär ist, dann kann diese Residuenfolge statistisch im Zeit- oder Frequenzbereich unter Anwendung der Rechenmethoden aus den Abschnitten 4. und 5. analysiert werden. Der Vorteil der digitalen Trendfilter mit symmetrischen Summationsgrenzen $L = M$ und Koeffizienten $a_r = a_{-r}$, wobei gilt

$$\sum_{r=-M}^{M} a_r = 1 \tag{6.3}$$

liegt darin, daß zwischen der Ausgangswertefolge m_t und der Eingangswertefolge y_t, sowie der Residuenfolge z_t keine Phasenverschiebungen, also Laufzeiten, auftreten, wie es zum Beispiel bei rekursiven unsymmetrischen Tiefpaßfiltern der Fall ist.

Zusammengefaßt definiert der Trendwert einer Zeitfolge zu einem bestimmten Zeitpunkt $t = t_0$ den mit den Filterkoeffizienten a_r gewichteten Durchschnitt von $2M+1$ Werten der Zeitfolge, der Fensterbreite, von denen der Zeitpunkt t_0 der Mittelpunkt ist.

Den einfachsten Fall eines derartigen symmetrischen **Glättungsfilters** stellt die Bildung des arithmetischen Mittels jeweils in der Mitte eines Zeitfolgenbereiches mit bestimmter **Fensterbreite** dar, also mit einer festgelegten Anzahl von Filterkoeffizienten und der gleichen Anzahl verwendeter Zeitfolgenwerte. Es sei zum Beispiel die Zeitfolge y_t gegeben mit N Werten $y_1, \ldots, y_N$. Die Fensterbreite betrage $2M+1$. An der Stelle $t = M+1$ berechnet sich dann das arithmetische Mittel der Zeitfolge y_t zu

$$m_t = \sum_{r=-M}^{M} \frac{1}{2M+1} \cdot y_{t+r}$$

$$m_{M+1} = \sum_{r=-M}^{M} \frac{1}{2M+1} \cdot y_{M+1+r}$$

Ebenso werden die Werte für das arithmetische Mittel an den Stellen

$$t = M+2, \; t = M+3, \; \ldots$$

berechnet. Somit ergibt sich in Form eines „Durchschiebens“ des Filters entlang der Zeitfolge y_t der zeitlich variierende Mittelwert m_t mit

$$t = M+1, \ldots, N-M$$

Die Filterkoeffizienten a_r sind für diesen Fall somit wie folgt definiert

$$a_r = \frac{1}{2M + 1}$$

also $2M + 1$ identische Koeffizienten mit $r = 1, \ldots, 2M + 1$.

Hier zeigt sich bereits eine in der Praxis nicht entscheidende, aber doch erwähnenswerte Eigenschaft der symmetrischen digitalen Filter, daß nämlich am Anfang und am Ende der zu analysierenden Zeitfolge der Trend für jeweils M Werte, also die halbe Fensterbreite nicht berechnet werden kann.

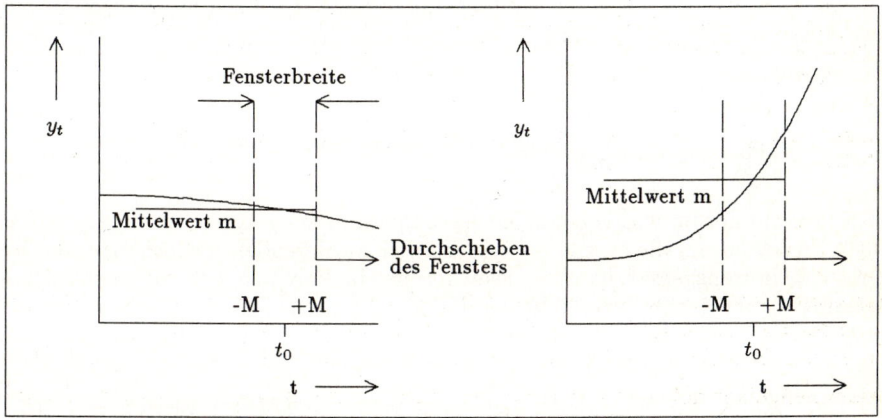

Bild 6.1: Einfaches Trendfilter

Mit der Methode des arithmetischen Mittelwertes wird nichts anderes bewirkt, als daß man jeweils eine Gerade ohne Steigung zur Modellbildung des Trends in der Mitte des betreffenden Meßwerteabschnittes heranzieht. Das Prinzip dieses einfachen Filters wird anhand des Bildes 6.1 demonstriert. Zunächst ist eine geeignete Fensterbreite $2M + 1$ festzulegen. Dieses Fenster und damit dessen Mittelpunkt t_0 wird dann von links nach rechts punktweise weiter verschoben. An jeder Stelle t, beginnend mit $t = M + 1$ und endend mit $t = N - M$, wird somit unter Einsetzen der jeweils von der Fensterbreite eingerahmten Funktionswerte y_t mit $t = t_0 - M$ bis $t = t_0 + M$ in die Berechnungsgleichung für den arithmetischen Mittelwert ein Wert m erhalten, den wir der Variablen m_t, dem zeitvariablen Trend, zuordnen können. Links im Bild 6.1 sehen wir eine Funktion, für die dieses Verfahren gut geeignet erscheint. Im rechten Teil des Bildes 6.1 dagegen erkennen wir, wie diese Methode der arithmetischen Mittelwertbildung bei stark schwankenden Funktionen überfordert ist. Der horizontale Mittelwert in der Mitte des Fensters modelliert nicht mehr sehr genau das wahre Verhalten der Funktion y_t an der Stelle t_0.

Deshalb entstand, zwar in Analogie zu der eben beschriebenen prinzipiellen Vorgehensweise, aber unter Verbesserung der Anwendungsmöglichkeiten bei stärkeren Fluktuationen, die Idee, daß jede glatte Funktion, und eine solche glatte Funktion soll ja der zeitvariable Trend definitionsgemäß sein, lokal durch ein Polynom sehr genau dargestellt werden kann und außerdem die Trendberechnung mit Hilfe des

Polynoms an jeder Stelle der zu analysierenden Zeitfolge unter der Annahme erfolgen kann, daß dort jeweils $t = 0$ sei, was zu erheblichen Vereinfachungen bei der Rechenausführung und eben überhaupt nur zu den gewünschten digitalen Filterkoeffizienten führt. Somit ergeben sich eine Vielzahl von verschiedenen, je nach Anwendung speziell entworfenen linearen, digitalen, symmetrischen Filtern, wobei die Auslegung der Filter von der Zahl der Koeffizienten a_r, also von der erwähnten Fensterbreite $2M + 1$ und vom Grad des bei der Filterherleitung zugrundegelegten Polynoms abhängt und im Frequenzbereich einer bestimmten Grenzfrequenz zwischen dem niederfrequenten Trendanteil und dem höherfrequenten Residuen- oder Rauschanteil entspricht.

Im folgenden Abschnitt sollen nun entsprechend den oben skizzierten Entwurfskriterien die Filterkoeffizienten eines variablen digitalen Trendfilters ermittelt und beispielhaft angewendet werden.

6.2   Herleitung eines variablen Trendfilters

Basierend auf der im vorhergehenden Abschnitt bereits vorgestellten Idee, daß jede glatte Funktion, um die es sich bei dem zeitlich variierenden niederfrequenten Mittelwert definitionsgemäß handelt, lokal durch ein Polynom der zu bestimmenden Ordnung n sehr genau dargestellt werden kann, lassen sich die Koeffizienten eines praktikablen variablen digitalen symmetrischen nichtrekursiven Trendfilters ermitteln.

Dazu betrachten wir allgemein einen Ausschnitt von $2M + 1$ Werten einer zu filternden Zeitfolge y_t, was der im letzten Abschnitt beschriebenen Fensterbreite entspricht, und bezeichnen ihn mathematisch mit dem transponierten Vektor $\boldsymbol{y}^T$, der wie folgt definiert ist:

$$\boldsymbol{y}^T = (y_{-M}, \ldots, y_0, \ldots, y_{+M}) \tag{6.4}$$

Auf die $2M + 1$ Werte der Zeitfolge y_t setzen wir nun je ein Polynom n-ten Grades der Form

$$p_t = b_0 + b_1 t + b_2 t^2 + \ldots + b_n t^n \tag{6.5}$$

an und erhalten somit für $t = -M, \ldots, 0, \ldots, +M$

$$p_{-M} = b_0 + b_1(-M) + b_2(-M)^2 + \ldots + b_n(-M)^n \tag{6.6}$$

$$\vdots$$

$$p_0 = b_0 + b_1(0) + b_2(0)^2 + \ldots + b_n(0)^n = b_0$$

$$\vdots$$

$$p_{+M} = b_0 + b_1(+M) + b_2(+M)^2 + \ldots + b_n(+M)^n$$

Mit dem Polynomansatzvektor $\boldsymbol{p}$ und dem Meßrauschen $\boldsymbol{z}$ ergibt sich unter Zugrundelegung der Vorstellung, daß sich eine Zeitfolge $\boldsymbol{y}$ in einen niederfrequenten

Trendanteil, modelliert durch den Polynomansatz p, und einen höherfrequenten Rausch- bzw. Residuenanteil z aufspalten läßt, die nachstehende Beziehung:

$$y = p + z \qquad (6.7)$$

wobei sich die Elemente dieser Vektorgleichung wie folgt darstellen:

$$y = \begin{pmatrix} y_{-M} \\ \vdots \\ y_0 \\ \vdots \\ y_{+M} \end{pmatrix}$$

$$p = \begin{pmatrix} p_{-M} \\ \vdots \\ p_0 \\ \vdots \\ p_{+M} \end{pmatrix}$$

$$z = \begin{pmatrix} z_{-M} \\ \vdots \\ z_0 \\ \vdots \\ z_{+M} \end{pmatrix} \qquad (6.8)$$

Diese drei vorhergehenden Beziehungen (6.8) eingesetzt in Gleichung (6.7) ergeben

$$\begin{pmatrix} y_{-M} \\ \vdots \\ y_0 \\ \vdots \\ y_{+M} \end{pmatrix} = \begin{pmatrix} z_{-M} \\ \vdots \\ z_0 \\ \vdots \\ z_{+M} \end{pmatrix} + \begin{pmatrix} p_{-M} \\ \vdots \\ p_0 \\ \vdots \\ p_{+M} \end{pmatrix} \qquad (6.9)$$

Die Gleichung (6.6) lautet nun in Vektorschreibweise

$$\begin{pmatrix} p_{-M} \\ \vdots \\ p_0 \\ \vdots \\ p_{+M} \end{pmatrix} = \begin{pmatrix} 1 & -M & (-M)^2 & \ldots & (-M)^n \\ \vdots & \vdots & \vdots & \vdots & \vdots \\ 1 & 0 & 0 & \ldots & 0 \\ \vdots & \vdots & \vdots & \vdots & \vdots \\ 1 & M & M^2 & \ldots & M^n \end{pmatrix} \begin{pmatrix} b_0 \\ \vdots \\ \vdots \\ \vdots \\ b_n \end{pmatrix} \qquad (6.10)$$

Mit den Zuordnungen

$$b = \begin{pmatrix} b_0 \\ \vdots \\ \vdots \\ \vdots \\ b_n \end{pmatrix} \qquad (6.11)$$

für die Polynomkoeffizienten

sowie

$$\boldsymbol{F} = \begin{pmatrix} 1 & -M & (-M)^2 & \dots & (-M)^n \\ \vdots & \vdots & \vdots & \vdots & \vdots \\ 1 & 0 & 0 & \dots & 0 \\ \vdots & \vdots & \vdots & \vdots & \vdots \\ 1 & M & M^2 & \dots & M^n \end{pmatrix} \tag{6.12}$$

wird aus Gleichung (6.10) die Form

$$\boldsymbol{p} = \boldsymbol{F}\boldsymbol{b} \tag{6.13}$$

Den Polynomansatzvektor $\boldsymbol{p}$ in der Formulierung der Gleichung (6.13) können wir jetzt in die Gleichung (6.7) für die Aufspaltung einer gegebenen Meßwertefolge $\boldsymbol{y}$ in Vektordarstellung in einen Trendanteil, modelliert durch den Polynomansatz $\boldsymbol{p}$, und einen Rauschanteil $\boldsymbol{z}$ einsetzen und erhalten

$$\boldsymbol{y} = \boldsymbol{p} + \boldsymbol{z} = \boldsymbol{F}\boldsymbol{b} + \boldsymbol{z}$$

also

$$\boldsymbol{y} = \boldsymbol{F}\boldsymbol{b} + \boldsymbol{z} \tag{6.14}$$

Diese Beziehung (6.14) zur Bestimmung des unbekannten Polynomkoeffizientenvektors $\boldsymbol{b}$ läßt sich nun mittels des im Abschnitt 5.2 behandelten linearen Regressionsverfahrens lösen. Es sei daran erinnert, daß mit Hilfe des Verfahrens der minimalen Fehlerquadrate, ausgehend von bekannten Messungen $\boldsymbol{y}$ und bei angenommenem Meßrauschen $\boldsymbol{z}$, eine Schätzung der unbekannten Größen $\boldsymbol{b}$ ermittelt werden kann. Konkret gilt es somit einen Schätzvektor $\hat{\boldsymbol{b}}$ zu finden, der die Summe der Quadrate der Elemente von der Vektordifferenz

$$\boldsymbol{y} - \boldsymbol{F}\hat{\boldsymbol{b}}$$

also der Fehlerquadrate, zum Minimum werden läßt.
Die Summe der Quadrate von $(\boldsymbol{y} - \boldsymbol{F}\hat{\boldsymbol{b}})$ berechnet sich zu der Skalarfunktion J wie folgt

$$\begin{aligned} J &= (\boldsymbol{y} - \boldsymbol{F}\hat{\boldsymbol{b}})^T(\boldsymbol{y} - \boldsymbol{F}\hat{\boldsymbol{b}}) \\ &= (\boldsymbol{y}^T - \hat{\boldsymbol{b}}^T \boldsymbol{F}^T)(\boldsymbol{y} - \boldsymbol{F}\hat{\boldsymbol{b}}) \\ &= \boldsymbol{y}^T\boldsymbol{y} - \boldsymbol{y}^T\boldsymbol{F}\hat{\boldsymbol{b}} - \hat{\boldsymbol{b}}^T \boldsymbol{F}^T\boldsymbol{y} + \hat{\boldsymbol{b}}^T \boldsymbol{F}^T\boldsymbol{F}\hat{\boldsymbol{b}} \end{aligned} \tag{6.15}$$

Die Skalarfunktion wird nun zum Minimum, wenn gilt

$$\frac{\partial J}{\partial \hat{\boldsymbol{b}}} = \boldsymbol{o} \tag{6.16}$$

$\frac{\partial J}{\partial \hat{b}}$ berechnet sich aus der Gleichung (6.15) und unter Verwendung der Bedingung in Gleichung (6.16) zu

$$
\begin{aligned}
\frac{\partial J}{\partial \hat{b}} &= -y^T F - F^T y + F^T F \hat{b} + \hat{b}^T F^T F \qquad (6.17) \\
&= -2 F^T y + 2 F^T F \hat{b} \\
&= o
\end{aligned}
$$

Aus dieser Gleichung (6.17) ergibt sich für den geschätzten Vektor $\hat{b}$ der Polynom-koeffizienten

$$
\hat{b} = (F^T F)^{-1} F^T y \qquad (6.18)
$$
$$
\hat{b} = F^* y
$$

Der Ausdruck $(F^T F)^{-1} F^T$ wird auch als **Pseudo-Inverse** F^* von F bezeichnet.

Die zweite Idee, die die Herleitung des digitalen Trendfilters in der später vorliegenden einfachen Form überhaupt erst ermöglicht, besteht darin, daß die Trendberechnung mit Hilfe des Polynomansatzes an jeder Stelle der Zeitfolge y_t so erfolgt, als ob dort jeweils der Zeitpunkt $t = 0$ sei.

Diese Konstruktion erlaubt nun die folgende Überlegung:

Für den Polynomansatz p_0 an der Stelle y_0, der den Trendanteil der Zeitfolge zum Zeitpunkt $t = 0$ modellieren soll, gilt nach Gleichung (6.9)

$$
y_0 = z_0 + p_0 \qquad (6.19)
$$

Weiterhin folgt aus Gleichung (6.10) für den Polynomansatz p_0 an der Stelle y_0 zum Zeitpunkt $t = 0$ unter Verwendung des geschätzten Vektors $\hat{b}$ der Polynom-koeffizienten

$$
p_0 = (\; 1 \quad 0 \quad 0 \quad \ldots \quad 0 \;) \begin{pmatrix} \hat{b}_0 \\ \vdots \\ \vdots \\ \vdots \\ \hat{b}_n \end{pmatrix} = e_1{}^T \hat{b} = \hat{b}_0 \qquad (6.20)
$$

wobei $e_1{}^T$ den Einheitsvektor darstellt mit

$$
e_1{}^T = (\; 1 \quad 0 \quad 0 \quad \ldots \quad 0 \;)
$$

Mit $p_0 = e_1{}^T \hat{b}$ ist der gesuchte Wert für den Trend der Zeitfolge im Intervall $\{y_{-M}, \ldots, y_0, \ldots, y_M\}$ zum Zeitpunkt $t = 0$ gegeben. Es folgt nämlich mit den Gleichungen (6.18) und (6.20) für p_0

$$
p_0 = e_1{}^T \hat{b} = e_1{}^T (F^T F)^{-1} F^T y \qquad (6.21)
$$

Bei konstantem Polynomgrad n und fester Fensterbreite $\{-M, \ldots, 0, \ldots, M\}$ ändern sich F und damit auch die Pseudo-Inverse F^* nicht.

Fassen wir nun in Gleichung (6.21) den Ausdruck $e_1^T(F^TF)^{-1}F^T$ mit F aus Gleichung (6.12) zu konstanten Filterkoeffizienten a^T des Trendfilters zusammen,

$$a^T = e_1^T(F^TF)^{-1}F^T \qquad (6.22)$$

so erkennt man, daß von den Matrizenprodukten nach Gleichung (6.21) nur die erste Spalte durch den Einheitsvektor e_1^T ausgeblendet wird. Für die Gleichung (6.21) folgt schließlich

$$p_0 = a^T y \qquad (6.23)$$

wobei

$$a^T = (a_{-M} \ldots a_0 \ldots a_M) \qquad (6.24)$$

Der Trend der Zeitfolge y_t an der Stelle $t = 0$ in der Mitte eines angenommenen Meßwertebereiches $\{y_M, \ldots, y_0, \ldots, y_M\}$ mit der Fensterbreite $2M + 1$ ist somit durch die Gleichung (6.23) bestimmt. Diese ist gleichbedeutend mit der gesuchten Filtergleichung

$$p_0 = \sum_{r=-M}^{M} a_r y_{0+r} \qquad (6.25)$$

Es ist nun in einem weiteren Schritt möglich, den Trend m_t an jeder beliebigen Stelle der Zeitfolge y_t zu berechnen, indem sukzessive, jeweils immer um einen Wert verschoben, wie beim oben angeführten Beispiel des einfachen arithmetischen Mittels, der jeweilige Meßwertebereich der Fensterbreite $2M + 1$ so umgespeichert wird, als ob in der Mitte dieses Bereiches $t = 0$ sei. Die Trendwerte m_t an jeder Stelle der Zeitfolge, mit Ausnahme der ersten M und letzten M Werte, ergeben sich dann unter Heranziehung von Gleichung (6.25) zu

$$m_t = \sum_{r=-M}^{M} a_r y_{t+r} \qquad (6.26)$$

wobei die Filterkoeffizienten gemäß der folgenden Beziehung resultieren

$$\begin{aligned} a^T &= (a_{-M} \ldots a_0 \ldots a_M) \\ &= e_1^T(F^TF)^{-1}F^T \end{aligned} \qquad (6.27)$$

Dabei gilt

$$\sum_{r=-M}^{M} a_r = 1 \qquad (6.28)$$

was durch Ausmultiplizieren der Gleichung (6.27) und anschließender Aufsummierung von $-M$ bis $+M$ gezeigt werden kann.

Aus dem symmetrischen Ansatz des Polynoms ergibt sich, daß auch die Koeffizienten a_r symmetrisch sind. Es folgt also

$$a_r = a_{-r} \qquad (6.29)$$

Beispielhaft soll nun an einem einfachen und überschaubaren Fall die Funktionsweise des Trendfilters erläutert werden.

Gehen wir davon aus, daß ein Trendfilter basierend auf einem Polynomansatz 3. Ordnung, das heißt 2. Grades, also $n = 2$, und einer Fensterbreite von $2M + 1 = 7$, also $M = 3$, gesucht sei. Mit diesen Werten berechnet sich die Matrix F nach

Gleichung (6.12) zu

$$
\mathbf{F} = \begin{pmatrix} 1 & -M & (-M)^2 \\ \vdots & \vdots & \vdots \\ 1 & 0 & 0 \\ \vdots & \vdots & \vdots \\ 1 & M & M^2 \end{pmatrix}
$$

$$
= \begin{pmatrix} 1 & -3 & (-3)^2 \\ 1 & -2 & (-2)^2 \\ 1 & -1 & (-1)^2 \\ 1 & 0 & 0 \\ 1 & 1 & 1^2 \\ 1 & 2 & 2^2 \\ 1 & 3 & 3^2 \end{pmatrix}
$$

$$
= \begin{pmatrix} 1 & -3 & 9 \\ 1 & -2 & 4 \\ 1 & -1 & 1 \\ 1 & 0 & 0 \\ 1 & 1 & 1 \\ 1 & 2 & 4 \\ 1 & 3 & 9 \end{pmatrix}
$$

Unter Verwendung der so berechneten Matrix $\mathbf{F}$ und des für unser Beispiel 3-dimensionalen Einheitsvektors $e_1{}^T$ mit

$$
e_1{}^T = (\ 1 \quad 0 \quad 0\ )
$$

wobei die transponierte Matrix $\mathbf{F}^T$ für $n = 2$ definiert ist mit

$$
\mathbf{F}^T = \begin{pmatrix} 1 & 1 & 1 & 1 & 1 & 1 & 1 \\ -3 & -2 & -1 & 0 & 1 & 2 & 3 \\ 9 & 4 & 1 & 0 & 1 & 4 & 9 \end{pmatrix}
$$

wird durch Einsetzen in Gleichung (6.27) sowie unter Verwendung der Methoden zur Invertierung von Matrizen aus dem Abschnitt 2.1.2

$$
\mathbf{a}^T = (\ a_{-3} \quad a_{-2} \quad a_{-1} \quad a_0 \quad a_1 \quad a_2 \quad a_3\ )
$$

$$
\mathbf{F}^T\mathbf{F} = \begin{pmatrix} 1 & 1 & 1 & 1 & 1 & 1 & 1 \\ -3 & -2 & -1 & 0 & 1 & 2 & 3 \\ 9 & 4 & 1 & 0 & 1 & 4 & 9 \end{pmatrix} \cdot \begin{pmatrix} 1 & -3 & 9 \\ 1 & -2 & 4 \\ 1 & -1 & 1 \\ 1 & 0 & 0 \\ 1 & 1 & 1 \\ 1 & 2 & 4 \\ 1 & 3 & 9 \end{pmatrix}^{-1}
$$

$$
\boldsymbol{a}^T \;=\; \boldsymbol{e_1}^T \boldsymbol{F}^T \boldsymbol{F} \begin{pmatrix} 1 & 1 & 1 & 1 & 1 & 1 & 1 \\ -3 & -2 & -1 & 0 & 1 & 2 & 3 \\ 9 & 4 & 1 & 0 & 1 & 4 & 9 \end{pmatrix}
$$

$$
= \begin{pmatrix} 1 & 0 & 0 \end{pmatrix} \begin{pmatrix} 7 & 0 & 28 \\ 0 & 28 & 0 \\ 28 & 0 & 196 \end{pmatrix}^{-1} \begin{pmatrix} 1 & 1 & 1 & 1 & 1 & 1 & 1 \\ -3 & -2 & -1 & 0 & 1 & 2 & 3 \\ 9 & 4 & 1 & 0 & 1 & 4 & 9 \end{pmatrix}
$$

$$
= \begin{pmatrix} 1 & 0 & 0 \end{pmatrix} \frac{1}{84} \begin{pmatrix} 28 & 0 & -4 \\ 0 & 3 & 0 \\ -4 & 0 & 1 \end{pmatrix} \begin{pmatrix} 1 & 1 & 1 & 1 & 1 & 1 & 1 \\ -3 & -2 & -1 & 0 & 1 & 2 & 3 \\ 9 & 4 & 1 & 0 & 1 & 4 & 9 \end{pmatrix}
$$

$$
= \begin{pmatrix} 1 & 0 & 0 \end{pmatrix} \frac{1}{84} \begin{pmatrix} -8 & 12 & 24 & 28 & 24 & 12 & -8 \\ -9 & -6 & -3 & 0 & 3 & 6 & 9 \\ 5 & 0 & -3 & -4 & -3 & 0 & 5 \end{pmatrix}
$$

$$
= \begin{pmatrix} 1 & 0 & 0 \end{pmatrix} \frac{1}{21} \begin{pmatrix} -2 & 3 & 6 & 7 & 6 & 3 & -2 \\ -\frac{9}{4} & -\frac{3}{2} & -\frac{3}{4} & 0 & \frac{3}{4} & \frac{3}{2} & \frac{9}{4} \\ \frac{5}{4} & 0 & -\frac{3}{4} & -1 & -\frac{3}{4} & 0 & \frac{5}{4} \end{pmatrix}
$$

$$
= \frac{1}{21} \begin{pmatrix} -2 & 3 & 6 & 7 & 6 & 3 & -2 \end{pmatrix}
$$

Somit sind die 7 Filterkoeffizienten $\{a_r\}$, wobei $\{r\} = \{-3, -2, -1, 0, 1, 2, 3\}$ für unser Beispiel bei einem Polynomgrad von $n = 2$ und einer Fensterbreite von $2M + 1 = 7$ ermittelt zu

a_{-3}	-2/21
a_{-2}	3/21
a_{-1}	6/21
a_0	7/21
a_1	6/21
a_2	3/21
a_3	-2/21

Tab 6.1: Trendfilterkoeffizienten für Polynomgrad 2 und Fensterbreite 7

Gemäß Gleichung (6.28) sollte gelten

$$
\sum_{r=-M}^{M} a_r = 1
$$

was sich durch Einsetzen der Werte aus der obigen Tabelle als richtig erweist. Denn

$$
\sum_{r=-3}^{3} a_r = \frac{-2 + 3 + 6 + 7 + 6 + 3 - 2}{21} = 1
$$

Auch die Annahme, daß die Trendfilterkoeffizienten a_r symmetrisch sind, entspricht dem Ergebnis mit

$$a_1 = a_{-1} = \frac{6}{21}$$
$$a_2 = a_{-2} = \frac{3}{21}$$
$$a_3 = a_{-3} = \frac{-2}{21}$$

Wenden wir uns nun einem Anwendungsbeispiel dieses zuvor entwickelten Trendfilters zu und betrachten im folgenden Bild 6.2 das Beispiel einer Zeitfolge y_t, die dem additiven Modell der Gleichung (6.1) unterliegen möge

$$y_t = m_t + z_t$$

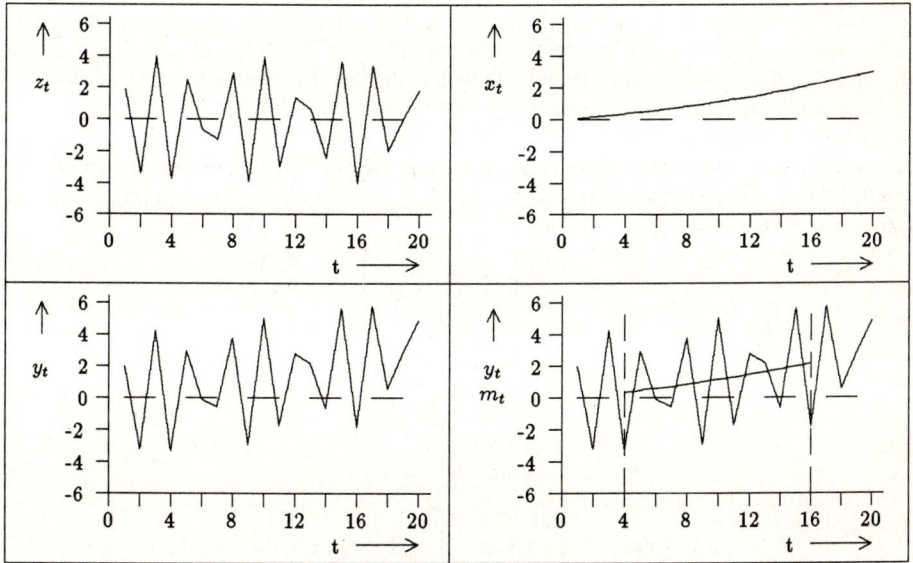

Bild 6.2: Demonstration des Prinzips einer Trendanalyse

Der Trend m_t dieser Zeitfolge wird unter Anwendung der oben ermittelten Gleichungen berechnet. Es gilt demnach

$$\boldsymbol{a}^T = (\; a_{-3}\;\; a_{-2}\;\; a_{-1}\;\; a_0\;\; a_1\;\; a_2\;\; a_3\;)$$
$$= \frac{1}{21}(\; -2\;\; 3\;\; 6\;\; 7\;\; 6\;\; 3\;\; -2\;)$$
$$m_t = \sum_{r=-3}^{3} a_r y_{t+r} \tag{6.30}$$

wobei die Funktionswerte für y_{t+r} einzusetzen sind. Um die Wirkungsweise des Trendfilters abschätzen zu können, setzen wir nun die zu analysierende Zeitfolge y_t zusammen aus einer bekannten niederfrequenten Zeitfolge x_t und einer ebenfalls bekannten höherfrequenten Zeitfolge z_t, die beispielsweise ein Meßrauschen simulieren soll. Ziel ist es dann, durch Anwendung des Trendfilterverfahrens den niederfrequenten Anteil x_t als Trend m_t aus der Basiszeitfolge y_t zu extrahieren. Vorteil dieser Vorgehensweise ist es, daß das zu suchende Ergebnis bereits vor der Anwendung der Analysemethoden bekannt ist und mit der vorhandenen Vorgabe gut verglichen werden kann. Natürlich muß das Trendfilter auf die besonderen Gegebenheiten einer jeden Analyse genau eingestellt werden, wobei die dafür zu benutzenden Einstellparameter die bereits erwähnten Größen Polynomgrad und Fensterbreite sind. Ein Filter ist immer unter Berücksichtigung seiner Eigenschaften zu wählen. Wie die Eigenschaften charakterisiert werden können, wird im Abschnitt 6.3 noch erläutert werden.

Nun aber zu unserem im Bild 6.2 dargestellten Beispiel. Links oben im Bild 6.2 erkennen wir die graphische Aufzeichnung eines höherfrequenten Anteils z_t mit den in der nachfolgenden Tabelle aufgelisteten 20 Meßwerten. Dieses Rauschen überlagern wir nach Gleichung (6.1) dem ebenfalls in der nachfolgenden Tabelle aufgeführten und rechts oben im Bild 6.2 dargestellten niederfrequenten Anteil x_t und erhalten somit die 20 Werte für die zu filternde Zeitfolge y_t, die links unten im Bild 6.2 dargestellt sind. Durch Anwendung der Filtergleichungen (6.30) auf diese so konstruierten Zeitfolgedaten y_t erhält man die Werte für den Trend m_t, der mit der Eingabe x_t zu vergleichen ist. Rechts unten im Bild 6.2 ist das Ergebnis dargestellt und man erkennt die Lage des berechneten Trends in der Zeitfolge.

Berechnen wir beispielsweise den Wert m_4, so erhalten wir mit der Gleichung (6.30) und $t = 4$

$$m_t = \sum_{r=-3}^{3} a_r y_{t+r}$$

$$m_4 = \sum_{r=-3}^{3} a_r y_{4+r} \tag{6.31}$$

wobei

$$\{a_r\} = \{\frac{-2}{21}, \frac{3}{21}, \frac{6}{21}, \frac{7}{21}, \frac{6}{21}, \frac{3}{21}, \frac{-2}{21}\}$$
$$\{r\} = \{-3, -2, -1, 0, 1, 2, 3\}$$

Gleichung (6.31) wird damit zu

$$m_4 = \sum_{r=-3}^{3} a_r y_{4+r}$$

$$= \frac{-2}{21}1.973 + \frac{3}{21}(-3.187) + \frac{6}{21}4.231 + \frac{7}{21}(-3.327) +$$

$$\frac{6}{21}2.927 + \frac{3}{21}(-0.124) + \frac{-2}{21}(-0.579)$$

$$= 0.33$$

In gleicher Weise werden die übrigen Trendwerte m_5 bis m_{17} berechnet. In der folgenden Tabelle sind zusammengefaßt gegenübergestellt die jeweils 20 Werte für y_t, z_t, x_t sowie m_t unseres Beispiels. Dabei ist, wie bereits vorher erwähnt, zu beachten, daß die ersten und letzten drei Trendwerte m_t, also $m_1, m_2, m_3, m_{18}, m_{19}, m_{20}$ nicht berechnet werden können. Der Vergleich zwischen m_t und x_t, also dem vorher definierten niederfrequenten Anteil der Zeitfolge und dem errechneten Trend, zeigt, wie das Trendfilter bis auf geringe Abweichungen diesen niederfrequenten Anteil mittels der gemäß unserer obigen Herleitung ermittelten Filterkoeffizienten sehr genau aus den verrauschten Meßdaten eliminieren kann.

t	y_t	z_t	x_t	m_t
1	1.973	1.899	0.074	—
2	−3.187	−3.343	0.156	—
3	−4.231	3.985	0.246	—
4	−3.327	−3.671	0.344	0.330
5	2.927	2.477	0.450	0.459
6	−0.124	−0.688	0.564	0.561
7	−0.579	−1.265	0.686	0.681
8	3.731	2.915	0.816	0.827
9	−2.912	−3.866	0.954	0.939
10	4.990	3.890	1.100	1.115
11	−1.726	−2.980	1.254	1.243
12	2.772	1.356	1.416	1.421
13	2.180	0.594	1.586	1.588
14	−0.637	−2.401	1.764	1.755
15	5.582	3.632	1.950	1.964
16	−1.848	−3.992	2.144	2.129
17	5.741	3.395	2.346	2.359
18	0.573	−1.983	2.556	—
19	2.870	0.096	2.774	—
20	4.814	1.814	3.000	—

Tab 6.2: Zahlenbeispiel einer Zeitfolge y_t zusammengesetzt aus Rauschen z_t und niederfrequentem Anteil x_t sowie errechnetem Trend m_t

Im Bild 6.2 rechts unten sind die zu analysierende Zeitfolge y_t und der durch Filterung mit Hilfe des Trendfilters erhaltene Trend m_t dieser Zeitfolge y_t einzeln dargestellt. Ein Unterschied zwischen dem berechneten Trendverlauf m_t rechts unten im Bild 6.2 und dem vorgegebenen niederfrequenten Anteil x_t rechts oben im Bild 6.2, den es aus der Zeitfolge y_t herauszufiltern galt, ist nicht feststellbar.

6.3   Charakterisierung eines Trendfilters

Nachdem wir im vorigen Abschnitt 6.2 die Herleitung der Koeffizienten von digitalen Trendfiltern in Abhängigkeit von den Parametern **Fensterbreite** des Filters $2M + 1$ und **Polynomgrad** n kennengelernt haben, interessiert nun in einem nächsten Schritt, wie das Filter auf die zu analysierende Zeitfolge wirkt. Wir wissen qualitativ, daß das Trendfilter die Zeitfolge y_t in einen niederfrequenten Trendanteil m_t und einen höherfrequenten Rauschanteil z_t aufspaltet. Unbekannt ist uns bisher dagegen, an welcher Stelle im Frequenzbereich der Zeitfolge y_t dies genau geschieht. Mit anderen Worten, die **Grenzfrequenz** f_G des Trendfilters soll ermittelt werden. Je nach Einstellung der Filterparameter Fensterbreite und des Grades des für das Trendfilter zugrundeliegenden Polynomansatzes variiert diese Grenzfrequenz. Der Aufgabe der Zuordnung von Grenzfequenz und Filterparamter wollen wir uns im folgenden Abschnitt widmen.

Qualitativ betrachtet ruft eine Erhöhung des Polynomgrades die Modellierbarkeit auch höherer Frequenzen hervor. Das bedeutet, je größer der Polynomgrad gewählt ist, desto höher wird auch die Grenzfrequenz liegen. Umgekehrt führt eine Vergrößerung der Fensterbreite, also die Verbreiterung des zur Trendberechnung verwendeten Zeitfolgenbereiches dazu, daß das Filter unempfindlicher gegen Leistungsanteile sehr geringer Periodendauer, also höherfrequenter Anteile, wird. Die Grenzfrequenz wandert hier mit zunehmender Fensterbreite zu niedrigeren Frequenzen.

Diese qualitativ zu beobachtenden Zusammenhänge sollen nunmehr unter Anwendung der Frequenzkennlinien der verschiedenen Trendfilter in Abhängigkeit von Polynomgrad und Fensterbreite konkretisiert werden. Auf diese Weise werden wir zu einer einfachen Möglichkeit der Charakterisierung des Filters gelangen können.

Dazu betrachten wir zunächst die allgemeine Form des Trendfilters nach Gleichung (6.26)

$$m_t = \sum_{r=-M}^{M} a_r y_{t+r}$$

Als Eingangsfunktion für das Filter sei die diskrete Folge einer abgetasteten Sinusfunktion angenommen mit

$$\begin{aligned} y_t &= \sin(\omega t \Delta t) \\ t &= 1, 2, \ldots, N \end{aligned} \tag{6.32}$$

wobei Δt die Abtastzeit bedeutet.
Die Ausgangsfunktion berechnet sich unter Verwendung der Gleichungen (6.26) und (6.32) zu

$$m_t = \sum_{r=-M}^{M} a_r \sin(\omega(t + r)\Delta t) \tag{6.33}$$

Nach Umformung der Gleichung (6.33) folgt für m_t

$$
\begin{aligned}
m_t &= \sum_{r=-M}^{M} a_r \{\sin(\omega t \Delta t)\cos(\omega r \Delta t) + \cos(\omega t \Delta t)\sin(\omega r \Delta t)\} \\
&= \sum_{r=-M}^{M} a_r \sin(\omega t \Delta t)\cos(\omega r \Delta t) + \sum_{r=-M}^{M} a_r \cos(\omega t \Delta t)\sin(\omega r \Delta t) \\
&= \sin(\omega t \Delta t)\sum_{r=-M}^{M} a_r \cos(\omega r \Delta t) + \cos(\omega t \Delta t)\sum_{r=-M}^{M} a_r \sin(\omega r \Delta t) \quad (6.34)
\end{aligned}
$$

Da die Filterkoeffizienten a_r symmetrisch sind und außerdem gilt

$$
\sin(-\omega r \Delta t) = -\sin(\omega r \Delta t)
$$

folgt

$$
\sum_{r=-M}^{M} a_r \sin(\omega r \Delta t) = 0
$$

Somit verbleibt von Gleichung (6.34) lediglich die erste Hälfte mit

$$
m_t = \sin(\omega t \Delta t)\sum_{r=-M}^{M} a_r \cos(\omega r \Delta t) \tag{6.35}
$$

Der Anteil $\sin(\omega t \Delta t)$ ist aber gerade die oben gewählte Eingangsfunktion y_t in Gleichung (6.32). Damit folgt

$$
m_t = y_t \sum_{r=-M}^{M} a_r \cos(\omega r \Delta t) \tag{6.36}
$$

Der Frequenzgang $H(j\omega)$ des Trendfilters ist nunmehr durch die folgende Beziehung definiert

$$
\begin{aligned}
H(j\omega) &= \frac{m_t}{y_t} \\
&= \sum_{r=-M}^{M} a_r \cos(\omega r \Delta t) \tag{6.37}
\end{aligned}
$$

Aus dieser Gleichung (6.37) folgt, daß die Phase μ des Frequenzganges mit

$$
H(j\omega) = H_0(\omega)e^{j\mu}
$$

den Wert $\mu = 0$ annimmt. Die Frequenzgangamplitude $H_0(\omega) = |H(j\omega)|$ berechnet sich dann zu

$$
\begin{aligned}
H_0(\omega) &= \sqrt{H(-j\omega)H(j\omega)} \\
&= |\sum_{r=-M}^{M} a_r \cos(\omega r \Delta t)| \tag{6.38}
\end{aligned}
$$

oder auch, da die a_r symmetrisch sind

$$H_0(\omega) = |a_0 + 2\sum_{r=1}^{M} a_r \cos(\omega r \Delta t)| \qquad (6.39)$$

Mit Hilfe dieser Gleichung (6.39) lassen sich nun die Frequenzgangamplituden des Trendfilters in Abhängigkeit von der Fensterbreite und vom Grad des Polynoman-satzes zur Ermittlung der Filterkoeffizienten für den Frequenzbereich von 0 Hz bis zur Hälfte der Abtastfrequenz berechnen und auf diese Weise die Grenzfrequenz des gewählten Filters bestimmen.

Unter Verwendung der Frequenz f und der Abtastfrequenz f_A mit

$$\omega = 2\pi f$$
$$\Delta t = \frac{1}{f_A}$$

wird Gleichung (6.39) zu

$$H_0(f) = |a_0 + 2\sum_{r=1}^{M} a_r \cos(2\pi r \frac{f}{f_A})| \qquad (6.40)$$

Da oft unterschiedliche Abtastfrequenzen von Interesse sind, ist es vorteilhaft, die Frequenzgangamplitude H_0 in Abhängigkeit von der normierten Frequenz f_N zu betrachten, wobei f_N wie folgt definiert ist

$$f_N = \frac{f}{f_A} \qquad (6.41)$$

Diese normierte Frequenz f_N läuft wegen des Abtasttheorems, nach dem die Abtast-frequenz f_A das doppelte der höchsten auftretenden Frequenz in der abgetasteten Zeitfolge sein muß, immer von 0 bis 0.5.

Die Grenzfrequenz des Filters ist schließlich durch Multiplikation der normierten Grenzfrequenz mit der Abtastfrequenz zu erhalten

$$f_G = (f_G)_N f_A \qquad (6.42)$$

Betrachten wir zur Erläuterung einen einfachen Fall unter Verwendung der im vori-gen Abschnitt ermittelten Filterkoeffizienten für eine Fensterbreite von $2M+1 = 7$ und Polynomgrad $n = 2$. Die in Gleichung (6.40) einzusetzenden Filterkoeffizienten lauten gemäß Gleichung (6.30)

$$\{a_r\} = \{\frac{7}{21}, \frac{6}{21}, \frac{3}{21}, \frac{-2}{21}\} \qquad (6.43)$$
$$\{r\} = \{0, 1, 2, 3\}$$

Lassen wir nun die normierte Frequenz f_N von 0 bis 0.5 variieren in Schritten zu 0.025 also

$$f_N = 0 , 0.025 , 0.05 , \dots , 0.45 , 0.475 , 0.5 \qquad (6.44)$$

so erhalten wir die in der folgenden Tabelle aufgeführten Ergebnisse für die Fre-quenzgangamplitude des betrachteten Filters unter Verwendung der Gleichungen (6.40) , (6.41) , (6.43) und (6.44) wobei $M = 3$

f_N	$H_0(f)$
0.000	1.000
0.025	1.000
0.050	0.996
0.075	0.981
0.100	0.943
0.125	0.872
0.150	0.762
0.175	0.613
0.200	0.433
0.225	0.237
0.250	0.048
0.275	0.114
0.300	0.228
0.325	0.282
0.350	0.272
0.375	0.205
0.400	0.100
0.425	0.022
0.450	0.133
0.475	0.210
0.500	0.238

Tab 6.3: Frequenzgangamplitude des Trendfilters mit Polynomgrad 2 und Fensterbreite 7

Die so berechneten Werte der Frequenzgangamplitude sind im Bild 6.3 oben graphisch dargestellt. Die normierte Grenzfrequenz $(f_G)_N$ ermittelt sich dadurch, daß entsprechend der Gleichung (6.40) an der Stelle

$$|H_0((f_G)_N)| = \frac{1}{\sqrt{2}}|H_0(0)| = 0.707$$

die Frequenz $f = (f_G)_N$ graphisch bestimmt wird. Wie dem Bild 6.3 zu entnehmen ist, beträgt die normierte Grenzfrequenz für unser obiges Beispiel

$$(f_G)_N = 0.16$$

Gemäß Gleichung (6.40) berechnet sich schließlich die Grenzfrequenz zu

$$f_G = (f_G)_N f_A = 0.16 f_A$$

Beträgt beispielsweise die Abtastzeit $\Delta t = 0.05s$ so erhalten wir für die Abtastfrequenz $f_A = \frac{1}{\Delta t} = 20 Hz$. Das bedeutet für das Trendfilter mit einer Fensterbreite von $2M + 1 = 7$ und einem Polynomgrad von $n = 2$, daß es bei einer Abtastrate von $20Hz$ eine Grenzfrequenz von

$$f_G = 0.16 f_A = 3.2 Hz$$

aufweist. Das Filter eleminiert also die Eingangsfrequenzen oberhalb der Grenz-
frequenz $3.2Hz$. Bei Betrachtung der Filterkennlinie im Bild 6.3 oben sind allerdings Seitenbänder zu erkennen, die darauf zurückzuführen sind, daß es sich bei
dem hier entwickelten Filter nicht um ein ideales Filter mit unendlich vielen Koeffizienten handeln kann, bei dem die Frequenzgangamplitude einen rechteckigen
Verlauf ohne Seitenbänder aufweisen würde, sondern um ein realisierbares Filter
mit endlicher Koeffizientenzahl. Hierbei entsteht eine Filterkennlinie mit geringerer Flankensteilheit und mit Oszillationen im Filterdurchlaß bzw.- sperrbereich. Je
geringer dabei die Koeffizientenanzahl ist, desto flacher ist die Kennlinie des Filters
im Übergangsbereich und um so stärker sind die auftretenden Oszillationen. Diese
unerwünschten Effekte laasen aber bei Anwendung dieser digitalen Filter mit einer
noch handhabbaren Koeffizientenanzahl nicht ganz vermeiden. Allerdings sind hier
Mehrfachanwendungen der Trendfilter sehr hilfreich und eine mögliche Lösung des
Problems. Dies wird uns im nächsten Abschnitt 6.4 ausführlicher beschäftigen.

Es ist nun zum Vergleich die Frequenzgangamplitude des Trendfilters mit dem
Polynomgrad $n = 2$ und der Fensterbreite $2M + 1 = 5$, also $M = 2$, zu ermitteln.
Als Lösung folgt

$$\{a_r\} = \{\frac{17}{35}, \frac{12}{35}, \frac{-3}{35}\}$$
$$\{r\} = \{0, 1, 2\}$$

f_N	$H_0(f)$
0.000	1.000
0.025	1.000
0.050	0.999
0.075	0.996
0.100	0.987
0.125	0.971
0.150	0.942
0.175	0.898
0.200	0.836
0.225	0.756
0.250	0.657
0.275	0.541
0.300	0.413
0.325	0.275
0.350	0.136
0.375	0.000
0.400	0.122
0.425	0.226
0.450	0.305
0.475	0.355
0.500	0.371

Tab 6.4: Frequenzgangamplitude des Trendfilters mit Polynomgrad 2 und
Fensterbreite 5

Die Frequenzgangamplitude des Trendfilters mit Polynomgrad $n = 2$ und Fensterbreite $2M + 1 = 5$, also $M = 2$ ist im Bild 6.3 unten graphisch dargestellt. Die normierte Grenzfrequenz beträgt

$$(f_G)_N = 0.238$$

Die Grenzfrequenz berechnet sich zu

$$f_G = (f_G)_N f_A = 0.238 f_A$$

Beträgt beispielsweise die Abtastzeit wieder $\Delta t = 0.05s$ und damit die Abtastfrequenz erneut $f_A = \frac{1}{\Delta t} = 20Hz$, dann bedeutet das für das Trendfilter mit einer Fensterbreite von $2M + 1 = 5$ und einem Polynomgrad von $n = 2$, eine Grenzfrequenz von

$$f_G = 0.238 f_A = 4.76 Hz$$

Die Grenzfrequenz nimmt also, wie vorher qualitativ bereits erwartet, mit einer von 7 auf 5 abnehmenden Fensterbreite von 3.2 auf 4.76 Hz zu. Deutlich ist im Bild 6.3 dieses Verhalten zu erkennen. In gleicher Weise führt eine Erhöhung des Polynomgrades n zu einer Zunahme der Grenzfrequenz, da die Modellierbarkeit höherer Frequenzen mit zunehmendem Polynomgrad wächst.

Generell ist, wie oben aufgeführt, bei der Suche nach geeigneten Trendfilterkoeffizienten so vorzugehen, daß zunächst die Koeffizienten, dann die Filterkennlinie und damit die Grenzfrequenz für den speziellen Fall zu bestimmen sind. Durch Variation der Filterparameter Fensterbreite und Polynomgrad und mehrfache Wiederholung der genannten Vorgehensweise kann dann die gesuchte Kombination in einem iterativen Prozeß ermittelt werden.

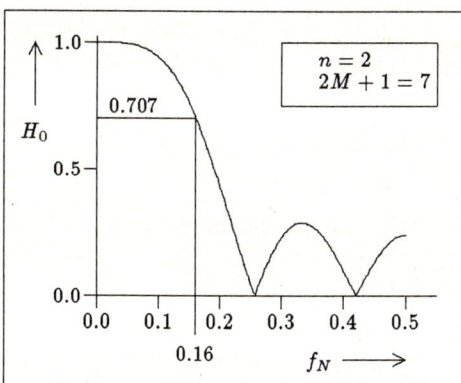

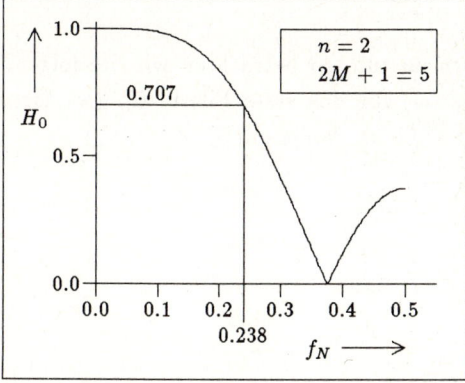

Bild 6.3: Frequenzkennlinien von zwei Trendfiltern

6.4   Mehrfach-Filterung

Im vorigen Abschnitt 6.3 war ein noch zu bewältigendes Problem offen geblieben. Wir erinnern uns, daß bei Betrachtung der Filterkennlinie im Bild 6.3 oben unerwünschte Seitenbänder zu erkennen gewesen sind, die wir darauf zurückführten, daß es sich bei dem Trendfilter nicht um ein ideales Filter mit unendlich vielen Koeffizienten handeln konnte, bei dem die Frequenzgangamplitude einen rechteckigen Verlauf ohne Seitenbänder aufweisen würde, sondern um ein realisierbares Filter mit endlicher Koeffizientenzahl. Hierbei entstand eben eine Filterkennlinie mit geringerer Flankensteilheit und mit Oszillationen im Filterdurchlaß bzw.- sperrbereich.

Der Anwender des digitalen Trendfilters braucht sich dabei allerdings nicht in sein Schicksal ergeben, sondern kann sich einer weiteren nützlichen Methode zur Lösung seines Problems bedienen. Die Rede ist von der **Mehrfach-Filterung**, also der mehrfachen Anwendung eines Trendfilters mit gleichen Koeffizienten oder der Anwendung mehrerer Trendfilter mit unterschiedlichen Charakteristiken.

Der Frequenzgang des digitalen Trendfilters mit Filterkoeffizienten a_r war nach Gleichung (6.37) definiert zu

$$H(j\omega) \;=\; \frac{m_t}{y_t}$$

$$=\; \sum_{r=-M}^{M} a_r \cos(\omega r \Delta t)$$

und für die Frequenzgangamplitude ergab sich nach Gleichung (6.39) die Beziehung

$$H_0(\omega) \;=\; |H(j\omega)|$$

$$=\; |\frac{m_t}{y_t}|$$

$$=\; |a_0 + 2\sum_{r=1}^{M} a_r \cos(\omega r \Delta t)|$$

Haben wir es nun mit mehreren Filtern zu tun, so betrachten wir die folgenden einzelnen Frequenzgangamplituden $H_0^{(1)}(\omega)$ für das erste Filter, $H_0^{(2)}(\omega)$ für das zweite Filter, usw. bis zum p-ten Filter $H_0^{(p)}(\omega)$, wobei gilt

$$H_0^{(1)}(\omega) \;=\; |\frac{m_t^{(1)}}{y_t^{(1)}}|$$

$$H_0^{(2)}(\omega) \;=\; |\frac{m_t^{(2)}}{y_t^{(2)}}|$$

$$\vdots$$

$$H_0^{(p)}(\omega) \;=\; |\frac{m_t^{(p)}}{y_t^{(p)}}| \qquad\qquad (6.45)$$

Wollen wir jetzt die Frequenzgangamplitude für ein aus den einzelnen Filtern, wie sie in der Gleichung (6.45) charakterisiert werden, zusammengesetztes neues Filter berechnen, so wird für die Frequenzgangamplitude $H_0(\omega)$ dieses neuen Filters

$$
\begin{aligned}
H_0(\omega) &= |\frac{m_t}{y_t}| \\
&= H_0^{(1)}(\omega) \cdot H_0^{(2)}(\omega) \cdot \ldots \cdot H_0^{(n)}(\omega) \\
&= |\frac{m_t^{(1)}}{y_t^{(1)}}| \cdot |\frac{m_t^{(2)}}{y_t^{(2)}}| \cdot \ldots \cdot |\frac{m_t^{(p)}}{y_t^{(p)}}| \qquad (6.46)
\end{aligned}
$$

Wir betrachten nunmehr den Fall, daß alle in der obigen Gleichung (6.45) enthaltenen p Filter, also auch deren Frequenzgangamplituden, identisch seien und zwar gleich der Frequenzgangamplitude $H_0^{(1)}(\omega)$, was nichts anderes bedeutet, als daß das Trendfilter mit der Frequenzgangamplitude $H_0^{(1)}(\omega)$ p-mal auf die zu filternden Digitalmeßdaten angewendet wird. Damit vereinfacht sich Gleichung (6.46) für das neu zusammengesetzte Filter zu

$$
\begin{aligned}
H_0(\omega) &= |\frac{m_t}{y_t}| \\
&= H_0^{(1)}(\omega) \cdot H_0^{(1)}(\omega) \cdot \ldots \cdot H_0^{(1)}(\omega) \\
&= |\frac{m_t^{(1)}}{y_t^{(1)}}| \cdot |\frac{m_t^{(1)}}{y_t^{(1)}}| \cdot \ldots \cdot |\frac{m_t^{(1)}}{y_t^{(1)}}| \\
&= |\frac{m_t^{(1)}}{y_t^{(1)}}|^p \qquad (6.47)
\end{aligned}
$$

Es gilt also

$$
H_0(\omega) = |\frac{m_t}{y_t}| = |\frac{m_t^{(1)}}{y_t^{(1)}}|^p = \left[H_0^{(1)}(\omega)\right]^p \qquad (6.48)
$$

wobei p die Anzahl der hintereinandergeschalteten gleichen Filter mit der Frequenzgangamplitude $H_0^{(1)}(\omega)$ bedeutet.

Wie sich die mehrfache Anwendung eines bestimmten Trendfilters, charakterisiert durch die Frequenzgangamplitude $H_0^{(1)}(\omega)$, auf die Frequenzgangamplitude $H_0(\omega)$ des aus den einzelnen Filtern neu zusammengesetzten Filters auswirkt, soll der folgende Rechengang demonstrieren.

Dazu verwenden wir als Grundlage das im Abschnitt 6.2 betrachtete Trendfilter für den Fall Polynomgrad 2 und Fensterbreite $2M + 1 = 7$, wobei wir als Ergebnis für die Filterkoeffizienten erhielten

$$
a_0 = \frac{7}{21}
$$

$$
a_1 = a_{-1} = \frac{6}{21}
$$

$$
a_2 = a_{-2} = \frac{3}{21}
$$

$$
a_3 = a_{-3} = \frac{-2}{21}
$$

Mittels der Gleichung (6.39) und der darin definierten Beziehung berechnet sich die Frequenzgangamplitude des Trendfilters mit den oben aufgeführten Koeffizienten a_r zu

$$
\begin{aligned}
H_0(\omega) &= \left|\frac{m_t}{y_t}\right| \\
&= \left|\frac{m_t^{(1)}}{y_t^{(1)}}\right| \\
&= H_0^{(1)}(\omega) \\
&= \left|a_0 + 2\sum_{r=1}^{3} a_r \cos(\omega r \Delta t)\right| \qquad (6.49)
\end{aligned}
$$

Die Werte für die Frequenzgangamplitude bei einmaliger Anwendung des Trendfilters hatten wir bereits tabellarisch im Abschnitt 6.3 aufgeführt.
Bei zweimaliger Anwendung des gleichen Filters mit den oben genannten sieben Koeffizienten erhalten wir für die Frequenzgangamplitude gemäß der Gleichung (6.47) und $p = 2$

$$
\begin{aligned}
H_0(\omega) &= \left|\frac{m_t}{y_t}\right| \\
&= \left|\frac{m_t^{(1)}}{y_t^{(1)}}\right|^2 \\
&= \left[H_0^{(1)}(\omega)\right]^2 \\
&= \left|a_0 + 2\sum_{r=1}^{3} a_r \cos(\omega r \Delta t)\right|^2 \qquad (6.50)
\end{aligned}
$$

Die mit Gleichung (6.50) ermittelten Werte der Frequenzgangamplitude für den Fall zweimaliger Anwendung des Trendfilters listen wir in der nachfolgenden Tabelle auf. In gleicher Weise vollziehen wir die Berechnung für den Fall drei- und viermaliger Anwendung desselben Trendfilters, erhalten also die Werte der Frequenzgangamplitude mit

$$
\begin{aligned}
H_0(\omega) &= \left|\frac{m_t}{y_t}\right| \\
&= \left|\frac{m_t^{(1)}}{y_t^{(1)}}\right|^3 \\
&= \left[H_0^{(1)}(\omega)\right]^3 \\
&\quad \left|a_0 + 2\sum_{r=1}^{3} a_r \cos(\omega r \Delta t)\right|^3 \qquad (6.51)
\end{aligned}
$$

und

$$H_0(\omega) = |\frac{m_t}{y_t}|$$

$$= |\frac{m_t^{(1)}}{y_t^{(1)}}|^4$$

$$= \left[H_0^{(1)}(\omega)\right]^4$$

$$= |a_0 + 2\sum_{r=1}^{3} a_r \cos(\omega r \Delta t)|^4 \qquad (6.52)$$

wobei auch diese Werte in der nachfolgenden Tabelle enthalten sind. Somit kann zahlenmäßig beurteilt werden, wie sich die Mehrfachanwendung des Trendfilters auf die Frequenzgangamplitude des aus den einzelnen Filtern zusammengesetzten „neuen" Filters auswirkt. Dabei gehen wir wie im Abschnitt 6.3 von der Kreisfrequenz ω über auf die Frequenz f bzw. die normierte Frequenz f_N.

f_N	$H_0(f)[p=2]$	$H_0(f)[p=3]$	$H_0(f)[p=4]$
0.000	1.000	1.000	1.000
0.025	0.999	0.999	0.999
0.050	0.992	0.988	0.984
0.075	0.962	0.943	0.925
0.100	0.889	0.838	0.790
0.125	0.761	0.663	0.578
0.150	0.581	0.443	0.337
0.175	0.376	0.230	0.141
0.200	0.187	0.081	0.035
0.225	0.056	0.013	0.003
0.250	0.002	0.000	0.000
0.275	0.013	0.001	0.000
0.300	0.052	0.012	0.003
0.325	0.080	0.022	0.006
0.350	0.074	0.020	0.005
0.375	0.042	0.009	0.002
0.400	0.010	0.000	0.000
0.425	0.000	0.000	0.000
0.450	0.018	0.002	0.000
0.475	0.044	0.009	0.002
0.500	0.057	0.013	0.003

Tab 6.5: Frequenzgangamplitude des Trendfilters mit Polynomgrad 2 und Fensterbreite 7 bei zwei-, drei- und viermaliger Anwendung des Filters

Graphisch dargestellt sind diese Werte zusammen mit der Frequenzgangamplitude für die einmalige Anwendung des Trendfilters für den Fall Polynomgrad 2 und

Fensterbreite 7 im Bild 6.4.

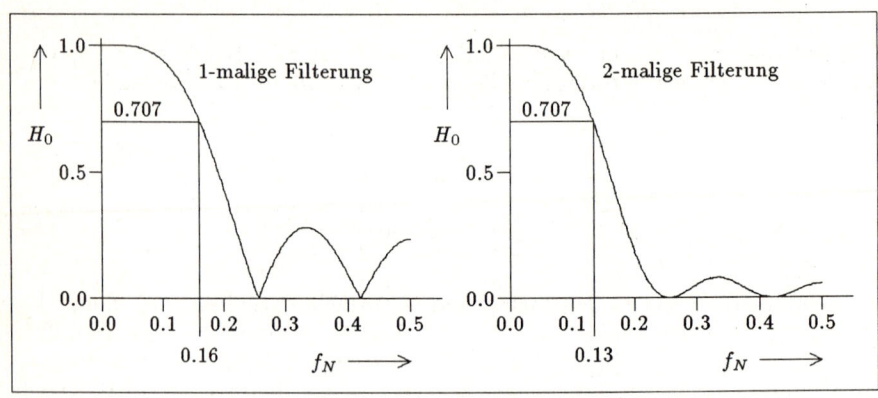

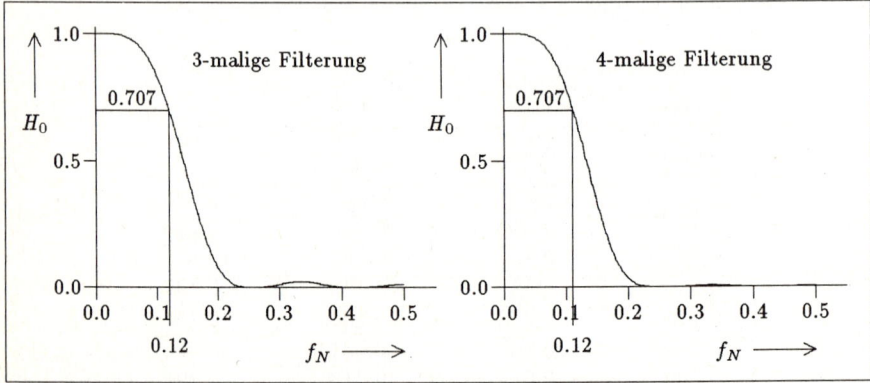

Bild 6.4: Mehrfache Filterung für $2M + 1 = 7$ und $n = 2$

Beim Vergleich der Frequenzgangamplituden für die Fälle einmaliger Anwendung des Filters (links oben), zweimaliger Anwendung (links unten), dreimaliger Anwendung (rechts oben) sowie viermaliger (rechts unten) Anwendung des Trendfilters wird deutlich, wie mit zunehmender Mehrfachanwendung des gleichen Trendfilters die störenden Seitenbänder mehr und mehr verschwinden und die Flankensteilheit des Filters zunimmt, so als hätten wir es mit einer sehr viel größeren Koeffizientenanzahl des Trendfilters zu tun. Ein Effekt, der uns, wie vorher ausgeführt, sehr willkommen ist, wenn es auf eine exakte Trennung zwischen nieder- und höherfrequenten Leistungsanteilen der zu analysierenden Zeitfolge ankommt.

In ähnlicher Weise wie die vorher vorgestellte mehrfache Anwendung des gleichen Filters lassen sich natürlich auch verschiedene Trendfilter miteinander kombinieren, wobei das Ergebnis dieser Kombination sich wieder in Form von Produkten der Frequenzgangamplituden der einzelnen Filter ausdrücken läßt. Insgesamt handelt es sich dabei um ein Verfahren, das das reale Filterverhalten ohne extremen zusätzlichen Aufwand sehr verbessert und so zu vorteilhafteren Resultaten führt.

6.5   Aufgaben

AUFGABE 6.1: Es sind die Trendfilterkoeffizienten für die Einstellparameter Polynomgrad $n = 2$ und Fensterbreite $2M + 1 = 5$, also $M = 2$, zu ermitteln.

Lösung:

$$\boldsymbol{F} = \begin{pmatrix} 1 & -2 & 4 \\ 1 & -1 & 1 \\ 1 & 0 & 0 \\ 1 & 1 & 1 \\ 1 & 2 & 4 \end{pmatrix}$$

a_{-2}	$\dfrac{-3}{35}$
a_{-1}	$\dfrac{12}{35}$
a_0	$\dfrac{17}{35}$
a_1	$\dfrac{12}{35}$
a_2	$\dfrac{-3}{35}$

Tab 6.6: Trendfilterkoeffizienten für Polynomgrad 2 und Fensterbreite 5

AUFGABE 6.2: Die Berechnung der Koeffizienten des Trendfilters hängt nur vom Polynomgrad und der Fensterbreite ab. Es ist deshalb ein Computerprogramm in einer beliebigen Sprache zu entwickeln, welches bei Eingabe der Filterparameter die Filterkoeffizienten ausgibt. Zur Kontrolle des Programmes dienen die bereits gerechneten Sonderfälle.

AUFGABE 6.3: Es sind die im Abschnitt 6.2 vorgestellten Trendfilter mit Polynomgrad 2 und Fensterbreite 7 sowie Polynomgrad 2 und Fensterbreite 5 miteinander zu kombinieren und die Frequenzgangamplitude der beiden hintereinander geschalteten Filter unter Verwendung der im Abschnitt 6.3 aufgeführten einzelnen Frequenzgangamplitudenwerte zu berechnen.

Kapitel 7

Modellierung von Zufallsprozessen

7.1 Prinzip der Modellierung

Im Abschnitt 5.2 hatten wir uns mit mathematischen Beziehungen beschäftigt, mit deren Hilfe eine Quantifizierung des Grades der inneren Verknüpfung zwischen Meßdaten bzw. Variablen möglich ist. Wir hatten festgestellt, daß wenn zwischen gegebenen Meßwertepaaren (x_i, y_i) ein streng funktionaler Zusammenhang besteht, man von einem „deterministischen" Prozeß zweier vollständig voneinander abhängenden, keinen Zufallsschwankungen unterliegenden, Variablen, sprechen kann. Mit „stochastisch" hatten wir dagegen Variable bezeichnet, die zufällige Schwankungen bei der Meßaufnahme aufweisen. Diese stochastischen Prozesse wurden im Abschnitt 5.2 mit Hilfe der Korrelationsanalyse untersucht und charakterisiert.

Bei einer Reihe von technischen Problemstellungen ist es jedoch über die nichtparametrische Charakterisierung der Anteile eines stochastischen Prozesses mittels Korrelationsfunktionen und spektraler Leistungsdichten hinaus von entscheidender Bedeutung, parametrische Modelle dieser stochastischen Prozesse selbst aufzustellen und die Modellparameter zu identifizieren. Zufallsprozesse können somit mathematisch beschrieben werden zum Beispiel zur Vorhersage des Systemverhaltens. Vielfach sind Simulationen komplexer technischer Systeme überhaupt erst durch die Angabe eines der hier vorgestellten mathematischen Modelle möglich. Obwohl ein Modell eines Zufallsprozesses also ermittelt werden kann, muß diese Modellbildung von der eines deterministischen Prozesses deutlich unterschieden werden. Werden nämlich n Zufallsprozesse mittels eines gegebenen Modells generiert, wobei stets als Eingangsgröße in das Modell unkorreliertes und mittelwertfreies **weißes Rauschen** angenommen wird, so erhalten wir n verschiedene Zeitfolgen des Ensembles, das mit Hilfe des Modells beschrieben wird. Aber, und das ist das entscheidende, die statistischen Eigenschaften, wie Korrelationsfunktion, spektrale Leistungsdichte, Mittelwert und Varianz, bleiben charakteristisch für das modellierte Ensemble.

Das einfachste mathematische Modell z_t eines stochastischen Prozesses ist zum Beispiel das des unkorrelierten weißen Rauschens w_t mit einem verschwindenden

Mittelwert $\bar{z}_t = 0$, das wir beschreiben können mit

$$z_t = w_t \tag{7.1}$$

Die Modellzeitfolge besteht in diesem Fall also aus den Werten des weißen Rauschens selbst mit Autokorrelationsfunktion und spektraler Leistungsdichte wie in den Abschnitten 5.2 und 5.3 beschrieben.

Die zu modellierenden Zufallsprozesse erfordern aber im allgemeinen mehr Parameter. Dazu betrachten wir zunächst im Abschnitt 7.2 das Modell des „Autoregressiven" (AR) Prozesses und im Abschnitt 7.3 das des „Moving Average" (MA) Prozesses. Eine Kombination aus diesen beiden Modellen stellen dann der ARMA Prozeß und schließlich der ARIMA Prozeß für instationäre Zufallsprozesse im Abschnitt 7.4 dar. Wir werden jeweils die Modelle univariat und multivariat, also ein- und in der verallgemeinerten Anwendung mehrdimensional, definieren und prinzipielle Wege der Parameteridentifizierung aufzeigen.

Anhand eines einfachen Falles sollen die Prinzipien der Modellierung von Zufallsprozessen zu Beginn unserer Überlegungen kurz erläutert werden. Dazu betrachten wir ausgehend von dem Modell in Gleichung (7.1) die Differenzenbeziehung

$$z_t = \Phi_1 z_{t-1} + w_t \tag{7.2}$$

wobei die Zeitfolge z_t als mittelwertfrei angenommen wird, was bei Nichtvorliegen dieser Bedingung durch Anwendung des im Abschnitt 6.2 vorgestellten Trendfilters erreicht werden kann. Dieses Modell für einen Zufallsprozeß wird als **Gauß-Markov-Prozeß** 1. Ordnung bezeichnet und stellt die Grundstufe einer ganzen Klasse von sehr nützlichen Modellen, den **Autoregressiven Prozessen** dar, denen wir uns in allgemeiner Weise im Abschnitt 7.2 zuwenden werden.

Der Gauß-Markov-Prozeß 1. Ordnung in Gleichung (7.2) weist eine Reihe von Eigenschaften auf, die zu vielfältiger Anwendung Anlaß geben. So stellt sich bei näherer Betrachtung heraus, daß die Autokorrelationsfunktion dieses Gauß-Markov-Prozesses 1. Ordnung einen exponentiellen Charakter aufweist, was bei vielen technischen Problemstellungen gegeben sein kann. Im Falle der kontinuierlichen Formulierung des Gauß-Markov-Prozesses 1. Ordnung erhalten wir nämlich die folgende Differentialgleichung 1. Ordnung

$$T \frac{dz(t)}{dt} + z(t) = w(t) \tag{7.3}$$

wobei T als Korrelationszeit des Prozesses bezeichnet wird und für die als Autokorrelationsfunktion folgt

$$\rho_{zz}(\tau) = e^{-|\tau/T|} \tag{7.4}$$

Voraussetzungen für die Gültigkeit dieser Gleichung (7.4) sind die Stationarität des mit $z(t)$ beschriebenen Prozesses, ein mittelwertfreier und unkorrelierter Prozeß $w(t)$ und eine positive Zeitkonstante T. Bei gegebener endlicher Varianz σ_w^2

berechnet sich die mathematische Formulierung der spektralen Leistungsdichte für den stochastischen Prozeß $z(t)$ des Gauß-Markov-Prozesses 1. Ordnung zu

$$\Theta_{zz}(f) = \frac{\sigma_w^2}{1 + (2\pi f T)^2}$$
$$-\infty \leq f \leq \infty \tag{7.5}$$

Im Falle der uns besonders interessierenden diskreten Formulierung in Gleichung (7.2) erhalten wir für die Autokorrelationsfunktion

$$\rho_{zz}(k) = \Phi_1^{|k|}$$
$$k = 0, \pm 1, \pm 2, \ldots \tag{7.6}$$

Die Erinnerung an die im Abschnitt 5.2 definierten Bedingungen an eine stationäre Zeitfolge läßt uns hier für die Zeitfolge z_t folgern, daß $|\Phi_1| < 1$ sein muß.

Im Abschnitt 5.3 hatten wir festgestellt, daß das Leistungsspektrum oder die spektrale Leistungsdichte für weißes Rauschen einer Konstanten entspricht. Bei Berücksichtigung der Abtastzeit Δt wird die Konstante zu

$$\Theta_{ww}(f) = \sigma_w^2 \cdot \Delta t$$
$$-\frac{1}{2\Delta t} \leq f < \frac{1}{2\Delta t} \tag{7.7}$$

Benutzen wir außerdem die Beziehung

$$\Theta_{zz}(f) = |H(f)|^2 \cdot \Theta_{ww}(f)$$
$$-\frac{1}{2\Delta t} \leq f < \frac{1}{2\Delta t} \tag{7.8}$$

mit $\Theta_{zz}(f)$ als spektrale Leistungsdichte des Gauß-Markov Prozesses 1. Ordnung, $\Theta_{ww}(f)$ als spektrale Leistungsdichte des weißen Rauschens und $H(f)$ als Systemübertragungsfunktion, so erhalten wir:

$$\Theta_{zz}(f) = \Delta t \cdot \sigma_w^2 |H(f)|^2$$
$$-\frac{1}{2\Delta t} \leq f < \frac{1}{2\Delta t}$$
$$\text{mit} \quad H(f) = \frac{1}{1 - \Phi_1 e^{-j2\pi f \delta f}} \tag{7.9}$$

Als Übertragungsfunktion für den Gauß-Markov Prozeß 1. Ordnung

$$z_t = \Phi_1 z_{t-1} + w_t$$
$$\Theta_{zz}(f) = \Delta t \cdot \sigma_w^2 \left[\frac{1}{1 - \Phi_1 e^{-j2\pi f \delta f}} \right]^2$$
$$-\frac{1}{2\Delta t} \leq f < \frac{1}{2\Delta t} \tag{7.10}$$

Der Klammerausdruck wird zu

$$\left[\frac{1}{1-\Phi_1 e^{-j2\pi f \Delta t}}\right]^2 = \left[\frac{1}{1-\Phi_1 e^{-j2\pi f \Delta t}}\right]\left[\frac{1}{1-\Phi_1 e^{+j2\pi f \Delta t}}\right]$$

$$= \left[\frac{1}{1+\Phi_1^2 - \Phi_1(\cos 2\pi f \Delta t - j\sin 2\pi f \Delta t) - \Phi_1(\cos 2\pi f \Delta t + j\sin 2\pi f \Delta t)}\right]$$

$$= \left[\frac{1}{1+\Phi_1^2 - 2\Phi_1 \cos 2\pi f \Delta t}\right] \tag{7.11}$$

Dieses Resultat in Gleichung (7.10) eingesetzt führt zu

$$\Theta_{zz}(f) = \Delta t \sigma_z^2 \left[\frac{1}{1+\Phi_1^2 - 2\Phi_1 \cos 2\pi f \Delta t}\right]$$

$$\Theta_{zz}(f) = \frac{\Delta t \sigma_w^2}{1+\Phi_1^2 - 2\Phi_1 \cos 2\pi f \Delta t}$$

$$-\frac{1}{2\Delta t} \leq f < \frac{1}{2\Delta t} \tag{7.12}$$

wobei Δt das Zeitintervall zwischen zwei diskreten Meßwerten darstellt.

Sei nun ausgehend von Gleichung (7.6) die Autokorrelationsfunktion einer zu analysierenden Zufallszeitfolge z_t gegeben mit

$$\rho_{zz}(k) = \Phi_1^{|k|} = 0.9^{|k|} \; ; \qquad k = 0, \pm 1, \pm 2, \dots \tag{7.13}$$

und die spektrale Leistungsdichte gemäß Gleichung (7.12) unter Einsetzen der Abtastzeit von $\Delta t = 0.05s$ und $\sigma_w^2 = 1$ mit

$$\Theta_{zz}(f) = \frac{\Delta t \sigma_w^2}{1+\Phi_1^2 - 2\Phi_1 \cos 2\pi f \Delta t}$$

$$= \frac{0.05 \cdot 1}{1+0.9^2 - 2 \cdot 0.9 \cos 2\pi f 0.05}$$

$$-\frac{1}{2\Delta t} \leq f < \frac{1}{2\Delta t}$$

$$-\frac{1}{2 \cdot 0.05} \leq f < \frac{1}{2 \cdot 0.05}$$

$$-10Hz \leq f < 10Hz \tag{7.14}$$

so erhalten wir die im Bild 7.1 dargestellten Funktionsverläufe für $\rho_{zz}(k)$ und $\Theta_{zz}(f)$, wobei jeweils die interessanten Bereiche von $k = 0, \cdots, 40$ und für den Frequenzbereich $f = 0, \cdots, 2Hz$ ausgewählt wurden.

Denken wir uns nun im nächsten Schritt unserer Überlegungen, daß die im Bild 7.1 enthaltenen Ergebnisse für die Autokorrelationsfunktion und spektrale Leistungsdichte von der statistischen Analyse einer uns unbekannten Zufallszeitfolge z_t unter Anwendung der Rechenmethoden, wie sie in Abschnitten 5.2 und 5.3 vorgestellt wurden, stammen mögen, so gilt es jetzt durch die Modellbildung für z_t und die anschließende Parameteridentifizierung, zum Beispiel aus der Autokorrelationsfunktion $\rho_{zz}(k)$, diesen Zufallsprozeß mathematisch so zu beschreiben, daß seine statistischen Eigenschaften mit den vorgegebenen übereinstimmen. Durch diese Parameteridentifizierung, auf die wir im nächsten Abschnitt 7.2 näher eingehen werden, gelingt es dann, für das Modell gemäß Gleichung (7.2) den Wert 0.9 für Φ_1 zu ermitteln, also

$$z_t = \Phi_1 z_{t-1} + w_t = 0.9 z_{t-1} + w_t \tag{7.15}$$

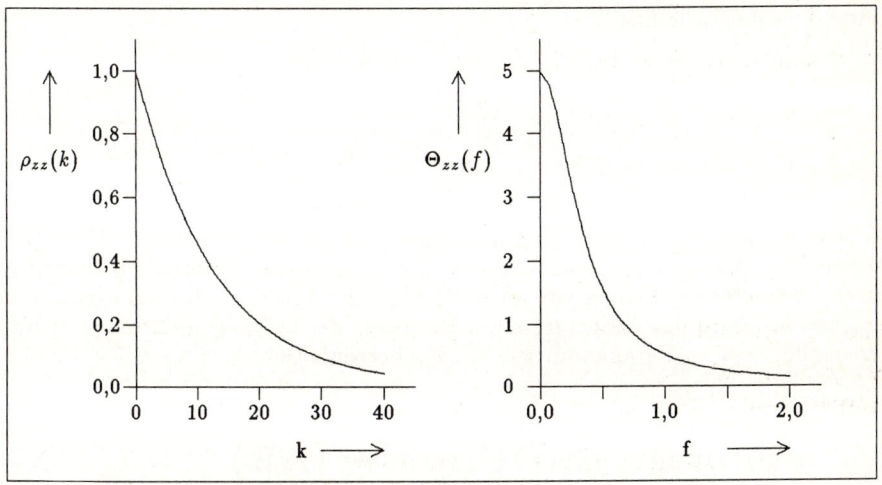

Bild 7.1: $\rho_{zz}(k), \Theta_{zz}(f)$ für Gauß-Markov Prozeß 1. Ordnung

Die wesentlichen der im Bild 7.1 verwendeten Zahlenwerte sind in den folgenden Tabellen aufgelistet.

k	$\rho_{zz}(k)$
0	1.00
1	0.90
2	0.81
3	0.73
4	0.66
5	0.59
6	0.53
7	0.48
8	0.43
9	0.39
10	0.35
20	0.12
30	0.04
40	0.01

f	$\Theta_{zz}(f)$
0.0	5.0
0.1	4.6
0.2	3.7
0.3	2.8
0.4	2.1
0.5	1.6
0.6	1.2
0.7	0.9
0.8	0.8
0.9	0.6
1.0	0.5
1.3	0.3
1.5	0.2
2.0	0.1

Tab. 7.1: Wertetabelle für $\rho_{zz}(k)$ und $\Theta_{zz}(f)$ eines Gauß-Markov-Prozesses 1. Ordnung

Allgemein gilt: Wenn die statistische Auswertung einer Zufallsfolge einen solchen Typ von Autokorrelationsfunktionen und spektralen Leistungsdichten ergibt, wie sie im Bild 7.1 dargestellt sind, dann ist der Gauß-Markov-Prozeß 1. Ordnung schon ein gutes und für viele Simulationen völlig ausreichendes Modell.

Fassen wir die Ergebnisse aus diesem Abschnitt 7.1 noch einmal zusammen, so erhalten wir die folgenden drei zwar unterschiedlichen aber gleichberechtigten und ineinander überführbaren mathematischen Formulierungen des diskreten Gauß-Markov-Prozesses 1. Ordnung, eines Modells, das in der Praxis viele nützliche Anwendungsbereiche findet

$$z_t \;=\; \Phi_1 z_{t-1} + w_t$$
$$\rho_{zz}(k) \;=\; \Phi_1^{|k|}$$
$$\Theta_{zz}(f) \;=\; \frac{\Delta t \sigma_w^2}{1 + \Phi_1^2 - 2\Phi_1 \cos 2\pi f \Delta t}$$

Der Gauß-Markov-Prozeß 1. Ordnung wird auch **Autoregressiver Prozeß 1. Ordnung** genannt. Ausgehend von diesem einfachen mathematischen Modell mit einem Parameter Φ_1 werden wir uns im folgenden Abschnitt 7.2 mit einer verallgemeinerten Form des Autoregressiven Prozesses der beliebigen Ordnung m unter Verwendung von m Parametern $\Phi_1, \cdots, \Phi_m$ beschäftigen.

7.2   Autoregressive Prozesse (AR)

Wie bereits im Abschnitt 7.1 erwähnt, sind Autoregressive Prozesse mathematische Modelle in kontinuierlicher als auch in diskreter Formulierung, mit deren Hilfe eine ganze Reihe von stationären und mittelwertfreien Zufallsfolgen sehr genau und relativ einfach nachgebildet werden können. Da wir uns auf die Anwendung von mathematischen Methoden in Digitalrechnern konzentrieren wollen, beschränken wir uns im folgenden auf den diskreten Fall. Wir hatten in der Gleichung (7.2) bereits das Grundmodell, den Autoregressiven Prozeß 1. Ordnung, wie folgt definiert:

$$z_t = \Phi_1 z_{t-1} + w_t$$

Ausgehend von diesem Grundmodell erweitern wir nunmehr die Anzahl der einen Zufallsprozeß z_t beschreibenden Parameter Φ_m von 1 auf m und erhalten damit die folgende Differenzengleichung

$$z_t \;=\; \Phi_1 z_{t-1} + \Phi_2 z_{t-2} + \cdots + \Phi_m z_{t-m} + w_t$$
$$z_t \;=\; \sum_{i=1}^{m} \Phi_i z_{t-i} + w_t \tag{7.16}$$

Mit Gleichung (7.16) ist der allgemeine, eindimensionale Autoregressive AR-Prozeß m-ter Ordnung definiert. Bei dieser mathematischen Beschreibung wird der laufende Wert des zu modellierenden Zufallsprozesses z_t zum Zeitpunkt t ausgedrückt durch eine Linearkombination früherer Werte des Prozesses z_{t-i} zuzüglich eines unkorrelierten und mittelwertfreien weißen Rauschens w_t mit der Varianz σ_w^2.

In der Gleichung (7.16) stellen die $\Phi_1, \Phi_2, \cdots, \Phi_m$ die m autoregressiven Parameter dar. Sind $\Phi_2 = \cdots = \Phi_m = 0$, so erhalten wir durch Einsetzen dieser Werte in die Gleichung (7.16) das im Abschnitt 7.1 behandelte Beispiel des Autoregressiven Prozesses oder Gauß-Markov-Prozesses 1. Ordnung.

Die Anwendung des in Gleichung (7.16) formulierten allgemeinen Autoregressiven Modells für Zufallsprozesse setzt nun die Möglichkeit der Parameteridentifizierung von $\Phi_1, \Phi_2, \cdots, \Phi_m$ voraus. Dazu werden wir im folgenden auf zwei Verfahren zur Bestimmung dieser AR-Parameter näher eingehen.

Identifizierung der AR-Parameter

Ausgangspunkt für die Betrachtung des ersten Verfahrens ist die in Gleichung (7.16) enthaltene Definition eines stationären Autoregressiven Prozesses der Ordnung m

$$z_t = \Phi_1 z_{t-1} + \Phi_2 z_{t-2} + \cdots + \Phi_m z_{t-m} + w_t$$

Wird diese Gleichung mit z_{t-k} multipliziert, so erhalten wir

$$z_{t-k} z_t = \Phi_1 z_{t-k} z_{t-1} + \Phi_2 z_{t-k} z_{t-2} + \cdots + \Phi_m z_{t-k} z_{t-m} + z_{t-k} w_t \quad (7.17)$$

Die Berechnung der Erwartungswerte in Gleichung (7.17) führt unter Verwendung der Definitionen im Abschnitt 5.2 für die Autokovarianzfunktion $\varphi_{zz}(k)$ zu den Beziehungen

$$E[z_{t-k} z_t] = E[z_t z_{t+k}] = \varphi_{zz}(k)$$
$$E[z_{t-k} z_{t-1}] = E[z_t z_{t+k-1}] = \varphi_{zz}(k-1)$$
$$\vdots$$
$$E[z_{t-k} z_{t-m}] = E[z_t z_{t+k-m}] = \varphi_{zz}(k-m) \quad (7.18)$$

Werden die in Gleichung (7.18) enthaltenen Werte in Gleichung (7.17) eingesetzt und berücksichtigt man, daß

$$E[z_{t-k} w_t] = 0 \quad (7.19)$$

da z_{t-k} und w_t definitionsgemäß unkorreliert sind, so erhalten wir

$$\varphi_{zz}(k) = \Phi_1 \varphi_{zz}(k-1) + \cdots + \Phi_m \varphi_{zz}(k-m)$$
$$k > 0 \quad (7.20)$$

Dividieren wir in Gleichung (7.20) die Werte für die Autokovarianzfunktion $\varphi_{zz}(k)$ durch die Varianz σ_z^2 mit

$$\sigma_z^2 = E[z_t z_t] = \varphi_{zz}(0) \quad (7.21)$$

so folgt daraus die folgende Differenzengleichung für die Autokorrelationsfunktion $\rho_{zz}(k)$

$$\rho_{zz}(k) = \Phi_1 \rho_{zz}(k-1) + \cdots + \Phi_m \rho_{zz}(k-m)$$
$$k > 0 \quad (7.22)$$

Setzt man nun für $k = 1, 2, \cdots, m$ ein, erhält man das folgende lineare System von m Gleichungen, den **Yule-Walker Gleichungen**, zur Bestimmung der m gesuchten Parameter $\Phi_1, \Phi_2, \cdots, \Phi_m$

$$\rho_{zz}(1) = \Phi_1 \rho_{zz}(0) + \cdots + \Phi_m \rho_{zz}(1 - m)$$
$$\vdots$$
$$\rho_{zz}(m) = \Phi_m \rho_{zz}(m - 1) + \cdots + \Phi_m \rho_{zz}(0) \qquad (7.23)$$

wobei gemäß Abschnitt 5.2 gilt

$$\rho_{zz}(0) = 1$$
$$\rho_{zz}(-k) = \rho_{zz}(k) \qquad (7.24)$$

Damit ergibt sich für die Gleichungen (7.23) schließlich

$$\rho_{zz}(1) = \Phi_1 + \cdots + \Phi_m \rho_{zz}(m - 1)$$
$$\vdots$$
$$\rho_{zz}(m) = \Phi_m \rho_{zz}(m - 1) + \cdots + \Phi_m \qquad (7.25)$$

Diese Gleichungen (7.25) stellen demnach ein System zur Lösung des Problems der Identifizierung der m Parameter des Autoregressiven Prozesses auf der Basis der berechneten Werte der Autokorrelationsfunktion des betrachteten Zufallsprozesses dar.

Zur Erläuterung erinnern wir uns an den einfachen Fall aus dem Abschnitt 7.1, wo wir einen Autoregressiven Prozeß 1. Ordnung betrachtet hatten mit den folgenden hier interessierenden Werten der Autokorrelationsfunktion

$$\rho_{zz}(0) = 1$$
$$\rho_{zz}(1) = 0.9 \qquad (7.26)$$

Gemäß Gleichungen (7.25) gilt mit $\Phi_2 = \cdots = \Phi_m = 0$ und unter Einsetzen des Wertes $\rho_{zz}(1) = 0.9$

$$\rho_{zz}(1) = \Phi_1 = 0.9 \qquad (7.27)$$

also genau der Wert, den wir in unserem Gauß-Markov-Prozeß 1. Ordnung als Modellparameter vor Bestimmung der Autokorrelationsfunktion angesetzt hatten mit

$$z_t = 0.9 z_{t-1} + w_t$$

Wir sehen, wie mit Hilfe der Autokorrelationsfunktion Parameter von Autoregressiven Prozessen zur Modellierung von Zufallsprozessen, von denen nur die Autokorrelationsfunktion bekannt sein mag, identifiziert werden können. Allerdings sei auf die Schwierigkeit hingewiesen, daß die Ordnung des Autoregressiven Prozesses zur bestmöglichen Nachbildung des vorgegebenen Zufallsprozesses im allgemeinen nicht bekannt ist. Dazu bedarf es *vor* der eigentlichen Modellbildung noch einiger zusätzlicher Überlegungen, auf die wir später eingehen werden.

Darüberhinaus interessiert uns jetzt eine allgemeine Lösung des Gleichungssystems (7.25) für beliebig viele AR Parameter Φ_m. Mit den Definitionen

$$u = \begin{pmatrix} \Phi_1 \\ \vdots \\ \Phi_m \end{pmatrix}$$

$$v = \begin{pmatrix} \rho_{zz}(1) \\ \vdots \\ \rho_{zz}(m) \end{pmatrix}$$

$$C = \begin{pmatrix} 1 & \rho_{zz}(1) & \rho_{zz}(2) & \dots & \rho_{zz}(m-1) \\ \vdots & \vdots & \vdots & \vdots & \vdots \\ \rho_{zz}(m-1) & \rho_{zz}(m-2) & \rho_{zz}(m-3) & \dots & 1 \end{pmatrix} \qquad (7.28)$$

wird aus Gleichung (7.25) die Form

$$v = Cu \qquad (7.29)$$

Aus dieser Gleichung (7.29) folgt für die Lösung des Vektors u zur Bestimmung der AR Parameter Φ_m des Gleichungssystems (7.25)

$$u = C^{-1}v \qquad (7.30)$$

oder

$$\begin{pmatrix} \Phi_1 \\ \vdots \\ \Phi_m \end{pmatrix} =$$

$$= \begin{pmatrix} 1 & \rho_{zz}(1) & \rho_{zz}(2) & \dots & \rho_{zz}(m-1) \\ \vdots & \vdots & \vdots & \vdots & \vdots \\ \rho_{zz}(m-1) & \rho_{zz}(m-2) & \rho_{zz}(m-3) & \dots & 1 \end{pmatrix}^{-1} \begin{pmatrix} \rho_{zz}(1) \\ \vdots \\ \rho_{zz}(m) \end{pmatrix}$$

Damit ist für den Autoregressiven Prozeß der Ordnung m gemäß der Definition in Gleichung (7.16)

$$z_t = \Phi_1 z_{t-1} + \Phi_2 z_{t-2} + \cdots + \Phi_m z_{t-m} + w_t$$

$$z_t = \sum_{i=1}^{m} \Phi_i z_{t-i} + w_t$$

die Lösung der gesuchten autoregressiven Parameter

$$\begin{pmatrix} \Phi_1 \\ \vdots \\ \Phi_m \end{pmatrix}$$

auf der Basis ermittelter Werte der Autokorrelationsfunktion

$$\begin{pmatrix} \rho_{zz}(1) \\ \vdots \\ \rho_{zz}(m) \end{pmatrix}$$

eines betrachteten Zufallsprozesses, der modelliert werden soll, gegeben.

Betrachten wir nun eine zweite Methode zur Identifizierung der Parameter eines Autoregressiven Prozesses direkt auf der Basis einer gegebenen und zu modellierenden Zufallsfolge ohne vorherige Berechnung der Autokorrelationsfunktion. Dazu gehen wir allgemein von einem vorgegebenen zu modellierenden Zufallsprozeß z_t aus und erinnern uns der Formulierung des Modells eines Autoregressiven Prozesses m-ter Ordnung aus Gleichung (7.16) mit

$$z_t = \sum_{i=1}^{m} \Phi_i z_{t-i} + w_t \tag{7.31}$$

Die gegebenen Werte der Zeitfolge des Zufallsprozesses z_t in Gleichung (7.31) eingesetzt ergibt die folgende Bestimmungsgleichung für das unkorrelierte und mittelwertfreie weiße Rauschen w_t mit der Varianz σ_w^2

$$w_t = z_t - \sum_{i=1}^{m} \Phi_i z_{t-i} \tag{7.32}$$

Unbekannt seien in dieser Gleichung (7.32) aber die Werte für die Parameter $\Phi_1, \Phi_2, \cdots, \Phi_m$. Die iterative Methode, von der nunmehr die Rede ist, geht von einem zu setzenden Anfangswert z_0 aus, der beispielsweise mit

$$z_0 = 0 \tag{7.33}$$

definiert sein könnte.

In einem nächsten Schritt werden m **geschätzte Parameter** $\hat{\Phi}_i$ mit Werten zwischen -1 und $+1$ willkürlich ausgewählt und die Werte von $\hat{w}_t$ analog zu Gleichung (7.32) unter Berücksichtigung der Anfangsbedingung in Gleichung (7.33) rekursiv berechnet mit

$$\hat{w}_t = z_t - \sum_{i=1}^{m} \hat{\Phi}_i z_{t-i} \tag{7.34}$$

sowie die Varianz $\sigma_{\hat{w}}^2$ unter Ermittlung der Summe der Quadrate von $\hat{w}_t$ gebildet.

Die iterative Betrachtungsweise resultiert nunmehr aus der Vorgehensweise, die Parameter $\hat{\Phi}_i$ zu variieren und in Abhängigkeit zur Varianz $\sigma_{\hat{w}}^2$ von $\hat{w}_t$ zu setzen. An der Stelle eines bestimmten Satzes von Parametern $\hat{\Phi}_i$ wird die Varianz $\sigma_{\hat{w}}^2$ von $\hat{w}_t$ zum Minimum. An dieser Stelle wird der dort geltende Parametersatz als der wahrscheinlichste akzeptiert, da die Summe der Quadrate der Residuen $\hat{w}_t$ also $z_t - \sum_{i=1}^{m} \hat{\Phi}_i z_{t-i}$ dann ein Minimum annimmt, wenn das durch die Parameter $\hat{\Phi}_i$ charakterisierte Modell am besten den vorgebenen Werten der Zeitfolge des Zufallsprozesses z_t angepaßt ist. Diese iterative Vorgehensweise ist mit einem erheblichen, im allgemeinen nur mit dem Digitalrechner durchzuführenden, Rechenaufwand verbunden.

Betrachten wir zur Erläuterung das einfache Beispiel eines Autoregressiven Prozesses 1. Ordnung aus der Gleichung (7.15) im Abschnitt 7.1 mit $\Phi_1 = 0.9$

$$z_t = 0.9 z_{t-1} + w_t \tag{7.35}$$

Gegeben seien die in der folgenden Tabelle enthaltenen Werte eines unkorrelierten und mittelwertfreien weißen Rauschens w_t mit der Varianz $\sigma_w^2 = 0.63$. Als Anfangswert wählen wir $z_0 = 0.000$ und erhalten durch Einsetzen der gegebenen Werte für w_t in die Gleichung (7.35) die ebenfalls in der nachfolgenden Tabelle aufgeführten Werte für die Zeitfolge des Zufallsprozesses z_t, der anschließend auf der Basis dieser Werte und dem oben beschriebenen iterativen Verfahren modelliert werden soll, wobei wir das Ergebnis aus Gleichung (7.35) bereits kennen und auf diese Weise das Verfahren überprüfen können.

Berechnen wir den ersten Wert für z_t mit $w_1 = 0.216$, so erhalten wir

$$z_1 = 0.9 z_0 + w_1 = 0.216 \tag{7.36}$$

Der zweite Wert für z_t mit $w_2 = 0.769$ wird ermittelt zu

$$z_2 = 0.9 z_1 + w_2 = 0.9 \cdot 0.216 + 0.769 = 0.963 \tag{7.37}$$

Entsprechend werden die weiteren Werte für z_t sukzessive mit Gleichung (7.35) berechnet. Insgesamt erhalten wir für z_t die folgenden Ergebnisse

t	w_t	z_t
0	0.577	0.000
1	0.216	0.216
2	0.769	0.963
3	0.083	0.950
4	1.090	1.945
5	0.538	2.288
6	0.358	2.418
7	-0.700	1.476
8	-0.727	0.601
9	-1.319	-0.778
10	0.909	0.208
11	-1.180	-0.993
12	-1.407	-2.301
13	0.278	-1.793
14	-0.010	-1.623
15	-0.418	-1.879
16	-0.248	-1.939
17	-1.187	-2.932
18	0.569	-2.070
19	0.835	-1.028
20	0.975	0.050

Tab 7.2: Werte für z_t und w_t eines AR-Prozesses 1. Ordnung

Unter Verwendung der Zahlenwerte von z_t aus der vorangegangenen Tabelle ermitteln wir nun gemäß Gleichung (7.34) die Residuen $\hat{w}_t$ indem der autoregressive Parameter $\hat{\Phi}_1$, der als nicht bekannt angenommen wird, iterativ die Werte zwischen 0.1 und 0.99 durchläuft, mit

$$\hat{w}_t = z_t - \hat{\Phi}_1 z_{t-1} \tag{7.38}$$

und berechnen jeweils die Varianz $\sigma_{\hat{w}}^2$ für $\hat{w}_t$. Das Ergebnis dieser Varianzberechnung in Abhängigkeit von der gewählten Größe für den autoregressiven Parameter $\hat{\Phi}_1$ zeigt das Bild 7.2 mit der Aussage, daß das Minimum der Varianz bei $\hat{\Phi}_1 = 0.9$ liegt, was aus der nachfolgenden Tabelle in Form von Zahlenwerten für $\hat{\Phi}_1$ und $\sigma_{\hat{w}}^2$ im einzelnen hervorgeht. Damit ist der Parameter Φ_1 des Autoregressiven Prozesses 1. Ordnung unseres einfachen Beispieles richtig zu 0.9 bestimmt worden. In gleicher Weise gestaltet sich prinzipiell die Vorgehensweise bei Autoregressiven Prozessen höherer Ordnung.

$\hat{\Phi}_1$	$\sigma_{\hat{w}}^2$
0.1	2.050
0.2	1.699
0.3	1.397
0.4	1.144
0.5	0.940
0.6	0.785
0.7	0.679
0.8	0.622
0.9	0.614
0.95	0.628
0.99	0.648

Tab 7.3: Werte für $\sigma_{\hat{w}}^2$ in Abhängigkeit von $\hat{\Phi}_1$ eines AR-Prozesses 1. Ordnung

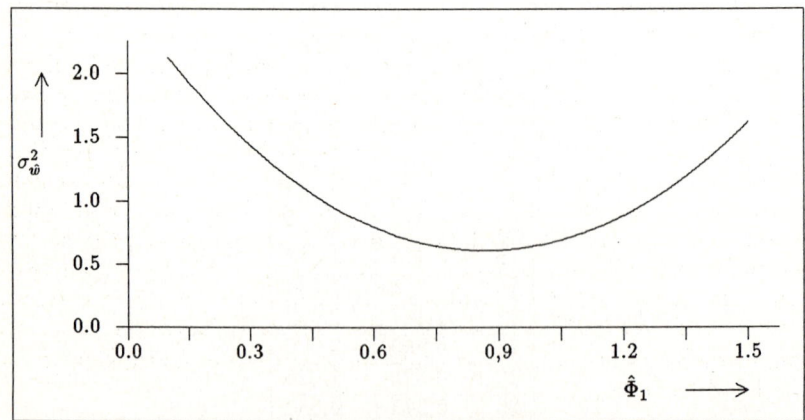

Bild 7.2: Iterative Parameteridentifizierung eines AR-Prozesses 1. Ordnung

Bei der Parameteridentifizierung ist vor allem zu beachten, daß das gemäß Gleichung (7.16) zur Modellbildung des Autoregressiven Prozesses verwendete weiße Rauschen w_t auch tatsächlich unkorreliert sowie statisch und dynamisch mittelwertfrei ist. Oft liefern Rauschgeneratoren **Zufallswerte**, die selbst einen zeitvariablen Trend enthalten, die das Ergebnis vollständig verfälschen können. Deutlich wird diese Feststellung unter der Annahme, daß w_t aus einem unkorrelierten und mittelwertfreien Anteil w_t' bestehe sowie aus einem Trendanteil, der selbst wiederum nach der Modellvorstellung eines Autoregressiven Prozesses mit den Parametern Φ_i' beschreibbar sei. Für w_t gelte also

$$w_t = \sum_{i=1}^{m} \Phi_i' w_{t-i} + w_t' \qquad (7.39)$$

Damit wird aus Gleichung (7.16)

$$z_t = \sum_{i=1}^{m} \Phi_i z_{t-i} + w_t = \sum_{i=1}^{m} \Phi_i z_{t-i} + \sum_{i=1}^{m} \Phi_i' w_{t-i} + w_t' \qquad (7.40)$$

Deutlich wird hier erkennbar, daß ein Zufallsprozeß z_t mit dem Ansatz aus Gleichung (7.16) nicht mehr identifizierbar sein kann, denn die Parameter Φ_i' sind in dem allgemeinen Ansatz eines Autoregressiven Prozesses nicht berücksichtigt. Jede Parameteridentifizierung dieses AR-Prozesses muß durch die Φ_i' verfälscht werden. Deshalb ist es vordringlich, daß die Parameter Φ_i' zu Null werden, was eben bedeutet, daß w_t völlig trendfrei sein muß.

Ordnung des AR-Prozesses

Ein weiteres Problem, das im Zusammenhang mit der Aufstellung eines Autoregressiven Modells für Zufallsprozesse gelöst werden muß, ist das der Bestimmung der Ordnung des AR-Prozesses. Bei unserem Beispiel mit einem bereits vorgegebenen AR-Prozeß 1. Ordnung war diese Frage nicht von Bedeutung. Doch ist die optimale Festlegung der Zahl der autoregressiven Parameter Φ_m im allgemeinen bei der Modellierung von Zufallsprozessen eine elementar zu lösende Problemstellung. Dabei geht man auch hier einen rekursiven Weg. Nicht die optimale Zahl der AR-Parameter ist zuerst zu bestimmen, sondern die Zahl m der Φ_m wird variiert und jeweils eine iterative Anpassung der AR-Parameter auf die zu modellierende Zufallszeitfolge vorgenommen. Hierbei ist jeweils wie vorher die Varianz der Residuen $\sigma_{\hat{w}}^2$ zu bestimmen und graphisch oder tabellarisch der Zahl der AR-Parameter m gegenüberzustellen. An der Stelle, an der $\sigma_{\hat{w}}^2$ zum Minimum wird und sich fortan nicht mehr signifikant ändert, ist die Zahl der AR-Parameter m optimal gewählt. Dies sei wieder anhand des AR-Prozesses 1. Ordnung $z_t = 0.9 z_{t-1} + w_t$ im folgenden demonstriert. Eine optimale Anpassung der Modelle der Ordnung $m = 0, 1, 2, 3, 4$, ergibt die in der folgenden Tab 7.4 aufgeführten Resultate für die minimale Varianz der Residuen $\sigma_{\hat{w}}^2$ und die optimierten AR-Parameter $\hat{\Phi}_m$ in Abhängigkeit von der Zahl der AR-Parameter m.

m	$\sigma_{\hat{w}}^2$	$\hat{\Phi}_1$	$\hat{\Phi}_2$	$\hat{\Phi}_3$	$\hat{\Phi}_4$
0	2.290	0.00	0.00	0.00	0.00
1	0.578	0.90	0.00	0.00	0.00
2	0.556	0.90	0.10	0.00	0.00
3	0.565	0.90	0.10	0.03	0.00
4	0.591	0.90	0.10	0.03	0.06

Tab. 7.4: Werte für $\sigma_{\hat{w}}^2$ und $\hat{\Phi}_m$ in Abhängigkeit von der Ordnung m eines AR-Prozesses

Die Berechnungsmethode der einzelnen Zahlenwerte ergibt sich aus dem folgenden Schema:

1. Schritt : $z_t = \hat{w}_t$ $\rightarrow$ $\sigma_{\hat{w}}^2 = 2.290$

2. Schritt : $z_t = \hat{\Phi}_1 z_{t-1} + \hat{w}_t$

   $\hat{\Phi}_1$ variieren, bis $\sigma_{\hat{w}}^2$ zum Minimum wird

   $\rightarrow$ $\hat{\Phi}_1 = 0.90$ $\rightarrow$ $\sigma_{\hat{w}}^2 = 0.578$

   $\hat{\Phi}_1$ festhalten

3. Schritt : $z_t = \hat{\Phi}_1 z_{t-1} + \hat{\Phi}_2 z_{t-2} + \hat{w}_t$

   $\hat{\Phi}_2$ variieren, bis $\sigma_{\hat{w}}^2$ zum Minimum wird

   $\rightarrow$ $\hat{\Phi}_2 = 0.10$ $\rightarrow$ $\sigma_{\hat{w}}^2 = 0.556$

   $\hat{\Phi}_1 = 0.90, \hat{\Phi}_2 = 0.10$ festhalten

4. Schritt : $z_t = \hat{\Phi}_1 z_{t-1} + \hat{\Phi}_2 z_{t-2} + \hat{\Phi}_3 z_{t-3} + \hat{w}_t$

   $\hat{\Phi}_3$ variieren, bis $\sigma_{\hat{w}}^2$ zum Minimum wird

   $\rightarrow$ $\hat{\Phi}_3 = 0.03$ $\rightarrow$ $\sigma_{\hat{w}}^2 = 0.565$

   $\hat{\Phi}_1 = 0.90, \hat{\Phi}_2 = 0.10, \hat{\Phi}_3 = 0.03$ festhalten

5. Schritt : $z_t = \hat{\Phi}_1 z_{t-1} + \hat{\Phi}_2 z_{t-2} + \hat{\Phi}_3 z_{t-3} + \hat{\Phi}_4 z_{t-4} + \hat{w}_t$

   $\hat{\Phi}_4$ variieren, bis $\sigma_{\hat{w}}^2$ zum Minimum wird

   $\rightarrow$ $\hat{\Phi}_4 = 0.06$ $\rightarrow$ $\sigma_{\hat{w}}^2 = 0.591$

   $\hat{\Phi}_1 = 0.90, \hat{\Phi}_2 = 0.10, \hat{\Phi}_3 = 0.03, \hat{\Phi}_4 = 0.06$

Im Bild 7.3 ist dieser Zusammenhang graphisch dargestellt. Erkennbar ist, wie die

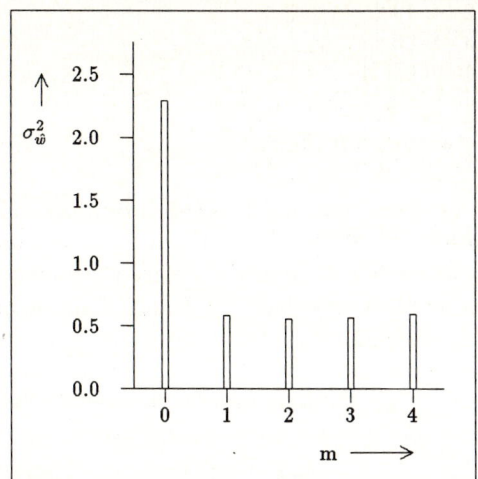

Varianz der Residuen $\sigma_{\hat{w}}^2$ von 2.290 bei $m = 0$ auf 0.578 bei $m = 1$ drastisch reduziert wird, dann aber bei $m = 2, 3, 4$ nur noch sehr schwach variiert. Dies ist ein deutliches Zeichen dafür, daß die optimale Ordnung des AR-Prozesses bei $m = 1$ liegt, ein Ergebnis, das sich unter Zugrundelegung des Ausgangsmodells mit $\Phi_1 = 0.9$ als richtig erweist. Die Erhöhung der Ordnung führt nämlich zu keinen weiteren signifikanten Verbesserungen der Varianz der Residuen.

Bild 7.3: $\sigma_{\hat{w}}^2$ als Funktion von m

Eine weitere interessante Methode der Bestimmung der Ordnung m eines Autoregressiven Prozesses ist die, daß zunächst ein AR-Prozeß 1. Ordnung auf die zu modellierende Zufallszeitfolge z_t angesetzt und der AR-Parameter $\hat{\Phi}_1$ optimal durch Ermittlung der minimalen Varianz der Residuen bestimmt wird. Dann wird ein AR-Modell 2. Ordnung zugrundegelegt und $\hat{\Phi}_2$ bestimmt. In dieser Art werden sukzessive Modelle immer höherer Ordnung m verwendet und die Parameter $\hat{\Phi}_i$ mit $i = 1, \cdots, m$ ermittelt. Werden dann die jeweils letzten Parameter $\hat{\Phi}_m$ in Abhängigkeit von der Ordnung m betrachtet, so erhält man aus

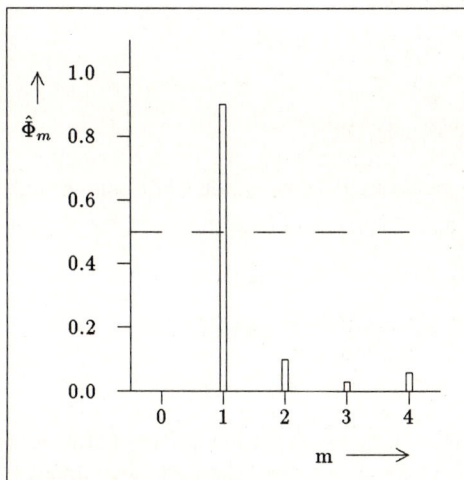

der Größe der Parameter einen Hinweis auf die optimale Ordnung des AR-Prozesses. Die gewählte Modellordnung ist nämlich genau dann höher als erforderlich, wenn die Parameter $\hat{\Phi}_m$ nicht mehr signifikant von Null abweichen. Das ist der Fall, wenn der Betrag von $\hat{\Phi}_m$ kleiner als der Wert $2/\sqrt{N}$, des 95% Konfidenzintervalls, ausfällt, wobei N die Zahl der für die Modellparameteridentifizierung zugrundegelegten Zufallsprozeßwerte darstellt. Für den AR-Prozeß mit $\Phi_1 = 0.9$ resultiert aus der oben skizzierten Vorgehensweise das in der folgenden Tabelle 7.5 aufgelistete und im Bild 7.4 dargestellte Ergebnis.

Bild 7.4: $\hat{\Phi}_w$ als Funktion von m

m	$\hat{\Phi}_m$
1	0.90
2	0.10
3	0.03
4	0.06

Tab. 7.5: Wertetabelle zum Bild 7.4

Das Konfidenzintervall berechnet sich für unser einfaches Beispiel unter Zugrunde-legung von 17 für die Parameteridentifizierung verwendeten Werten der Zeitfolge des Zufallsprozesses z_t mit $t = 4, \cdots, 20$ zu $2/\sqrt{N} \approx \pm 0.5$. Es ist zu erkennen, daß der Zahlenwert für $\hat{\Phi}_1$ bei 0.9, also deutlich außerhalb des Konfidenzintervalls liegt. Dagegen befinden sich die weiteren Werte für $\hat{\Phi}_2$ mit 0.1, für $\hat{\Phi}_3$ mit 0.03 und $\hat{\Phi}_4$ mit 0.06 eindeutig innerhalb des Konfidenzintervalls, weichen damit nicht signi-fikant von Null ab und tragen folglich zur Modellbildung unseres Beispielprozesses nicht bei, was wir unter genauer Kenntnis der theoretischen Vorgabe mit

$$z_t = 0.9 z_{t-1} + w_t$$

also mit nur einem AR-Parameter bestätigt finden.

Autokorrelationsfunktion von AR-Prozessen

Eine der noch verbleibenden Aufgaben im Zusammenhang mit der Betrachtung Autoregressiver Prozesse, der wir uns nun zuwenden wollen, ist die, aus theoretisch vorliegenden Modellen direkt die Autokorrelationsfunktion ermitteln zu können. Als Beispiel hatten wir bereits im Abschnitt 7.1 die entsprechenden Beziehungen für einen AR-Prozeß 1. Ordnung in den Gleichungen (7.2) und (7.6) kennengelernt mit

$$
\begin{aligned}
z_t &= \Phi_1 z_{t-1} + w_t \\
\rho_{zz}(k) &= \Phi_1^{|k|} \\
k &= 0, \pm 1, \pm 2, \ldots
\end{aligned}
$$

Die allgemeine Definition eines Autoregressiven Prozesses der Ordnung m lautete gemäß Gleichung (7.16)

$$z_t = \Phi_1 z_{t-1} + \Phi_2 z_{t-2} + \cdots + \Phi_m z_{t-m} + w_t$$

Für die Autokorrelationsfunktion $\rho_{zz}(k)$ galt nach Gleichung (7.22)

$$\rho_{zz}(k) = \Phi_1 \rho_{zz}(k-1) + \cdots + \Phi_m \rho_{zz}(k-m) \qquad k > 0$$

Sind nun die AR-Parameter Φ_i nach der oben beschriebenen Parameteridentifi-zierung bekannt, so läßt sich unter Verwendung der vorstehenden Beziehung und unter Einsetzen der Φ_i darin die Autokorrelationsfunktion $\rho_{zz}(k)$ des Autoregres-siven Prozesses der Ordnung m bestimmen.

Betrachten wir erneut den Autoregressiven Prozesses 1. Ordnung aus Gleichung
(7.15)

$$z_t = 0.9 z_{t-1} + w_t$$

Der AR-Parameter Φ_1 ist damit zu 0.9 bestimmt. Nach (7.22) gilt somit

$$\rho_{zz}(k) = \Phi_1 \rho_{zz}(k-1) \qquad k > 0$$

Da $\rho_{zz}(0) = 1$ folgt

$$
\begin{aligned}
\rho_{zz}(1) &= 0.9 \rho_{zz}(0) = 0.9 \\
\rho_{zz}(2) &= 0.9 \rho_{zz}(1) = 0.9 \cdot 0.9 = 0.9^2 = 0.81 \\
\rho_{zz}(3) &= 0.9 \rho_{zz}(2) = 0.9 \cdot 0.9 \cdot 0.9 = 0.9^3 = 0.63 \\
&= \\
&\vdots \\
\rho_{zz}(m) &= 0.9 \rho_{zz}(m-1) = 0.9^m
\end{aligned}
\tag{7.41}
$$

Damit ist die Gleichung (7.6) aus dem Abschnitt 7.1 bestätigt mit

$$\rho_{zz}(k) = \Phi_1^{|k|} \qquad k = 0, \pm 1, \pm 2, \ldots$$

Spektrale Leistungsdichte von AR-Prozessen

Neben der Berechnung der Autokorrelationsfunktion eines Autoregressiven Prozesses der Ordnung m mittels der AR-Parameter Φ_i interessiert vor allem auch die direkte Berechnung der spektralen Leistungsdichte $\Theta_{zz}(f)$ eines solchen Autoregressiven Prozesses.

Es gilt in Verallgemeinerung der vorherigen Betrachtungen im Abschnitt 7.1:

$$
\Theta_{zz}(f) = \Delta t \sigma_w^2 \left[\frac{1}{1 - \Phi_1 e^{-j2\pi f \Delta t} - \cdots - \Phi_m e^{-j2\pi f \Delta t m}} \right]^2
$$
$$
-\frac{1}{2\Delta t} \le f < \frac{1}{2\Delta t}
\tag{7.42}
$$

Für den AR-Prozesses 1. Ordnung wird mit Gleichung (7.42) und $\Phi_2 = \Phi_3 = \cdots = \Phi_m = 0$

$$
\Theta_{zz}(f) = \Delta t \sigma_w^2 \left[\frac{1}{1 - \Phi_1 e^{-j2\pi f \Delta t}} \right]^2
$$
$$
-\frac{1}{2\Delta t} \le f < \frac{1}{2\Delta t}
\tag{7.43}
$$

Wir hatten im Abschnitt 7.1 bereits gezeigt, daß damit für $\Theta_{zz}(f)$ gilt

$$
\Theta_{zz}(f) = \frac{\Delta t \sigma_w^2}{1 + \Phi_1^2 - 2\Phi_1 \cos 2\pi f \Delta t}
$$
$$
-\frac{1}{2\Delta t} \le f < \frac{1}{2\Delta t}
\tag{7.44}
$$

Multivariate AR-Prozesse

Nachdem wir uns bisher ausführlich mit eindimensionalen Autoregressiven Prozessen beschäftigt haben, soll im folgenden noch kurz auf die Definition von **multivariaten AR- Prozessen** eingegangen werden. Im Gegensatz zu der in Gleichung (7.16) enthaltenen Definition eines AR-Prozesses der Ordnung m für eine Zeitfolge z_t seien n verschiedene Zufallsfolgen $z_{1t}, z_{2t}, \cdots, z_{nt}$ gegeben und zu modellieren. Dann kann bei Betrachtung jeder dieser Zeitfolgen wie im Falle des eindimensionalen oder univariaten AR-Prozesses vorgegangen werden und wir erhalten im einzelnen

$$
\begin{aligned}
z_{1t} &= \Phi_{11} z_{1t-1} + \Phi_{12} z_{1t-2} + \cdots + \Phi_{1m} z_{1t-m} + w_{1t} \\
z_{2t} &= \Phi_{21} z_{2t-1} + \Phi_{22} z_{2t-2} + \cdots + \Phi_{2m} z_{2t-m} + w_{2t} \\
&\vdots \\
z_{nt} &= \Phi_{n1} z_{nt-1} + \Phi_{n2} z_{nt-2} + \cdots + \Phi_{nm} z_{nt-m} + w_{nt}
\end{aligned}
\tag{7.45}
$$

Wir haben es also mit n Modellierungsgleichungen für n Zufallsprozesse unter Verwendung von jeweils n verschiedenen AR-Parametern Φ_{ni} zu tun, wobei $i = 1, \cdots, m$. Der Gleichungssatz (7.45) stellt dabei die Definition des mehrdimensionalen oder **Multivariaten Autoregressiven Prozesses** der Ordnung m dar. Fassen wir folgende Größen zu Vektoren zusammen

$$
\boldsymbol{z}_t = \begin{pmatrix} z_{1t} \\ z_{2t} \\ \vdots \\ z_{nt} \end{pmatrix}
$$

$$
\boldsymbol{z}_{t-1} = \begin{pmatrix} z_{1t-1} \\ z_{2t-1} \\ \vdots \\ z_{nt-1} \end{pmatrix}
$$

$$
\boldsymbol{z}_{t-2} = \begin{pmatrix} z_{1t-2} \\ z_{2t-2} \\ \vdots \\ z_{nt-2} \end{pmatrix}
$$

$$
\vdots
$$

$$
\boldsymbol{z}_{t-m} = \begin{pmatrix} z_{1t-m} \\ z_{2t-m} \\ \vdots \\ z_{nt-m} \end{pmatrix}
$$

$$
\boldsymbol{w}_t = \begin{pmatrix} w_{1t} \\ w_{2t} \\ \vdots \\ w_{nt} \end{pmatrix}
$$

$$\boldsymbol{\Phi}_1 = \begin{pmatrix} \Phi_{11} \\ \Phi_{21} \\ \vdots \\ \Phi_{n1} \end{pmatrix}$$

$$\boldsymbol{\Phi}_2 = \begin{pmatrix} \Phi_{12} \\ \Phi_{22} \\ \vdots \\ \Phi_{n2} \end{pmatrix}$$

$$\vdots$$

$$\boldsymbol{\Phi}_m = \begin{pmatrix} \Phi_{1m} \\ \Phi_{2m} \\ \vdots \\ \Phi_{nm} \end{pmatrix} \tag{7.46}$$

Als abschließendes Ergebnis erhalten wir

$$z_t = \boldsymbol{\Phi}_1 z_{t-1} + \boldsymbol{\Phi}_2 z_{t-2} + \cdots + \boldsymbol{\Phi}_m z_{t-m} + w_t \tag{7.47}$$

oder

$$\begin{pmatrix} z_{1t} \\ z_{2t} \\ \vdots \\ z_{nt} \end{pmatrix} = \begin{pmatrix} \Phi_{11} \\ \Phi_{21} \\ \vdots \\ \Phi_{n1} \end{pmatrix} \begin{pmatrix} z_{1t-1} \\ z_{2t-1} \\ \vdots \\ z_{nt-1} \end{pmatrix} + \cdots + \begin{pmatrix} \Phi_{1m} \\ \Phi_{2m} \\ \vdots \\ \Phi_{nm} \end{pmatrix} \begin{pmatrix} z_{1t-m} \\ z_{2t-m} \\ \vdots \\ z_{nt-m} \end{pmatrix} + \begin{pmatrix} w_{1t} \\ w_{2t} \\ \vdots \\ w_{nt} \end{pmatrix} \tag{7.48}$$

als Formulierung eines Multivariaten Autoregressiven Prozesses der Ordnung m in Vektorendarstellung, für den die Parameteridentifizierung, die Berechnungen der Autokorrelationsfunktionen und spektralen Leistungsdichten einzeln oder geschlossen nach den vorher gezeigten Prinzipien vorgenommen werden können.

7.3   Moving Average Prozesse (MA)

Die zweite wichtige Formulierung eines stochastischen Prozesses nach dem Autoregressiven Prozeß stellt das **Moving Average Modell** dar. Hierbei hängt der Wert z_t des zu modellierenden Prozesses zur Zeit t linear ab von einer endlichen Anzahl l früherer Werte der Zufallsfolge des unkorrelierten und mittelwertfreien weißen Rauschens w_t mit der Varianz σ_w^2. Der Moving Average (MA) Prozeß der Ordnung l ist dann definiert durch

$$\begin{aligned} z_t &= w_t - \Psi_1 w_{t-1} - \cdots - \Psi_l w_{t-l} \\ z_t &= w_t - \sum_{j=1}^{l} \Psi_j w_{t-j} \end{aligned} \tag{7.49}$$

Die Ψ_j stellen die Moving Average Parameter des Modells für den stochastischen Prozeß z_t dar.

Autokorrelationsfunktion von MA-Prozessen

Ausgehend von der Formulierung des MA-Prozesses in Gleichung (7.49) bilden wir nachfolgend den Erwartungswert des Produktes $z_t z_{t+k}$

$$E\left[z_t z_{t+k}\right] = E\left[\{w_t - \Psi_1 w_{t-1} - \cdots - \Psi_l w_{t-l}\}\{w_{t+k} - \Psi_1 w_{t-1+k} - \cdots - \Psi_l w_{t-l+k}\}\right] \tag{7.50}$$

wobei wir uns erinnern, daß galt

$$E\left[z_t z_{t+k}\right] = \varphi_{zz}(k) \tag{7.51}$$

mit der Autokovarianzfunktion $\varphi_{zz}(k)$.
Für $k = 0$ folgt dann aus der Beziehung (7.50) unter Berücksichtigung der Gleichung (7.51)

$$\begin{aligned}
\varphi_{zz}(0) &= E\left[z_t z_t\right] \\
&= E\left[\{w_t - \Psi_1 w_{t-1} - \cdots - \Psi_l w_{t-l}\}\{w_t - \Psi_1 w_{t-1} - \cdots - \Psi_l w_{t-l}\}\right]
\end{aligned} \tag{7.52}$$

Basierend auf der Annahme, daß für das unkorrelierte und mittelwertfreie weiße Rauschen w_t gelten soll

$$\begin{aligned}
E[w_k w_j] &= \sigma_w^2 & j = k \\
E[w_k w_j] &= 0 & j \neq k
\end{aligned} \tag{7.53}$$

wird aus der Beziehung (7.52)

$$\varphi_{zz}(0) = \sigma_w^2 \left(1 + \sum_{j=1}^{l} \Psi_j^2\right) \tag{7.54}$$

Mit der Normierung auf 1 gemäß Abschnitt 5.2 berechnet sich die Autokorrelationsfunktion $\rho_{zz}(k)$ für $k = 0$ zu

$$\begin{aligned}
\rho_{zz}(k) &= \frac{\varphi_{zz}(k)}{\sigma_z^2} \\
\rho_{zz}(0) &= \frac{\varphi_{zz}(0)}{\sigma_z^2} = 1
\end{aligned} \tag{7.55}$$

Aus den Beziehungen (7.54) und (7.55) folgt

$$\rho_{zz}(0) = \frac{\varphi_{zz}(0)}{\sigma_z^2} = 1 = \frac{\sigma_w^2 \left(1 + \sum_{j=1}^{l} \Psi_j^2\right)}{\sigma_z^2} = 1$$

und schließlich

$$\sigma_w^2 \left(1 + \sum_{j=1}^{l} \Psi_j^2\right) = \sigma_z^2 \tag{7.56}$$

Aus den Gleichungen (7.50) und (7.51) berechnen wir in einem nächsten Schritt für $k = 1$ zunächst wieder die Autokovarianzfunktion $\varphi_{zz}(1)$ zu

$$
\begin{aligned}
\varphi_{zz}(1) &= E\left[z_t z_{t+1}\right] \\
&= E\left[\left\{w_t - \Psi_1 w_{t-1} - \cdots - \Psi_l w_{t-l}\right\}\left\{w_{t+1} - \Psi_1 w_t - \cdots - \Psi_l w_{t-l+1}\right\}\right] \\
&= \sigma_w^2\left(-\Psi_1 + \sum_{j=1}^{l-1} \Psi_j \Psi_{j+1}\right)
\end{aligned}
\tag{7.57}
$$

Die Summe in der Gleichung (7.57) bricht bei $j = l-1$ ab, da alle Ψ_j für $j > l$ gleich Null sind und damit die weiteren Glieder in der Summe über $\Psi_j \Psi_{j+1}$ verschwinden.

Die entsprechende Autokorrelationsfunktion $\rho_{zz}(k)$ für $k = 1$ wird mit der Normierung in Gleichung (7.55) und unter Einsetzen der Beziehung (7.56) zu

$$
\begin{aligned}
\rho_{zz}(1) &= \frac{\varphi_{zz}(1)}{\sigma_z^2} \\
&= \frac{\varphi_{zz}(1)}{\sigma_w^2\left(1 + \sum_{j=1}^{l} \Psi_j^2\right)} \\
&= \frac{\sigma_w^2\left(-\Psi_1 + \sum_{j=1}^{l-1} \Psi_j \Psi_{j+1}\right)}{\sigma_w^2\left(1 + \sum_{j=1}^{l} \Psi_j^2\right)} \\
&= \frac{-\Psi_1 + \sum_{j=1}^{l-1} \Psi_j \Psi_{j+1}}{1 + \sum_{j=1}^{l} \Psi_j^2}
\end{aligned}
\tag{7.58}
$$

Allgemein für irgendein beliebiges $k \leq l$ wird die Autokovarianzfunktion $\varphi_{zz}(k)$ berechnet mit

$$
\begin{aligned}
\varphi_{zz}(k) &= E\left[z_t z_{t+k}\right] \\
&= E\left[\left\{w_t - \Psi_1 w_{t-1} - \cdots - \Psi_l w_{t-l}\right\}\left\{w_{t+k} - \Psi_1 w_{t-1+k} - \cdots - \Psi_l w_{t-l+k}\right\}\right] \\
&= \sigma_w^2\left(-\Psi_k + \sum_{j=1}^{l-k} \Psi_j \Psi_{j+k}\right)
\end{aligned}
\tag{7.59}
$$

Für alle $k > l$ gilt dagegen

$$
\varphi_{zz}(k) = 0
\tag{7.60}
$$

was klar wird, wenn man wie oben berücksichtigt, daß alle Ψ_j für $j > l$ gleich Null sind.

Entsprechend erhalten wir für die Autokorrelationsfunktion $\rho_{zz}(k)$ eines Moving Average Prozesses der Ordnung l allgemein für irgendein beliebiges $k \leq l$

$$
\begin{aligned}
\rho_{zz}(k) &= \frac{\varphi_{zz}(k)}{\sigma_z^2} \\[2ex]
&= \frac{\varphi_{zz}(k)}{\sigma_w^2 \left(1 + \sum_{j=1}^{l} \Psi_j^2\right)} \\[2ex]
&= \frac{\sigma_w^2 \left(-\Psi_k + \sum_{j=1}^{l-k} \Psi_j \Psi_{j+k}\right)}{\sigma_w^2 \left(1 + \sum_{j=1}^{l} \Psi_j^2\right)} \\[2ex]
&= \frac{-\Psi_k + \sum_{j=1}^{l-k} \Psi_j \Psi_{j+k}}{1 + \sum_{j=1}^{l} \Psi_j^2}
\end{aligned}
\tag{7.61}
$$

wobei diese Beziehung auch für $k = 0$ gültig ist, wenn man für $\Psi_0 = -1$ einsetzt. Für alle $k > l$ gilt dagegen äquivalent zu (7.60) für $\rho_{zz}(k)$

$$
\rho_{zz}(k) = 0 \tag{7.62}
$$

Das bedeutet, daß die Autokorrelationsfunktion $\rho_{zz}(k)$ eines Moving Average Prozesses der Ordnung l an der Stelle $k > l$ verschwindet.

Dazu betrachten wir zum Beispiel den folgenden Moving Average Prozeß 2. Ordnung mit $\Psi_1 = \Psi_2 = -0.5$

$$
\begin{aligned}
z_t &= w_t - \Psi_1 w_{t-1} - \Psi_2 w_{t-2} \\
&= w_t + 0.5 w_{t-1} + 0.5 w_{t-2}
\end{aligned}
\tag{7.63}
$$

Unter Verwendung von Gleichung (7.61) erhalten wir für die Autokorrelationsfunktion unseres Beispieles mit $l = 2$

$$
\begin{aligned}
\rho_{zz}(k) &= \frac{-\Psi_k + \sum_{j=1}^{l-k} \Psi_j \Psi_{j+k}}{1 + \sum_{j=1}^{l} \Psi_j^2} \\[2ex]
&= \frac{-\Psi_k + \sum_{j=1}^{2-k} \Psi_j \Psi_{j+k}}{1 + \sum_{j=1}^{2} \Psi_j^2}
\end{aligned}
\tag{7.64}
$$

Damit folgt

$$\rho_{zz}(0) = \frac{1 + \Psi_1^2 + \Psi_2^2}{1 + \Psi_1^2 + \Psi_2^2} = 1$$

$$\rho_{zz}(1) = \frac{-\Psi_1 + \Psi_1\Psi_2}{1 + \Psi_1^2 + \Psi_2^2} = \frac{0.5 + 0.25}{1 + 0.25 + 0.25} = 0.5$$

$$\rho_{zz}(2) = \frac{-\Psi_2}{1 + \Psi_1^2 + \Psi_2^2} = \frac{0.5}{1 + 0.25 + 0.25} = 0.333$$

$$\rho_{zz}(3) = 0$$

$$\rho_{zz}(4) = 0$$

$$\vdots$$

$$\rho_{zz}(k) = 0 \quad k > 2 \tag{7.65}$$

Damit ist die Autokorrelationsfunktion $\rho_{zz}(k)$ des Moving Average Prozesses zweiter Ordnung unseres Beispieles mit $\Psi_1 = \Psi_2 = -0.5$ vollständig ermittelt.

Spektrale Leistungsdichte von MA-Prozessen

Analog zur Berechnung der spektralen Leistungsdichte für einen Autoregressiven Prozeß im Abschnitt 7.2 können wir auch für den Moving Average Prozeß eine direkte Methode zur Berechnung der spektralen Leistungsdichte $\Theta_{zz}(f)$ auf der Grundlage bekannter MA-Parameter $\Psi_1, \cdots, \Psi_l$ angeben, welche lautet

$$\Theta_{zz}(f) = \Delta t \sigma_w^2 \left[1 + \Psi_1 e^{-j2\pi f \Delta t} + \cdots + \Psi_l e^{-j2\pi f \Delta t l} \right]^2$$

$$-\frac{1}{2\Delta t} \leq f < \frac{1}{2\Delta t} \tag{7.66}$$

Für das einfache Beispiel eines MA-Prozesses 1. Ordnung wird mit dieser Gleichung (7.65) und $\Psi_2 = \Psi_3 = \cdots = \Psi_l = 0$

$$\Theta_{zz}(f) = \Delta t \sigma_w^2 \left[1 + \Psi_1 e^{-j2\pi f \Delta t} \right]^2$$

$$-\frac{1}{2\Delta t} \leq f < \frac{1}{2\Delta t} \tag{7.67}$$

Der Klammerausdruck in Gleichung (7.66) wird dann zu

$$\left[1 + \Psi_1 e^{-j2\pi f \Delta t} \right]^2 = \left[1 + \Psi_1 e^{-j2\pi f \Delta t} \right] \left[1 + \Psi_1 e^{+j2\pi f \Delta t} \right]$$

$$= \left[1 + \Psi_1^2 + \Psi_1 (\cos 2\pi f \Delta t - j \sin 2\pi f \Delta t) + \Psi_1 (\cos 2\pi f \Delta t + j \sin 2\pi f \Delta t) \right]$$

$$= \left[1 + \Psi_1^2 + 2\Psi_1 \cos 2\pi f \Delta t \right] \tag{7.68}$$

Den somit erhaltenen Ausdruck in Gleichung (7.65) eingesetzt ergibt

$$\Theta_{zz}(f) = \Delta t \sigma_w^2 \left[1 + \Psi_1^2 - 2\Psi_1 \cos 2\pi f \Delta t \right]$$

$$-\frac{1}{2\Delta t} \leq f < \frac{1}{2\Delta t} \tag{7.69}$$

Identifizierung der MA-Parameter

Wenden wir uns nunmehr der Problemstellung der Identifizierung von Parametern eines MA-Prozesses zu. Eine ähnlich geschlossene Lösungsmöglichkeit wie im Falle des AR-Prozesses steht uns hier nicht zur Verfügung. Vielmehr ist ähnlich der als iteratives Verfahren im Abschnitt 7.2 vorgestellten Methode auch für den Moving Average Prozeß möglich, die MA-Parameter $\Psi_1, \cdots, \Psi_l$ so zu variieren, daß sie optimal dem zu modellierenden Prozeß angepaßt sind, wobei als Kriterium wiederum die Summe der Quadrate und somit die Varianz der Residuenfolge dient. Dazu betrachten wir zunächst als Ausgangsgleichung erneut die Beziehung (7.49) mit

$$z_t = w_t - \sum_{j=1}^{l} \Psi_j w_{t-j} \qquad (7.70)$$

Die gegebenen Werte der Zeitfolge des zu modellierenden Zufallsprozesses in diese Gleichung (7.70) eingesetzt ergibt die folgende Bestimmungsgleichung für das unkorrelierte und mittelwertfreie weiße Rauschen w_t mit der Varianz σ_w^2

$$w_t = z_t + \sum_{j=1}^{l} \Psi_j w_{t-j} \qquad (7.71)$$

Unbekannt seien in dieser Gleichung (7.71) aber die Werte für die Parameter $\Psi_1, \Psi_2, \cdots, \Psi_l$. Es werden dann l $\hat{\Psi}_j$ willkürlich ausgewählt und die Werte von $\hat{w}_t$ analog zu Gleichung (7.71) rekursiv berechnet mit

$$\hat{w}_t = z_t + \sum_{j=1}^{l} \hat{\Psi}_j w_{t-j} \qquad (7.72)$$

sowie die Varianz $\sigma_{\hat{w}}^2$ unter Ermittlung der Summe der Quadrate von $\hat{w}_t$ gebildet. Die iterative Betrachtungsweise resultiert nunmehr aus der Vorgehensweise, die Parameter $\hat{\Psi}_j$ zu variieren und in Abhängigkeit zur Varianz $\sigma_{\hat{w}}^2$ von $\hat{w}_t$ zu setzen. An der Stelle eines bestimmten Satzes von Parametern $\hat{\Psi}_j$ wird die Varianz $\sigma_{\hat{w}}^2$ von $\hat{w}_t$ zum Minimum. An dieser Stelle wird der dort geltende Parametersatz als der wahrscheinlichste akzeptiert, da die Summe der Quadrate der Residuen $\hat{w}_t$ also $z_t + \sum_{j=1}^{l} \hat{\Psi}_j w_{t-j}$ dann ein Minimum annimmt, wenn das durch die Parameter $\hat{\Psi}_j$ charakterisierte Modell am besten den vorgegebenen Werten der Zeitfolge des Zufallsprozesses z_t angepaßt ist.

Zur Erläuterung sei auch hier ein Moving Average Prozesses 1. Ordnung gemäß der Gleichung (7.49) mit $\Psi_1 = 5.0$ und $\Psi_2 = \Psi_3 = \cdots = \Psi_l = 0$ betrachtet. Also gilt

$$\begin{aligned} z_t &= w_t - \sum_{j=1}^{l} \Psi_j w_{t-j} \\ z_t &= w_t - \Psi_1 w_{t-j} \\ z_t &= w_t - 5.0 w_{t-1} \end{aligned} \qquad (7.73)$$

Gegeben seien wie im vorigen Abschnitt die in der folgenden Tabelle 7.5 enthaltenen Werte eines unkorrelierten und mittelwertfreien weißen Rauschens w_t mit der

Varianz $\sigma_w^2 = 0.73$. Als Anfangswert wählen wir $z_0 = 0.000$ und erhalten durch Einsetzen der gegebenen Werte für w_t in die Gleichung (7.73) die ebenfalls in der nachfolgenden Tabelle 7.6 aufgeführten Werte für die Zeitfolge des Zufallsprozesses z_t, der anschließend auf der Basis dieser Werte und dem oben beschriebenen iterativen Verfahren modelliert werden soll, wobei wir das Ergebnis aus Gleichung (7.73) bereits kennen und auf diese Weise das Verfahren überprüfen können.

Berechnen wir den ersten Wert für z_t mit $w_0 = 0.577$ und $w_1 = 0.216$, so erhalten wir

$$z_1 = w_1 - 5.0 w_0 = 0.216 - 5.0 \cdot 0.577 = -2.669 \tag{7.74}$$

Der zweite Wert für z_t mit $w_2 = 0.769$ wird ermittelt zu

$$z_2 = w_2 - 5.0 w_1 = 0.769 - 5.0 \cdot 0.216 = -0.311 \tag{7.75}$$

Entsprechend werden die weiteren Werte für z_t sukzessive mit Gleichung (7.73) berechnet. Insgesamt erhalten wir für z_t die folgenden Ergebnisse

t	w_t	z_t
0	0.577	0.000
1	0.216	−2.669
2	0.769	−0.311
3	0.083	−3.762
4	1.090	0.675
5	0.538	−4.912
6	0.358	−2.332
7	−0.700	−2.490
8	−0.727	2.773
9	−1.319	2.316
10	0.909	7.504
11	−1.180	−5.725
12	−1.407	4.493
13	0.278	7.313
14	−0.010	−1.400
15	−0.418	−0.368
16	−0.248	1.842
17	−1.187	0.053
18	0.569	6.504
19	0.835	−2.010
20	0.975	−3.200

Tab 7.6: Werte für z_t und w_t eines MA-Prozesses 1. Ordnung

Unter Verwendung der Zahlenwerte von z_t aus der vorangegangenen Tabelle ermitteln wir gemäß Gleichung (7.72) die Residuen $\hat{w}_t$ indem der Moving Average Parameter $\hat{\Psi}_1$, der als nicht bekannt angenommen wird, iterativ die Werte zwischen 1.0 und 9.0 durchläuft, mit

$$\hat{w}_t = z_t + \hat{\Psi}_1 w_{t-1}$$

und berechnen jeweils die Varianz $\sigma_{\hat{w}}^2$ für $\hat{w}_t$. Das Ergebnis dieser Varianzberechnung in Abhängigkeit von der gewählten Größe für den Moving Average Parameter $\hat{\Psi}_1$ zeigt das Bild 7.5 mit der Aussage, daß das Minimum der Varianz bei $\hat{\Psi}_1 = 5.0$ liegt, was aus der nachfolgenden Tabelle in Form von Zahlenwerten für $\hat{\Psi}_1$ und $\sigma_{\hat{w}}^2$ im einzelnen hervorgeht. Damit ist der Parameter Ψ_1 des Moving Average Prozesses 1. Ordnung unseres einfachen Beispieles richtig zu 5.0 bestimmt worden. In gleicher Weise gestaltet sich prinzipiell die Vorgehensweise bei Moving Average Prozessen höherer Ordnung.

$\hat{\Psi}_1$	$\sigma_{\hat{w}}^2$
1.0	9.021
2.0	5.175
3.0	2.494
4.0	0.979
5.0	0.630
6.0	1.447
7.0	3.428
8.0	6.576
9.0	10.889

Tab 7.7: Werte für $\sigma_{\hat{w}}^2$ in Abhängigkeit von $\hat{\Psi}_1$ eines MA-Prozesses 1. Ordnung

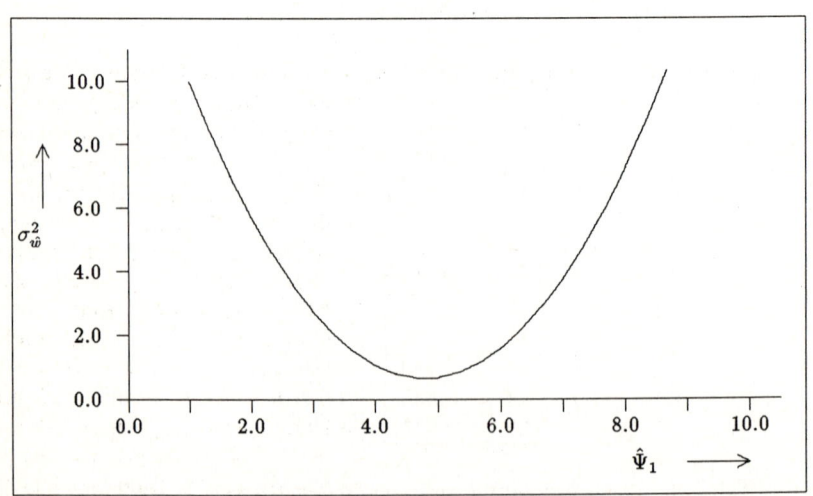

Bild 7.5: Iterative Parameteridentifizierung (MA 1. Ordnung)

Ordnung des MA-Prozesses

Prinzipiell in gleicher Weise wie im Abschnitt 6.2 gestaltet sich die Ermittlung der optimalen Zahl l der zu verwendenden Moving Average Parameter Ψ_l für einen bestimmten zu modellierenden Zufallsprozeß. Dabei geht man auch hier einen rekursiven Weg. Nicht die optimale Zahl der MA-Parameter ist zuerst zu bestimmen, sondern die Zahl l der Ψ_l wird variiert und jeweils eine iterative Anpassung der MA-Parameter auf die zu modellierende Zufallszeitfolge vorgenommen. Hierbei ist jeweils wie vorher die Varianz der Residuen $\sigma_{\hat{w}}^2$ zu bestimmen und graphisch oder tabellarisch der Zahl der MA-Parameter l gegenüberzustellen. An der Stelle, an der $\sigma_{\hat{w}}^2$ zum Minimum wird und sich fortan nicht mehr signifikant ändert, ist die Zahl der MA-Parameter l optimal gewählt.

Wir sehen dies anhand des MA-Prozesses 1. Ordnung

$$z_t = w_t - 5.0w_{t-1}$$

im folgenden demonstriert. Eine optimale Anpassung der Modelle der Ordnung $l = 0, 1, 2, 3, 4$, also

$$z_t = \hat{w}_t$$
$$z_t = \hat{w}_t - \hat{\Psi}_1 w_{t-1}$$
$$z_t = \hat{w}_t - \hat{\Psi}_1 w_{t-1} - \hat{\Psi}_2 w_{t-2}$$
$$z_t = \hat{w}_t - \hat{\Psi}_1 w_{t-1} - \hat{\Psi}_2 w_{t-2} - \hat{\Psi}_3 w_{t-3}$$
$$z_t = \hat{w}_t - \hat{\Psi}_1 w_{t-1} - \hat{\Psi}_2 w_{t-2} - \hat{\Psi}_3 w_{t-3} - \hat{\Psi}_4 w_{t-4}$$

ergibt die im Bild 7.6 graphisch dargestellen und in der folgenden Tabelle 7.8

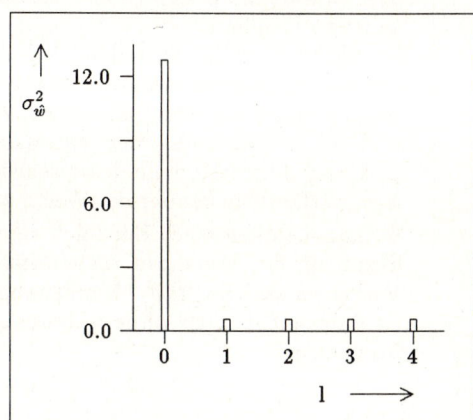

Bild 7.6: $\sigma_{\hat{w}}^2$ als Funktion von l

aufgeführten Resultate für die minimale Varianz der Residuen $\sigma_{\hat{w}}^2$ und die optimierten MA-Parameter $\hat{\Psi}_l$ in Abhängigkeit von der Zahl der MA-Parameter l. Erkennbar ist, wie die Varianz der Residuen $\sigma_{\hat{w}}^2$ von 12.776 bei $l = 0$ auf 0.578 bei $l = 1$ drastisch reduziert wird, dann aber bei $l = 2, 3, 4$ nur noch sehr schwach variiert. Dies ist ein deutliches Zeichen dafür, daß die optimale Ordnung des MA-Prozesses bei $l = 1$ liegt, ein Ergebnis, das sich unter Zugrundelegung des Ausgangsmodells mit $\Psi_1 = 5.0$ als richtig erweist. Die Erhöhung der Ordnung führt nämlich zu keinen weiteren signifikanten Verbesserungen der Varianz der Residuen.

l	$\sigma_{\hat{w}}^2$	$\hat{\Psi}_1$	$\hat{\Psi}_2$	$\hat{\Psi}_3$	$\hat{\Psi}_4$
0	12.776	0.0000	0.0000	0.0000	0.0000
1	0.578	5.0000	0.0000	0.0000	0.0000
2	0.577	5.0000	0.0300	0.0000	0.0000
3	0.577	5.0000	0.0300	0.0030	0.0000
4	0.577	5.0000	0.0300	0.0030	0.0004

Tab 7.8: Werte für $\sigma_{\hat{w}}^2$ und $\hat{\Psi}_m$ in Abhängigkeit von der Ordnung l eines
MA-Prozesses

Wie im Abschnitt 7.2 können wir eine weitere interessante Methode der Bestimmung der Ordnung l eines Moving Average Prozesses anführen, nämlich die,
daß zunächst ein MA-Prozeß 1. Ordnung auf die zu modellierende Zufallszeitfolge
z_t angesetzt und der MA-Parameter $\hat{\Psi}_1$ optimal durch Ermittlung der minimalen
Varianz der Residuen bestimmt wird. Dann wird ein MA-Modell 2. Ordnung zugrundegelegt und $\hat{\Psi}_2$ bestimmt. In dieser Art werden sukzessive Modelle immer
höherer Ordnung l verwendet und die Parameter $\hat{\Psi}_j$ mit $j = 1, \cdots, l$ ermittelt.
Werden dann die jeweils letzten Parameter $\hat{\Psi}_l$ in Abhängigkeit von der Ordnung l
betrachtet, so erhält man aus der Größe der Parameter einen Hinweis auf die optimale Ordnung des MA-Prozesses. Die gewählte Modellordnung ist nämlich genau
dann höher als erforderlich, wenn die Parameter $\hat{\Psi}_l$ nicht mehr signifikant von Null
abweichen.

Für das einfache Beispiel eines MA-Prozesses 1. Ordnung mit $\Psi_1 = 5.0$ resultiert aus der oben skizzierten Vorge-
hensweise das im Bild 7.7 graphisch
dargestellte und in der Tabelle 7.8 aufgelistete Ergebnis.
Es bleibt noch festzustellen, daß die
oben beschriebene iterative Parameteridentifizierung von MA-Prozessen
und die Bestimmung der optimalen
Ordnung dieser Modelle desto schwie-
riger verläuft, je kleiner die Werte der
$\hat{\Psi}_j$ anzunehmen sind. Ein solch signifikant auf ein Minimum zusteuerndes
Verhalten, wie im Bild 7.5 erkennbar,
ist dann nicht mehr ohne weiteres zu
beobachten.

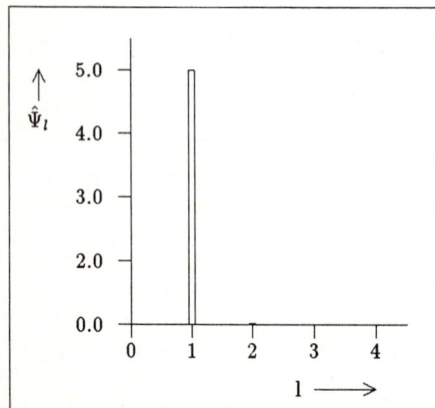

Bild 7.7: $\hat{\Psi}_l$ als Funktion von l

l	$\hat{\Psi}_l$
1	5.0000
2	0.0300
3	0.0030
4	0.0004

Tab. 7.9: Wertetabelle für das Bild 7.7

Multivariater MA-Prozeß

Analog zu dem Schritt von eindimensionalen zu mehrdimensionalen multivariaten Autoregressiven Prozessen, wie wir sie im Abschnitt 7.2 vorgestellt hatten, ist nun noch für Moving Average Prozesse die gleiche Überlegung anzustellen.

Es sollen also erneut, und zwar im Gegensatz zu der in Gleichung (7.49) enthaltenen Definition eines MA-Prozesses der Ordnung l für eine Zeitfolge z_t, jetzt n verschiedene Zufallsfolgen $z_{1t}, z_{2t}, \cdots, z_{nt}$ modelliert werden. Auch hier kann bei Betrachtung jeder dieser Zeitfolgen wie im Falle des eindimensionalen oder univariaten MA-Prozesses vorgegangen werden und wir erhalten im einzelnen

$$
\begin{aligned}
z_{1t} &= w_{1t} - \Psi_{11}w_{1t-1} - \Psi_{12}w_{1t-2} - \cdots - \Psi_{1l}w_{1t-l} \\
z_{2t} &= w_{2t} - \Psi_{21}w_{2t-1} - \Psi_{22}w_{2t-2} - \cdots - \Psi_{2l}w_{2t-l} \\
&\vdots \\
z_{nt} &= w_{nt} - \Psi_{n1}w_{nt-1} - \Psi_{n2}w_{nt-2} - \cdots - \Psi_{nl}w_{nt-l}
\end{aligned}
\tag{7.76}
$$

Wir haben es also mit n Modellierungsgleichungen für n Zufallsprozesse unter Verwendung von jeweils n verschiedenen MA-Parametern Ψ_{nj} zu tun, wobei $j = 1, \cdots, l$. Der Gleichungssatz (7.76) stellt dabei die Definition des mehrdimensionalen oder **Multivariaten Moving Average Prozesses** der Ordnung l dar. Fassen wir folgende Größen zu Vektoren zusammen

$$
z_t = \begin{pmatrix} z_{1t} \\ z_{2t} \\ \vdots \\ z_{nt} \end{pmatrix}
$$

$$
w_t = \begin{pmatrix} w_{1t} \\ w_{2t} \\ \vdots \\ w_{nt} \end{pmatrix}
$$

$$
w_{t-1} = \begin{pmatrix} w_{1t-1} \\ w_{2t-1} \\ \vdots \\ w_{nt-1} \end{pmatrix}
$$

$$
w_{t-2} = \begin{pmatrix} w_{1t-2} \\ w_{2t-2} \\ \vdots \\ w_{nt-2} \end{pmatrix}
$$

$$
\vdots
$$

$$
w_{t-l} = \begin{pmatrix} w_{1t-l} \\ w_{2t-l} \\ \vdots \\ w_{nt-l} \end{pmatrix}
$$

$$\boldsymbol{\Psi}_1 = \begin{pmatrix} \Psi_{11} \\ \Psi_{21} \\ \vdots \\ \Psi_{n1} \end{pmatrix}$$

$$\boldsymbol{\Psi}_2 = \begin{pmatrix} \Psi_{12} \\ \Psi_{22} \\ \vdots \\ \Psi_{n2} \end{pmatrix}$$

$$\vdots$$

$$\boldsymbol{\Psi}_l = \begin{pmatrix} \Psi_{1l} \\ \Psi_{2l} \\ \vdots \\ \Psi_{nl} \end{pmatrix} \tag{7.77}$$

so erhalten wir als abschließendes Ergebnis

$$z_t = w_t - \boldsymbol{\Psi}_1 w_{t-1} - \boldsymbol{\Psi}_2 w_{t-2} - \cdots - \boldsymbol{\Psi}_l w_{t-l} \tag{7.78}$$

oder

$$\begin{pmatrix} z_{1t} \\ z_{2t} \\ \vdots \\ z_{nt} \end{pmatrix} = \begin{pmatrix} w_{1t} \\ w_{2t} \\ \vdots \\ w_{nt} \end{pmatrix} - \begin{pmatrix} \Psi_{11} \\ \Psi_{21} \\ \vdots \\ \Psi_{n1} \end{pmatrix} \begin{pmatrix} w_{1t-1} \\ w_{2t-1} \\ \vdots \\ w_{nt-1} \end{pmatrix} - \cdots - \begin{pmatrix} \Psi_{1l} \\ \Psi_{2l} \\ \vdots \\ \Psi_{nl} \end{pmatrix} \begin{pmatrix} w_{1t-l} \\ w_{2t-l} \\ \vdots \\ w_{nt-l} \end{pmatrix} \tag{7.79}$$

als Formulierung eines Multivariaten Moving Average Prozesses der Ordnung l in Vektorendarstellung, für den die Parameteridentifizierung, die Berechnung der Autokorrelationsfunktionen und spektralen Leistungsdichten einzeln oder geschlossen nach den vorher gezeigten Prinzipien vorgenommen werden können.

7.4   Kombinierte Prozesse (ARMA, ARIMA)

Um Zufallszeitfolgen optimal in allen Variationen modellieren zu können, ist von Vorteil, sowohl den Autoregressiven Prozeß aus dem Abschnitt 7.2 als auch den Moving Average Prozeß aus dem Abschnitt 7.3 in einer vollständigen mathematischen Beschreibung zusammenzufassen. Eine Kombination der Gleichungen (7.16) und der Gleichungen (7.49) ergibt somit das Autoregressive Moving Average ARMA-Modell, das definiert ist mit

$$z_t = \Phi_1 z_{t-1} + \Phi_2 z_{t-2} + \cdots + \Phi_m z_{t-m} + w_t - \Psi_1 w_{t-1} - \cdots - \Psi_l w_{t-l}$$

$$z_t = \sum_{i=1}^{m} \Phi_i z_{t-i} + w_t - \sum_{j=1}^{l} \Psi_j w_{t-j} \tag{7.80}$$

Die Berechnung der Autokorrelationsfunktion eines ARMA-Prozesses erfolgt unter Berücksichtigung der Verfahren in den Abschnitten 7.2 und 7.3 ebenfalls in kombinierter Weise.

Betrachten wir als Beispiel einen ARMA-Prozeß der Ordnung $l = 1$ und $m = 1$, wobei damit aus Gleichung (7.80) folgt

$$z_t = \Phi_1 z_{t-1} + w_t - \Psi_1 w_{t-1} \tag{7.81}$$

Bilden wir nun den Erwartungswert $E[z_t z_t]$ so resultiert

$$E[z_t z_t] = E\left[(\Phi_1 z_{t-1} + w_t - \Psi_1 w_{t-1})(\Phi_1 z_{t-1} + w_t - \Psi_1 w_{t-1})\right] \tag{7.82}$$

Ausmultiplizieren der Gleichung (7.82) und Berücksichtigung der aus Gleichung (7.81) abgeleiteten Beziehung

$$z_{t-1} = \Phi_1 z_{t-2} + w_{t-1} - \Psi_1 w_{t-2} \tag{7.83}$$

ergibt

$$\begin{aligned} \varphi_{zz}(0) &= \sigma_z^2 = E[z_t z_t] \\ &= E\left[\alpha_1 + \alpha_2 + \alpha_3 + \alpha_4 + \alpha_5 + \alpha_6\right] \end{aligned} \tag{7.84}$$

wobei die folgenden Abkürzungen verwendet werden

$$\begin{aligned} \alpha_1 &= \Phi_1^2 z_{t-1} z_{t-1} \\ \alpha_2 &= w_t w_t \\ \alpha_3 &= \Psi_1^2 w_{t-1} w_{t-1} \\ \alpha_4 &= -2\Psi_1 \Phi_1 w_{t-1} z_{t-1} \\ \alpha_5 &= -2\Phi_1 w_t z_{t-1} \\ \alpha_6 &= -2\Psi_1 w_t w_{t-1} \end{aligned} \tag{7.85}$$

Mit

$$\begin{aligned} E\left[-2\Phi_1 w_t z_{t-1}\right] &= 0 \\ E\left[-2\Psi_1 w_t w_{t-1}\right] &= 0 \end{aligned} \tag{7.86}$$

und unter Einsetzen der Beziehung (7.83) in die Gleichung (7.84) folgt

$$\begin{aligned} \varphi_{zz}(0) &= \sigma_z^2 = E[z_t z_t] \\ &= E\left[\Phi_1^2 z_{t-1} z_{t-1} + w_t w_t + \Psi_1^2 w_{t-1} w_{t-1} - 2\Psi_1 \Phi_1 w_{t-1} w_{t-1}\right] \\ &= \Phi_1^2 \sigma_z^2 + \sigma_w^2 + \Psi_1^2 \sigma_w^2 - 2\Psi_1 \Phi_1 \sigma_w^2 \end{aligned} \tag{7.87}$$

Aufgelöst nach der Varianz σ_z^2 ergibt Gleichung (7.87)

$$\begin{aligned} \sigma_z^2(1 - \Phi_1^2) &= (1 + \Psi_1^2 - 2\Psi_1 \Phi_1)\sigma_w^2 \\ \sigma_z^2 &= \frac{1 + \Psi_1^2 - 2\Psi_1 \Phi_1}{1 - \Phi_1^2}\sigma_w^2 \end{aligned} \tag{7.88}$$

und mit der Autokovarianzfunktion $\varphi_{zz}(0) = \sigma_z^2$

$$\varphi_{zz}(0) = \frac{1 + \Psi_1^2 - 2\Psi_1 \Phi_1}{1 - \Phi_1^2}\sigma_w^2 \tag{7.89}$$

Unter Normierung auf 1 wird aus dem Wert der Autokovarianzfunktion $\varphi_{zz}(0)$ der entsprechende der Autokorrelationsfunktion $\rho_{zz}(0)$ mit

$$\rho_{zz}(0) = \frac{\varphi_{zz}(0)}{\sigma_z^2} = \varphi_{zz}(0)\frac{1 - \Phi_1^2}{(1 + \Psi_1^2 - 2\Psi_1\Phi_1)\sigma_w^2} = 1 \qquad (7.90)$$

Entsprechend werden die Werte für die Autokovarianzfunktion und die Autokorrelationsfunktion an der Stelle $k = 1$ berechnet, wobei nunmehr von dem Erwartungswert $E[z_t z_{t+1}]$ ausgegangen wird mit

$$
\begin{aligned}
\varphi_{zz}(1) &= E[z_t z_{t+1}] \\
&= E\left[(\Phi_1 z_{t-1} + w_t - \Psi_1 w_{t-1})(\Phi_1 z_t + w_{t+1} - \Psi_1 w_t)\right] \\
&= E[\beta_1 + \beta_2 + \beta_3 + \beta_4 + \beta_5 + \beta_6 + \beta_7 + \beta_8 + \beta_9 + \beta_{10}] \qquad (7.91)
\end{aligned}
$$

wobei die folgenden Abkürzungen verwendet werden

$$
\begin{aligned}
\beta_1 &= \Phi_1^2 z_{t-1} z_t \\
\beta_2 &= \Phi_1 z_t w_t \\
\beta_3 &= -\Phi_1 \Psi_1 w_{t-1} z_t \\
\beta_4 &= \Phi_1 z_{t-1} w_{t+1} \\
\beta_5 &= w_t w_{t+1} \\
\beta_6 &= -\Psi_1 w_{t-1} w_{t+1} \\
\beta_7 &= -\Phi_1 \Psi_1 \\
\beta_8 &= z_{t-1} w_t \\
\beta_9 &= -\Psi_1 w_t w_t \\
\beta_{10} &= -\Psi_1 w_{t-1} w_t \qquad (7.92)
\end{aligned}
$$

Nach Umstellung der Gleichung (7.81) in

$$\Phi_1 z_{t-1} = z_t - w_t + \Psi_1 w_{t-1} \qquad (7.93)$$

und unter Einsetzen dieser Beziehung (7.93) in Gleichung (7.91) sowie bei Berücksichtigung der Bedingung, daß die Erwartungswerte

$$
\begin{aligned}
E\left[\Phi_1 z_{t-1} w_{t+1}\right] &= 0 \\
E\left[w_t w_{t+1}\right] &= 0 \\
E\left[\Psi_1 z_{t-1} w_t\right] &= 0 \\
E\left[\Psi_1 w_{t-1} w_t\right] &= 0 \\
E\left[\Phi_1 z_t w_t\right] &= \Phi_1 \sigma_w^2 \\
E\left[-\Phi_1 \Psi_1 w_{t-1} z_t\right] &= \Phi_1 \Psi_1^2 \sigma_w^2 \\
E\left[-\Psi_1 w_t w_t\right] &= -\Psi_1 \sigma_w^2 \\
E\left[\Phi_1^2 z_{t-1} z_t\right] &= E\left[\Phi_1 \left(z_t - w_t + \Psi_1 w_{t-1}\right) z_t\right] \\
&= \Phi_1 \sigma_z^2 - \Phi_1 \sigma_w^2 - \Phi_1 \Psi_1^2 \sigma_w^2 \qquad (7.94)
\end{aligned}
$$

wird Gleichung (7.91) zu

$$
\begin{aligned}
\varphi_{zz}(1) &= \Phi_1 \sigma_z^2 - \Phi_1 \sigma_w^2 - \Phi_1 \Psi_1^2 \sigma_w^2 + \Phi_1 \sigma_w^2 + \Phi_1 \Psi_1^2 \sigma_w^2 - \Psi_1 \sigma_w^2 \\
&= \Phi_1 \sigma_z^2 - \Psi_1 \sigma_w^2 \qquad (7.95)
\end{aligned}
$$

wobei für σ_z^2 nach Gleichung (7.88)

$$\sigma_z^2 = \frac{1 + \Psi_1^2 - 2\Psi_1\Phi_1}{1 - \Phi_1^2}\sigma_w^2$$

in Gleichung (7.95) eingesetzt werden kann.

Für die Autokorrelationsfunktion an der Stelle $k = 1$ folgt dann

$$
\begin{aligned}
\rho_{zz}(1) &= \frac{\varphi_{zz}(1)}{\sigma_z^2} = \Phi_1 - \Psi_1\frac{\sigma_w^2}{\sigma_z^2} \\
&= \Phi_1 - \Psi_1\frac{1 - \Phi_1^2}{1 + \Psi_1^2 - 2\Psi_1\Phi_1}
\end{aligned}
\tag{7.96}
$$

Die weiteren Werte der Autokorrelationsfunktion eines ARMA-Prozesses werden in analoger Weise ermittelt. Für $k > l$ ist die Autokorrelationsfunktion des ARMA-Prozesses identisch mit der des reinen AR-Prozesses.

Auch die spektrale Leistungsdichte $\Theta_{zz}(f)$ des ARMA-Prozesses berechnet sich als Kombination aus den entsprechenden bereits bekannten Formulierungen wie sie für den AR- und den MA-Prozeß dargestellt worden waren. Für $\Theta_{zz}(f)$ gilt

$$
\begin{aligned}
\Theta_{zz}(f) &= \Delta t \sigma_w^2 \left[\frac{1 + \Psi_1 e^{-j2\pi f \Delta t} + \cdots + \Psi_l e^{-j2\pi f \Delta t l}}{1 - \Phi_1 e^{-j2\pi f \Delta t} - \cdots - \Phi_m e^{-j2\pi f \Delta t m}}\right]^2 \\
-\frac{1}{2\Delta t} &\leq \quad f \quad < \frac{1}{2\Delta t}
\end{aligned}
\tag{7.97}
$$

Die Parameteridentifizierung eines ARMA-Modells geschieht in völlig analoger Weise zu den in den Abschnitten 7.2 und 7.3 vorgestellten Iterationsverfahren indem die ARMA-Parameter $\Psi_1, \cdots, \Psi_l, \Phi_1, \cdots, \Phi_m$ so variiert werden, daß sie optimal dem zu modellierenden Prozeß angepaßt sind, wobei als Kriterium auch hier die Summe der Quadrate und somit die Varianz der Residuenfolge dient. Ausgangspunkt ist hierfür die Gleichung (7.80) mit

$$z_t = \sum_{i=1}^{m} \Phi_i z_{t-i} + w_t - \sum_{j=1}^{l} \Psi_j w_{t-j} \tag{7.98}$$

Die gegebenen Werte der Zeitfolge des zu modellierenden Zufallsprozesses in diese Gleichung (7.98) eingesetzt ergibt die folgende Bestimmungsgleichung für das unkorrelierte und mittelwertfreie weiße Rauschen w_t mit der Varianz σ_w^2

$$w_t = z_t + \sum_{j=1}^{l} \Psi_j w_{t-j} - \sum_{i=1}^{m} \Phi_i z_{t-i} \tag{7.99}$$

Unbekannt seien in dieser Gleichung (7.99) aber die Werte für die Parameter $\Psi_1, \Psi_2, \cdots, \Psi_l, \Phi_1, \cdots, \Phi_m$. Es werden dann l, m geschätzte Parameter $\hat{\Psi}_j, \hat{\Phi}_i$ willkürlich ausgewählt und die Werte von $\hat{w}_t$ analog zu Gleichung (7.99) rekursiv berechnet mit

$$\hat{w}_t = z_t + \sum_{j=1}^{l} \hat{\Psi}_j w_{t-j} - \sum_{i=1}^{m} \hat{\Phi}_i z_{t-i} \tag{7.100}$$

sowie die Varianz $\sigma_{\hat{w}}^2$ unter Ermittlung der Summe der Quadrate von $\hat{w}_t$ gebildet.

Die iterative Betrachtungsweise resultiert erneut aus der Vorgehensweise, die Parameter $\hat{\Psi}_j, \hat{\Phi}_i$ zu variieren und in Abhängigkeit zur Varianz $\sigma_{\hat{w}}^2$ von $\hat{w}_t$ zu setzen. An der Stelle eines bestimmten Satzes von Parametern $\hat{\Psi}_j, \hat{\Phi}_i$ wird die Varianz $\sigma_{\hat{w}}^2$ von $\hat{w}_t$ zum Minimum. An dieser Stelle wird der dort geltende Parametersatz als der wahrscheinlichste akzeptiert, da die Summe der Quadrate der Residuen $\hat{w}_t$ also $z_t + \sum_{j=1}^{l} \hat{\Psi}_j w_{t-j} - \sum_{i=1}^{m} \hat{\Phi}_i z_{t-i}$ dann ein Minimum annimmt, wenn das durch die Parameter $\hat{\Psi}_j, \hat{\Phi}_i$ charakterisierte ARMA-Modell am besten den vorgebenen Werten der Zeitfolge des Zufallsprozesses z_t angepaßt ist.

Betrachten wir anstatt EINER Zeitfolge z_t jetzt n verschiedene Zufallsfolgen $z_{1t}, \cdots, z_{nt}$ so wird der Schritt vom eindimensionalen ARMA-Prozeß zum **Multivariaten ARMA Prozeß** der Ordnung l, m in derselben Weise wie bereits für den AR- und den MA-Prozeß vollzogen. Im einzelnen folgt

$$z_{1t} = \Phi_{11}z_{1t-1} + \cdots + \Phi_{1m}z_{1t-m} + w_{1t} - \Psi_{11}w_{1t-1} - \cdots - \Psi_{1l}w_{1t-l}$$

$$\vdots$$

$$z_{nt} = \Phi_{n1}z_{nt-1} + \cdots + \Phi_{nm}z_{nt-m} + w_{nt} - \Psi_{n1}w_{nt-1} - \cdots - \Psi_{nl}w_{nt-l} \quad (7.101)$$

wobei es sich um n Modellierungsgleichungen für n Zufallsprozesse unter Verwendung von jeweils n verschiedenen MA-Parametern Ψ_{nj} mit $j = 1, \cdots, l$ und n verschiedenen AR-Parametern Φ_{ni} mit $i = 1, \cdots, m$ handelt.

Durch Zusammenfassung folgender Größen zu Vektoren

$$\boldsymbol{z}_t = \begin{pmatrix} z_{1t} \\ \vdots \\ z_{nt} \end{pmatrix}$$

$$\boldsymbol{z}_{t-1} = \begin{pmatrix} z_{1t-1} \\ \vdots \\ z_{nt-1} \end{pmatrix}$$

$$\vdots$$

$$\boldsymbol{z}_{t-m} = \begin{pmatrix} z_{1t-m} \\ \vdots \\ z_{nt-m} \end{pmatrix}$$

$$\boldsymbol{w}_t = \begin{pmatrix} w_{1t} \\ \vdots \\ w_{nt} \end{pmatrix}$$

$$\boldsymbol{w}_{t-1} = \begin{pmatrix} w_{1t-1} \\ \vdots \\ w_{nt-1} \end{pmatrix}$$

$$\vdots$$

$$\boldsymbol{w}_{t-l} = \begin{pmatrix} w_{1t-l} \\ \vdots \\ w_{nt-l} \end{pmatrix}$$

$$\boldsymbol{\Psi}_1 = \begin{pmatrix} \Psi_{11} \\ \vdots \\ \Psi_{n1} \end{pmatrix}$$

$$\vdots$$

$$\boldsymbol{\Psi}_l = \begin{pmatrix} \Psi_{1l} \\ \vdots \\ \Psi_{nl} \end{pmatrix}$$

$$\boldsymbol{\Phi}_1 = \begin{pmatrix} \Phi_{11} \\ \vdots \\ \Phi_{n1} \end{pmatrix}$$

$$\vdots$$

$$\boldsymbol{\Phi}_m = \begin{pmatrix} \Phi_{1m} \\ \vdots \\ \Phi_{nm} \end{pmatrix} \tag{7.102}$$

erhalten wir als abschließendes Ergebnis

$$z_t = \boldsymbol{\Phi}_1 z_{t-1} + \cdots + \boldsymbol{\Phi}_m z_{t-m} + w_t - \boldsymbol{\Psi}_1 w_{t-1} - \cdots - \boldsymbol{\Psi}_l w_{t-l} \tag{7.103}$$

als Formulierung eines Multivariaten ARMA Prozesses der Ordnung l, m in Vektorendarstellung.

Die Definition des **Autoregressiven Integrierten Moving Average Prozesses** oder ARIMA-Modells schließlich geht aus von der Vorgabe nichtstationärer Zufallsprozesse, die durch die Verwendung von AR- oder MA-Prozessen nicht direkt modelliert werden können. Instationarität läßt sich aber durch Differenzieren der Zeitfolge eleminieren. Auch nichtstationäres Verhalten kann also durch ein Modell repräsentiert werden, indem nämlich davon ausgegangen wird, daß die d-te Differenzierung des Prozesses stationär ist. Ein ARIMA-Prozeß der Ordnung l, m, d ist somit gegeben durch die Formulierung

$$z_t^* = \Phi_1 z_{t-1}^* + \cdots + \Phi_m z_{t-m}^* + w_t - \Psi_1 w_{t-1} - \cdots - \Psi_l w_{t-l} \tag{7.104}$$

mit

$$z_t^* = \nabla^d z_t \tag{7.105}$$

wobei l die Zahl der MA-Modellparameter, m die Zahl der AR-Parameter und d die Zahl der notwendigen Differenzierungsoperationen bedeuten, um aus der instationären Zeitfolge eine stationäre zu erhalten.

Für $d = 1$ folgt als Beispiel

$$z_t^* = \nabla^1 z_t = z_t - z_{t-1} \tag{7.106}$$

Mit der Beziehung (7.104) und den auf eine d-mal differenzierte Zeitfolge angepaßten AR- und MA-Parametern kann dann durch eine folgende d-malige Integration bzw. Summation der Hilfszeitfolge z_t^* auch eine instationäre Zeitfolge z_t beschrieben werden.

7.5   Aufgaben

AUFGABE 7.1: Es soll eine Zufallszeitfolge $z(t)$ durch einen Autoregressiven Prozeß 2. Ordnung modelliert und die Autokorrelationsfunktion sowie die spektrale Leistungsdichte auf der Basis des Modells bestimmt werden.

Lösung:

a. AR-Prozeß 2. Ordnung

$$z_t = \Phi_1 z_{t-1} + \Phi_2 z_{t-2} + w_t$$

b. Autokorrelationsfunktion eines AR-Prozesses 2. Ordnung

$$\rho_{zz}(1) = \Phi_1 \rho_{zz}(0) + \Phi_2 \rho_{zz}(1)$$

$$\rho_{zz}(1)(1 - \Phi_2) = \Phi_1$$

$$\rho_{zz}(1) = \frac{\Phi_1}{(1 - \Phi_2)}$$

$$\rho_{zz}(2) = \Phi_1 \rho_{zz}(1) + \Phi_2 \rho_{zz}(0)$$

$$\rho_{zz}(2) = \frac{\Phi_1^2}{(1 - \Phi_2)} + \Phi_2$$

$$\rho_{zz}(3) = \Phi_1 \rho_{zz}(2) + \Phi_2 \rho_{zz}(1)$$

$$\vdots$$

$$\rho_{zz}(k) = \Phi_1 \rho_{zz}(k - 1) + \Phi_2 \rho_{zz}(k - 2)$$

c. Spektrale Leistungsdichte eines AR-Prozesses 2. Ordnung

$$\Theta_{zz}(f) = \frac{\Delta t \sigma_w^2}{1 + \Phi_1^2 + \Phi_2^2 - 2\Phi_1(1 - \Phi_2)\cos 2\pi f \Delta t - 2\Phi_2 \cos 4\pi f \Delta t}$$

$$-\frac{1}{2\Delta t} \leq f < \frac{1}{2\Delta t}$$

AUFGABE 7.2: Es sind für einen Moving Average Prozeß 1. Ordnung mit $\Psi_1 = 5.0$ sowie $\Delta t = 0.05s$ und $\sigma_w^2 = 1$ die Autokorrelationsfunktion und die spektrale Leistungsdichte zu berechnen und graphisch darzustellen.

Lösung:

Moving Average Prozeß 1. Ordnung:

$$z_t = w_t - \Psi_1 w_{t-1}$$

$$z_t = w_t - 5.0 w_{t-1}$$

Autokorrelationsfunktion:

für $k \leq 1$

$$\rho_{zz}(k) = \frac{-\Psi_k + \Psi_1 \Psi_{1+k}}{1 + \Psi_1^2}$$

$$\rho_{zz}(k) = \frac{-\Psi_k + 5.0 \Psi_{1+k}}{1 + 5^2}$$

für $k > 1$

$$\rho_{zz}(k) = 0$$

Ergebnis:

$$
\begin{aligned}
\rho_{zz}(0) &= \frac{1 + 5.0^2}{1 + 5.0^2} = 1 \\
\rho_{zz}(1) &= \frac{-5.0}{1 + 5.0^2} = -0.192 \\
\rho_{zz}(2) &= 0 \\
\rho_{zz}(3) &= 0 \\
&\vdots
\end{aligned}
$$

Spektrale Leistungsdichte:

$$
\begin{aligned}
\Theta_{zz}(f) &= \Delta t \sigma_w^2 \left[1 + \Psi_1^2 + 2\Psi_1 \cos 2\pi f \Delta t\right] \\
\Theta_{zz}(f) &= 0.05 \cdot 1 \left[1 + 5.0^2 + 2 \cdot 5.0 \cos 2\pi f 0.05\right] \\
\Theta_{zz}(f) &= 1.3 + 0.5 \cos 0.1\pi f \\
-\frac{1}{2\Delta t} &\leq f < \frac{1}{2\Delta t} \\
-\frac{1}{2 \cdot 0.05} &\leq f < \frac{1}{2 \cdot 0.05} \\
-10 Hz &\leq f < 10 Hz
\end{aligned}
$$

Ergebnis:

f	$\Theta_{zz}(f)$
0.0	1.800
1.0	1.776
2.0	1.705
3.0	1.594
4.0	1.455
5.0	1.300
6.0	1.145
7.0	1.006
8.0	0.895
9.0	0.816
10.0	0.800

Tab 7.10: Wertetabelle der spektralen Leistungsdichte $\Theta_{zz}(f)$ eines Moving Average Prozesses 1. Ordnung ($\Psi_1 = 5.0$)

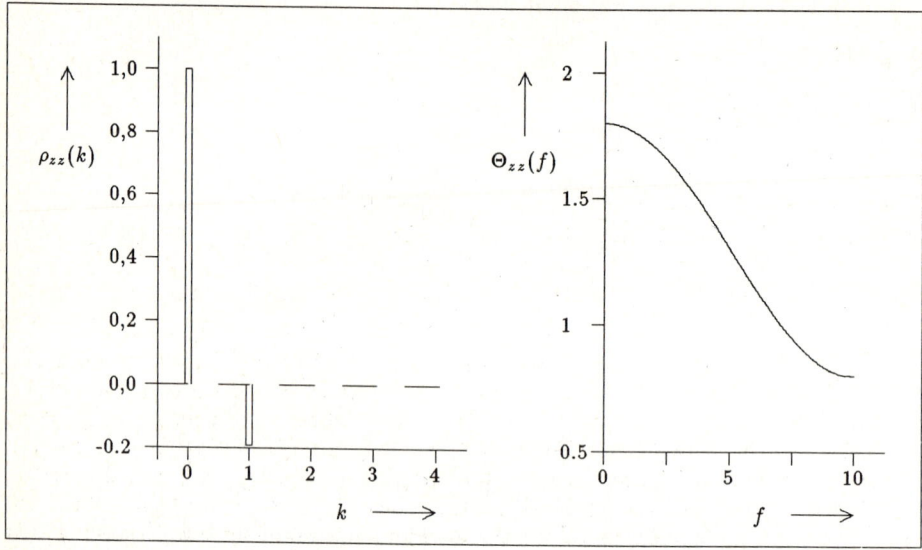

Bild 7.8: Autokorrelationsfunktion $\rho_{zz}(k)$ und Spektrale Leistungsdichte $\Theta_{zz}(f)$
(MA 1.Ordnung, $\Psi_1 = 5.0$)

Kapitel 8

Kalmanfiltertechnik

Zur Messung von elektrischen und nichtelektrischen Größen verwendet man einzelne Sensoren bzw. Sensorsysteme, deren Ausgangssignale außer dem eigentlichen Nutzsignal, das man auch als **wahren Wert** bezeichnet, mehr oder weniger ausgeprägte, systematische und zufällige Fehleranteile enthalten. Die Größenordnung dieser Fehleranteile hängt von der Qualität der Sensoren und von den Umgebungsbedingungen ab, denen die Sensoren am Einbauort ausgesetzt sind. So liefert z.B. ein in einem Meßflugzeug installierter Beschleunigungsmesser zur Erfassung von Schwerkraftanomalien (Gravimeter) ein Fehlersignal, das ca. 10^5 - mal größer als das eigentliche Nutzsignal ist. Im Bereich der Flugnavigation sind Sensorsysteme im Einsatz, deren Kreiselsysteme im Hinblick auf eine ausreichende Navigationsgenauigkeit nur 1/100 Grad Drift pro Stunde aufweisen dürfen. Die Verbesserung von konventionellen Sensoren und die Entwicklung von neuartigen Sensoren, wie. z.B. den optischen Sensoren, ist ein interessantes und sich rasch veränderndes Fachgebiet.

Parallel zu diesen Hardware-Entwicklungen in der Sensortechnik gibt es eine Vielzahl von mathematischen Verfahren, die für vorgegebene Sensoren und ihr charakteristisches Fehlerverhalten die Berechnung und dadurch die Kompensation von Fehleranteilen ermöglichen. Durch die ständige Steigerung der Leistungsfähigkeit von digitalen Rechenanlagen lassen sich numerisch aufwendige und mathematisch anspruchsvolle Algorithmen zur Fehlerkompensation von Sensoren in Kleinrechnern realisieren. Damit eröffnen sich folgende Möglichkeiten:

1. Drastische Reduzierung des Fehlerverhaltens eines vorgegebenen Sensors mittels Software.

2. Verwendung preiswerter Sensoren durch den Einsatz mathematischer Verfahren zur Fehlerkompensation.

3. Kombination von verschiedenen Sensoren mittels mathematischer Verfahren zur Realisierung von hochgenauen Meßaufgaben unter dem Aspekt von Zuverlässigkeit.

4. Hochgenaue Erfassung von physikalischen Größen, die nur noch mathematisch beobachtbar sind.

Die Auswahl eines geeigneten mathematischen Verfahrens hängt von der vorliegenden, konkreten Meßaufgabe ab. Kennzeichnend ist jedoch, daß alle diese Verfahren im Zeitbereich definiert sind. Der Begriff der Filterung erscheint deshalb unter einem neuen Gesichtspunkt: nicht die definierte Beeinflussung des Frequenzspektrums des Eingangssignales ist das Ziel der Filterung, sondern nun kommt es darauf an, ob sich mittels der neuen digitalen Filtermethoden, die, dem Nutzsignal überlagerten, Fehleranteile beseitigen, d.h. herausfiltern, lassen. Je nach der zeitlichen Zuordnung der Meßwerte zu den mathematischen Algorithmen ist zwischen den Grundbegriffen

- **Filterung(Filtering)**

- **Glättung(Smoothing)**

- **Vorhersage(Prediction)**

zu unterscheiden. Das Bild 8.1 stellt diese Begriffe bezüglich ihrer zeitlichen Zuordnung zum momentanen Zeitpunkt graphisch dar.

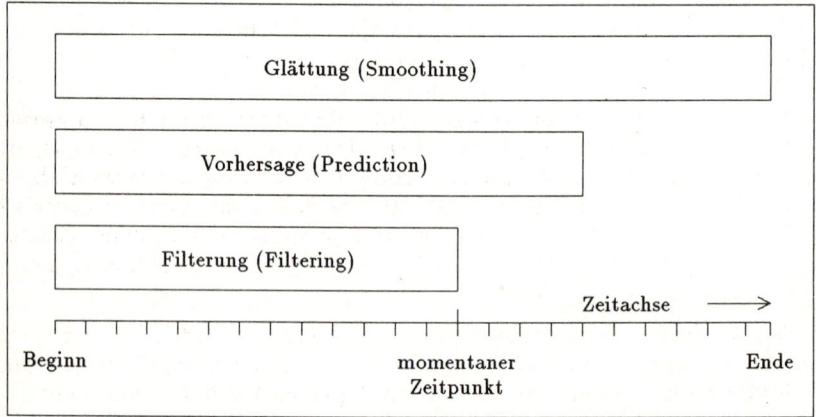

Bild 8.1: Zeitliche Zuordnung der Grundbegriffe der Kalmanfiltertechnik

Ein Glättungsalgorithmus ist nur nachträglich (off-line), d.h. mit gespeicherten Signalfolgen, zu realisieren. Bei Glättungsintervallen von z.B. 10s erscheint dann das Ausgangssignal erst nach einer Laufzeit von ebenfalls 10 s am Ausgang. Dies ist für Regelungssysteme sehr ungünstig, bei der laufenden Auswertung und Protokollierung von Meßreihen sind solche Laufzeiten, deren Zahlenwert ja exakt bekannt ist, meist ohne Bedeutung.

Eine äußerst effektive Methode stellt die Schätzung von Zustandsvektoren nach der Kalmanfiltertechnik dar. Das klassische Anwendungsgebiet ist die optimale Kombination von verschiedenen Sensorsystemen zur hochgenauen Navigation in der Luft- und Raumfahrt. Ferner nutzt man die Kalmanfiltertechnik in den Bereichen digitale Bildverarbeitung, Vermessungswesen auf der Erdoberfläche oder im Bergbau, Regelung von Kraftwerksanlagen und Energienetzen, Fehlererkennung auf der Basis von

Redundanzkonzepten, Rauschunterdrückung bei nachrichtentechnischen Anlagen, Kontrolle wichtiger Prozeßparameter bei gentechnologischen Produktionsanlagen, usw.

8.1 Grundprinzip der Kalmanfiltertechnik

Die Entwicklung eines Kalmanfilters läßt sich in 3 Schritte gliedern:

- Mathematische Beschreibung des vorliegenden Sensorsystems

- Programmieren der Filtergleichungen

- Einstellen der statistischen Filterparameter

Die Anwendung der Kalmanfiltertechnik beginnt mit einer mathematischen Modellierung des systematischen und statistischen Fehlerverhaltens des vorliegenden Sensors bzw. Sensorsystems in der zeitdiskreten Zustandsvariablen-Darstellung:

$$\begin{aligned} x(k) &= \Phi(k, k-1) \cdot x(k-1) + w(k) \\ z(k) &= H(k) \cdot x(k) + v(k) \end{aligned} \qquad (8.1)$$

Der Vektor $x(k)$ enthält die einzelnen Zustandsvariablen, wie z.B. Geschwindigkeit, Druck, Temperatur, Kreiseldriften, usw.. Die Zustandsvariablen beschreiben die interessierenden, direkt meßbaren oder mathematisch beobachtbaren Meßdaten. Die Matrix $\Phi(k, k-1)$ modelliert das dynamische Verhalten des Systems zwischen zwei Abtastzeitpunkten. Die Matrix H blendet aus dem vollständigen Zustandsvektor jene Komponenten direkt oder in Form einer Linearkombination aus, die sich meßtechnisch erfassen lassen.

Alle Systemparameter, die nicht in der Matrix $\Phi(k, k-1)$ modelliert sind, interpretiert man als statistisches, mittelwertfreies Rauschsignal $w(k)$ mit bekannter oder angenommener Varianz. In der einschlägigen Fachliteratur bezeichnet man den Vektor $x(k)$ als **Zustandsvektor** zum Zeitpunkt k, die Matrix $\Phi(k, k-1)$ als **Systemmatrix**, den Vektor $w(k)$ als **Systemrauschen**, die erste Gleichung aus (8.1) als **Systemgleichung** und die zweite Gleichung aus (8.1) als **Meßgleichung**. Die Meßgleichung enthält den **Meßvektor** $z(k)$, der sich aus dem wahren Wert der Zustandsgröße und einem überlagerten, mittelwertfreien Rauschsignal $v(k)$, dem **Meßrauschen** zusammensetzt. Die Berechnung der Varianzen von System- und Meßrauschen führt auf Kovarianzmatrizen, die sich aus der Berechnung von Erwartungswerten ergeben. Es gilt:

$$E[w \cdot w^T] = Q \qquad E[v \cdot v^T] = R \qquad (8.2)$$

Man bezeichnet die Matrix R als **Meßkovarianzmatrix** und die Matrix Q als **Systemrauschmatrix**.

Die Herleitung der Systemgleichung kann durch das Aufstellen von Differentialgleichungen und einer sich danach anschließenden Umformung in die zeitdiskrete

Zustandsvariablen-Darstellung entsprechend den im Kapitel 3.2 erläuterten Vefahren erfolgen oder direkt von der zeitdiskreten Form ausgehen. Falls die mathematischen Ansätze nichtlinear sind, erfolgt eine Linearisierung, wobei sich der Gültigkeitsbereich der linearen Näherung nur zwischen den Zeitpunkten k und k+1 erstrecken braucht. Bei Abtastzeiten, die klein gegenüber den Zeitkonstanten des betrachteten Sensorsystems sind, stellt eine lineare Näherung deshalb keine Einschränkung dar. Das Verfahren der Linearisierung wurde im Kapitel 2.1 vorgestellt.

Bei der Herleitung einer Systemgleichung kommt es darauf an, eine im Hinblick auf den mathematischen und damit auch numerischen Aufwand möglichst einfache Darstellung zu finden, die jedoch das dynamische Verhalten des Sensorsystems mit ausreichender Genauigkeit modelliert. Bei komplizierten Sensorsystemen mit einem ausgeprägten zeitabhängigen und dynamischen Fehlerverhalten benötigt man mehrere Systemgleichungen, zwischen denen in Abhängigkeit vom Systemzustand umgeschaltet wird.

Die Filtergleichungen basieren auf dem von Gauß entwickelten Verfahren der Minimierung von Fehlerquadraten. Die Berechnung des Zustandsvektors des mathematischen Modells des Sensorsystems erfolgt unter dem Kriterium der Minimierung der quadratischen Abweichungen zum eigentlichen Meßsignal. Damit gleichen sich die Modellparameter den Meßwerten an und man erhält aus den modellierten Zustandsvariablen die Schätzwerte für gemessene und modellierte Signale. Selbst bei einem Ausfall der Sensoren liefern die Systemgleichungen dann für eine begrenzte Zeit, deren Dauer nur vom Gültigkeitsbereich der Systemgleichungen abhängt, noch Zahlenwerte für den Zustandsvektor. Diese Eigenschaft der Kalmanfiltertechnik, auch Signalaussetzer „wegfiltern" zu können, ist von enormer praktischer Bedeutung und hat wesentlich zur weltweiten Verbreitung dieser Filterverfahren geführt.

Die Herleitung der Filtergleichungen in Matrizen- und Vektorform ist leider relativ aufwendig. Deshalb sollen zuerst die Filtergleichungen für ein vereinfachtes, eindimensionales Kalmanfilter erläutert werden. Anschließend erfolgt dann die Verallgemeinerung auf die endgültigen Filtergleichungen.

8.1.1   Optimale Kombination von Meßwerten

Das Prinzip einer optimalen Kombination von Meßwerten soll an einem einfachen Fall von zwei Sensoren, welche die zu bestimmende physikalische Größe x erfassen, erläutert werden. Die Systemgleichung sei wie folgt vorgegeben:

$$x(k + 1) = x(k) + w(k) \tag{8.3}$$

Die Gleichung (8.3) beschreibt somit eine als konstant modellierte Zustandsgröße. Die Sensoren liefern die Signale $z_{1,2}$, die sich aus dem unbekannten wahren Wert x und einem überlagerten Meßrauschen $v_{1,2}$ zusammensetzen:

$$z_{1,2}(k) = x(k) + v_{1,2}(k) \tag{8.4}$$

Im einfachsten Fall könnte man die beiden Signale mitteln. Besser ist es jedoch, allgemeine Gewichtsfaktoren $\kappa_{1,2}(k)$ zur Schätzung der Zustandsvariablen $\hat{x}(k)$ anzunehmen:

$$\hat{x}(k) = \kappa_1(k) \cdot z_1(k) + \kappa_2(k) \cdot z_2(k) \tag{8.5}$$

Für den Fall einer einfachen Mittelung ergäbe sich $\kappa_1 = \kappa_2 = 1/2$. Allgemein sind die Gewichtsfaktoren $\kappa_{1,2}$ so zu bestimmen, daß der Fehler $\tilde{x} = \hat{x} - x$ dieser Schätzung im quadratischen Mittel ein Minimum annimmt:

$$
\begin{aligned}
\tilde{x}(k) &= \hat{x}(k) - x(k) \\
&= \kappa_1(k) \cdot z_1(k) + \kappa_2(k) \cdot z_2(k) - x(k) \\
&= \kappa_1(k) \cdot [x(k) + v_1(k)] + \kappa_2(k) \cdot [x(k) + v_2(k)] - x(k)
\end{aligned}
\qquad (8.6)
$$

Die Summe der Gewichtsfaktoren $\kappa_{1,2}$ muß für einen mittelwertfreien Schätzfehler genau den Wert 1 annehmen (siehe Kapitel 2.2). Damit folgt aus der Gleichung (8.6) :

$$
\begin{aligned}
\tilde{x} &= \kappa_1(k) \cdot [x(k) + v_1(k)] + [1 - \kappa_1(k)] \cdot [x(k) + v_2(k)] - x(k) \\
&= \kappa_1(k) \cdot v_1(k) + [1 - \kappa_1(k)] \cdot v_2(k)
\end{aligned}
\qquad (8.7)
$$

Der Index des Gewichtsfaktors κ kann nun entfallen und man erhält den Ausdruck:

$$
\tilde{x} = \kappa(k) \cdot v_1(k) + [1 - \kappa(k)] \cdot v_2(k)
\qquad (8.8)
$$

Entsprechend einer Optimierungsaufgabe würde nun das Differenzieren nach κ und das Nullsetzen der Ableitung zum optimalen Wert von κ führen, wenn man die momentanen Werte des Meßrauschens $v_{1,2}$ angeben könnte. Minimiert man dagegen den Erwartungswert des Quadrates des Schätzfehlers, dann genügt die Kenntnis der Varianz des Meßrauschens.

$$
\begin{aligned}
E[\tilde{x}(k) \cdot \tilde{x}(k)] &= E[(\kappa(k) \cdot v_1(k))^2] + \\
&\quad + E[2\kappa(k) \cdot (1 - \kappa(k)) \cdot v_1(k) \cdot v_2(k)] + \\
&\quad + E[(1 - \kappa(k))^2 \cdot v_2^2(k)]
\end{aligned}
\qquad (8.9)
$$

Entsprechend der Grundlagen der Wahrscheinlichkeitsrechnung ergibt der Erwartungswert von $E[v_{1,2}^2(k)]$ die Varianzen $\sigma_{1,2}^2(k)$ des Meßrauschens und der Erwartungswert einer Konstanten ist die Konstante selbst. Der Erwartungswert des gemischten Anteils $E[v_1(k)v_2(k)]$ wird vernachlässigt, weil die beiden Messungen als statistisch unabhängig und somit als unkorreliert angenommen werden. Damit folgt die Beziehung

$$
E[\tilde{x}(k) \cdot \tilde{x}(k)] = \kappa^2(k) \cdot \sigma_1^2(k) + (1 - \kappa(k))^2 \cdot \sigma_2^2(k)
\qquad (8.10)
$$

Die Gleichung (8.10) läßt sich nun auf einfache Weise nach $\kappa(k)$ differenzieren und man erhält den optimalen Wert für $\kappa(k)$:

$$
2 \cdot \kappa(k) \cdot \sigma_2^2(k) - 2 \cdot [1 - \kappa(k)] \cdot \sigma_2^2(k) = 0
$$

$$
\kappa(k) = \frac{\sigma_2^2(k)}{\sigma_1^2(k) + \sigma_2^2(k)}
\qquad (8.11)
$$

Setzt man den optimalen Gewichtsfaktor in die Gleichung (8.5) ein, dann erhält man das Ergebnis für den Schätzwert zu:

$$
\hat{x}(k) = \left(\frac{\sigma_2^2(k)}{\sigma_1^2(k) + \sigma_2^2(k)} \right) \cdot z_1(k) + \left(\frac{\sigma_1^2(k)}{\sigma_1^2(k) + \sigma_2^2(k)} \right) \cdot z_2(k)
\qquad (8.12)
$$

Für die minimale Varianz nach Gleichung (8.10) ergibt sich mit den optimalen Werten von κ der Wert von:

$$E[\tilde{x}(k) \cdot \tilde{x}(k)] = \left(\frac{1}{\sigma_1^2(k)} + \frac{1}{\sigma_2^2(k)} \right)^{-1} = \frac{\sigma_1^2(k) \cdot \sigma_2^2(k)}{\sigma_1^2(k) + \sigma_2^2(k)} \qquad (8.13)$$

Die minimale Varianz des Schätzfehlers verhält sich somit analog zu einer Parallelschaltung in der Elektrotechnik, d.h. die Schätzung weist einen geringeren Fehler als jede der jeweils einzelnen Messungen auf. Diese Eigenschaft ist von großer praktischer Bedeutung. An einem Beispiel sollen die Gleichungen zahlenmäßig veranschaulicht werden.

BEISPIEL 8.10: Eine Temperatur werde mit zwei Sensoren erfaßt. Die Meßwerte x_1, x_2 lauten:

$$z_1 = 20^0 C \pm 2^0 C$$
$$z_2 = 23^0 C \pm 1^0 C$$

Als Ergebnis für den Schätzwert erhält man:

$$\hat{x} = \frac{1}{4+1} \cdot 20 + \frac{4}{4+1} \cdot 23 = \frac{1}{5} \cdot 20 + \frac{4}{5} \cdot 23 = 4 + 18,4 = 22,4^0$$

Das Ergebnis für den Erwartungswert lautet:

$$E\left[(\hat{x} - x)^2 \right] = \frac{4 \cdot 1}{4+1} = \frac{4}{5} = 0,8$$

Insgesamt folgt schließlich für das Endergebnis in Grad:

$$x = 22,4 \pm \sqrt{0,8} = 22,4 \pm 0,89$$

8.1.2   Rekursive Zustandsschätzung

Bei einer rekursiven Zustandsschätzung berechnet man den neuen Schätzwert an der Stelle k + 1 aus dem alten Schätzwert an der Stelle k . Dieses Prinzip soll zunächst für ein einzelnes Sensorsignal vorgestellt werden. Das Sensorsignal setzt sich aus einer Konstanten x und einem überlagerten mittelwertfreien, weißen Rauschen v(k) zusammen. In diesem einfachen Fall geht der optimale Schätzalgorithmus in eine Mittelwertberechnung über. Es gilt

$$z(k) = x + v(k) \qquad \text{und} \qquad \hat{x} = \frac{1}{k} \sum_{i=1}^{k} z_i \qquad (8.14)$$

Nach einem weiteren Abtastzeitpunkt gilt dann

$$\hat{x}(k+1) = \frac{1}{k+1} \sum_{i=1}^{k+1} z_i \qquad (8.15)$$

Die Gleichung (8.15) läßt sich in eine rekursive Form umformen:

$$\hat{x}(k+1) = \frac{k}{k+1} \left(\frac{1}{k} \sum_{i=1}^{k} z_i \right) + \frac{1}{k+1} z(k+1) = \frac{k}{k+1} \hat{x}(k) + \frac{1}{k+1} z(k+1) \quad (8.16)$$

Obwohl die Gleichung (8.16) bereits eine rekursive Form aufweist, ist eine weitere algebraische Umformung erforderlich. Mit der Beziehung

$$\frac{k}{k+1} = \left(1 - \frac{1}{k+1}\right) \tag{8.17}$$

erhält man eine Gleichung, welche die Grundlage der Kalmanfiltertechnik bildet.

$$\hat{x}(k+1) = \hat{x}(k) + \frac{1}{k+1}[z(k+1) - \hat{x}(k)] \tag{8.18}$$

Die in der eckigen Klammer eingeschlossene Differenz aus gemessenem Wert z(k+1) und geschätztem Wert $\hat{x}(k)$ bezeichnet man **Filterresiduum**. Es dient zur Überprüfung der Ergebnisse des Kalmanfilters und stellt somit einen Selbsttest für den Filteralgorithmus dar.

BEISPIEL 8.10: Ein Sensor soll folgende Zahlenwerte liefern:

$$1 \quad 3 \quad 2 \quad 6 \quad 3 \quad 3 \quad 3 \quad 3$$

Der Mittelwertbildner nach Gleichung (8.14) ergibt dann:

$$1 \quad 2 \quad 2 \quad 3 \quad 3 \quad 3 \quad 3 \quad 3$$

Der rekursive Schätzalgorithmus (8.18) führt zum gleichen Ergebnis. Die Rekursion beginnt bei k = 0, wobei x(0) = 0 zu setzen ist.

8.2   Allgemeine Gleichungen des Kalmanfilters

Die Herleitung der allgemeinen Filtergleichungen geht von der Form einer rekursiven, zeitdiskreten Zustandsschätzung aus. Das Systemmodell beschreibt den Verlauf der Zustandsvariablen zwischen den beiden Abtastzeitpunkten k und $k + 1$, wobei zur besseren Kennzeichnung zusätzliche Indizes (+) bzw. (−) erforderlich sind. Wie im Bild 8.2 dargestellt, markiert der Index (+) den Wert der Zustandsvariablen unmittelbar nach einer Schätzung, und der Index (−) entspricht dann dem Wert unmittelbar vor einer Schätzung.

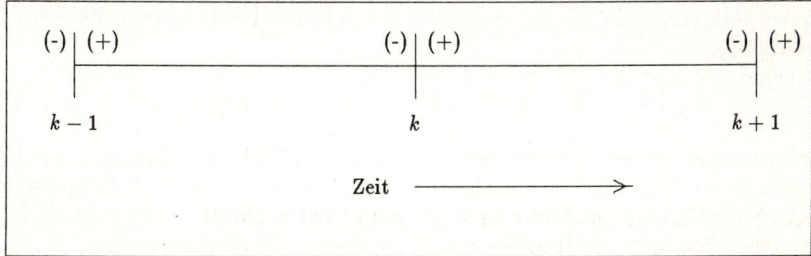

Bild 8.2: Zählweise für den Filteralgorithmus

8.2.1   Herleitung der Filtergleichungen

Die Herleitung der allgemeinen Filtergleichungen beginnt mit der Extrapolation des Zustandsvektors vom Zeitpunkt $x_+(k)$ bis zum Zeitpunkt $x_-(k+1)$. Der Zusammenhang ist durch die Zustandsvariablen-Darstellung auf der Basis der Systemmatrix $\boldsymbol{\Phi}$ gegeben:

$$\hat{x}_{(-)}(k+1) = \boldsymbol{\Phi}(k) \cdot \hat{x}_{(+)}(k) \tag{8.19}$$

In der englischsprachigen Literatur nennt man die in der Gleichung (8.19) formulierte Rechenvorschrift **Propagation Equation**.

Die rekursive, zeitdiskrete Schätzung des Zustandsvektors $\hat{x}_{(+)}(k)$ basiert auf der folgenden Gleichung, die zwar kompliziert aussieht, die jedoch im Prinzip der im Beispiel 8.10 auch zahlenmäßig veranschaulichten Schätzgleichung (8.18) entspricht.

$$\hat{x}_{(+)}(k) = \hat{x}_{(-)}(k) + \boldsymbol{K}(k) \cdot [z(k) - \boldsymbol{H}(k) \cdot \hat{x}_{(-)}(k)] \tag{8.20}$$

An Stelle der skalaren Größen der Gleichung (8.18) sind nun Vektoren und Matrizen zu verwenden. Die Matrix $\boldsymbol{K}(k)$ bezeichnet man als die **Verstärkungsmatrix** des Kalmanfilters. Sie enthält die Gewichtsfaktoren, mit der die extrapolierten Zustandsvariablen den aktuellen Meßwerten nachgeführt werden.

Die Differenz zwischen dem geschätzten Zustandsvektor und dem wahren Wert der Zustandsgröße ist unter Verwendung der Meßgleichung zu minimieren:

$$\begin{aligned}
\tilde{x}_{(+)}(k) &= \hat{x}_{(+)}(k) - x(k) \\
&= \hat{x}_{(-)}(k) + \boldsymbol{K}(k) \cdot \big[z(k) - \boldsymbol{H}(k) \cdot \hat{x}_{(-)}(k)\big] - x(k)
\end{aligned} \tag{8.21}$$

Mit der Meßgleichung

$$z(k) = \boldsymbol{H}(k) \cdot x(k) + v(k) \tag{8.22}$$

die in Gleichung (8.21) für $z(k)$ einzusetzen ist, folgt

$$\tilde{x}_{(+)}(k) = \underbrace{\hat{x}_{(-)}(k) - x(k)}_{\tilde{x}_{(-)}(k)} + \boldsymbol{K}(k) \cdot \boldsymbol{H}(k) \cdot \Bigg[\underbrace{x(k) - \hat{x}_{(-)}(k)}_{\tilde{x}_{(-)}(k)}\Bigg] \\ + \boldsymbol{K}(k) \cdot v(k) \tag{8.23}$$

Durch Ausklammern von $\tilde{x}_{(-)}(k)$ ergibt sich die folgende Gleichung für den Fehler der Schätzung:

$$\tilde{x}_{(+)}(k) = [\boldsymbol{I} - \boldsymbol{K}(k) \cdot \boldsymbol{H}(k)] \cdot \tilde{x}_{(-)}(k) + \boldsymbol{K}(k) \cdot v(k) \tag{8.24}$$

Der Erwartungswert des Schätzfehlers muß nun ebenfalls ein Minimum annehmen. Da es sich beim Schätzfehler um einen Vektor handelt, ergibt die Berechung des Erwartungswertes eine quadratische und symmetrische Matrix, die man als **Kovarianzmatrix** des Kalmanfilters bezeichnet und mit $\boldsymbol{P}(k)$ abkürzt.

$$\boldsymbol{P}_{(+)}(k) = \boldsymbol{E}\left[\tilde{x}_{(+)}(k) \cdot \tilde{x}_{(+)}^T(k)\right] \quad \rightarrow \quad \min \tag{8.25}$$

Setzt man in die Gleichung (8.25) die Gleichung (8.24) ein, dann ergibt sich durch die Vernachlässigung der Erwartungswerte der gemischten Produkte des Schätzfehlers:

$$P_{(+)}(k) = [I - K(k) \cdot H(k)]\, P_{(-)}(k)[I - K(k) \cdot H(k)]^T$$
$$+K(k)R(k)K^T(k)$$
$$R = E[vv^T] \tag{8.26}$$

Der Erwartungswert des Meßrauschens ist als Kovarianzmatrix R gegeben.

Die Minimierung der symmetrischen Kovarianzmatrix vereinfacht sich drastisch, wenn man nur nach den Elementen in der Hauptdiagonalen (Spur) differenziert. Dies ist keine Einschränkung der Allgemeinheit: Die Elemente außerhalb der Hauptdiagonalen entsprechen der Kreuzkorrelation, deren Zahlenwerte immer kleiner oder gleich den der Autokorrelation zugeordneten Werten in der Hauptdiagonalen sind. Eine Kovarianzmatrix, deren Elemente in der Hauptdiagonalen ein Minimum annehmen, ist auch bezüglich der anderen Elemente minimal. Die Überprüfung der Kreuzkorrelationskoeffizienten der Kovarianzmatrix mit dem Kriterium

$$|\frac{p_{ij}}{p_{ii} \cdot p_{jj}}| \le 1 \tag{8.27}$$

ermöglicht die Korrektur von numerischen Rechenungenauigkeiten und sichert somit die Stabilität der Filteralgorithmen.

Die Beschränkung auf die Spur der Kovarianzmatrix gestattet die Anwendung folgender Rechenregel für dreifache Matrizenprodukte CDC^T, wobei die Matrix D symmetrisch sein muß:

$$\frac{\delta}{\delta C}[spur(CDC^T)] = 2CD \tag{8.28}$$

Mit dieser Rechenregel ergibt sich unmittelbar aus der Gleichung (8.26)

$$-2[I - K(k)H(k)]P_{(-)}(k)H^T(k) + 2K(k)R(k) = 0 \tag{8.29}$$

Aus der Gleichung (8.29) läßt sich die Matrix $K(k)$ ausklammern.

$$K(k)[H(k)P_{(-)}(k)H^T(k) + R] = P_{(-)}(k)H^T(k) \tag{8.30}$$

Als Ergebnis für die zu berechnende Verstärkungsmatrix $K(k)$ folgt dann:

$$K(k) = P_{(-)}(k)H^T(k) \left[H(k)P_{(-)}(k)H^T(k) + R(k)\right]^{-1} \tag{8.31}$$

Die Gleichung (8.31) enthält eine Matrizeninversion, die bei Systemen hoher Ordnung oder ungünstigen numerischen Werten zur Instabilität der Filteralgorithmen führen kann. Auf die Auslegung der Inversionsroutine ist deshalb besonderes Gewicht zu legen.

Schließlich erfolgt das Einsetzen der Verstärkungsmatrix $K(k)$ in die Gleichung (8.29) für die minimale Kovarianz des Schätzfehlers. Nach einigen Matrizenumstellungen ergibt sich die folgende Beziehung, welche die Berechnung der verbesserten Kovarianzmatrix gestattet.

$$P_{(+)}(k) = [I - K(k) \cdot H(k)] \cdot P_{(-)}(k) \tag{8.32}$$

Die Kovarianzmatrix läßt sich wie der Zustandsvektor zwischen den Abtastzeitpunkten extrapolieren. Ersetzt man in der Systemgleichung den wahren Wert x durch die Differenz aus dem geschätzten Zustandsvektor und dem Schätzfehler und berücksichtigt die Unsicherheit der Systemgleichungen mit $w(k)$,

$$\hat{x}_{(-)}(k) - \tilde{x}_{(-)}(k) = \Phi(k-1) \cdot \left[\hat{x}_{(+)}(k-1) - \tilde{x}_{(+)}(k-1)\right] + w(k) \tag{8.33}$$

dann erkennt man, daß wegen der vorliegenden Linearkombination für die Kovarianzmatrizen des Schätzfehlers gelten muß :

$$P_{(-)}(k) = \Phi(k-1) \cdot P_{(+)}(k-1) \cdot \Phi^T(k-1) + Q(k)$$
$$Q = E[ww^T] \tag{8.34}$$

Die Gleichung (8.34) nennt man **Kovarianzgleichung**. Sie ist von besonderem Interesse, weil sie eine Aussage über die Unsicherheit des Schätzfehlers ermöglicht und somit einer Selbstdiagnose des Kalmanfilters entspricht.

Der rekursive Filteralgorithmus benötigt Anfangswerte für die Kovarianzmatrix und den Schätzvektor, von denen dann das Einschwingen des Kalmanfilters ausgeht. Man setzt

$$P_{(+)}(0) = P_0 \qquad \text{bzw.} \qquad \hat{x}_{(+)}(0) = \hat{x}_0 \tag{8.35}$$

und wählt P_0 und $\hat{x}_0$ nach Erfahrungswerten.

8.2.2   Adaptiver Filteralgorithmus

Die linearisierten Systemgleichungen können das tatsächliche Systemverhalten nur nur in Form einer Näherung darstellen. Alle nicht modellierten Einflüsse interpretiert man als zufällige Signale und beschreibt sie Form der Systemrauschmatrix $Q(k)$. Die Einstellung eines konstanten Systemrauschens ist häufig nicht möglich, weil die Statistik der nicht modellierten Einflüsse unbekannt ist oder weil sich diese Statistik zeitvariabel verhält. So liefert z.B. ein Beschleunigungsmesser, der in einem Flugzeug installiert ist, ein Störsignal, das in einer ausgeprägten Weise von der momentanen Dynamik der Flugbahn abhängt. Ein zu großer Wert für das modellierte Systemrauschens erhöht die Verstärkungsmatrix und führt somit zu einer zu starken Wichtung der aktuellen Meßwerte $z(k)$, was eine Reduzierung der Filterwirkung nach sich zieht. Umgekehrt gefährdet ein zu kleiner Wert für das modellierte Systemrauschen die numerische Stabilität der Algorithmen und ergibt unrealistische Werte für die Zustandsvariablen.

Das Systemrauschen setzt sich aus meßbaren und nicht meßbaren Anteilen zusammen. Die nicht meßbaren Anteile werden nach Erfahrungswerten gesetzt, wobei z.B. bei einer Änderung der dynamischen Umgebung des Sensoren die Elemente der Systemrauschmatrix zu vergrößern sind. Den meßbaren Anteil berechnet man aus den Filterresiduen, deren Varianzen sich für ein zurückliegendes Zeitintervall berechnen lassen.

$$S = E\left[\left(z(k) - H(k)x_{(+)}(k)\right) \cdot \left(z(k) - H(k)x_{(+)}(k)\right)^T\right] \tag{8.36}$$

Die Hilfskovarianzmatrix S beschreibt gleichzeitig die Summe aus den System- und Rauschkovarianzmatrizen $R(k)$ und $P(k)$. Falls das System mathematisch richtig modelliert ist, dann muß die folgende Differenzmatrix $S_D(k)$ gegen Null gehen.

$$S_D(k) = S(k) - R(k) - H(k)P_{(-)}(k)H(k)^T = 0 \qquad (8.37)$$

Eine von Null verschiedene Differenz $S_D(k)$ in der Gleichung (8.37) läßt sich dann durch die Variation der Systemrauschmatrix $Q(k)$ kompensieren.

$$
\begin{array}{lll}
S_D(k) > 0 & \rightarrow & Q(k) = S_D(k) \\
S_D(k) \leq 0 & \rightarrow & Q(k) = 0
\end{array}
\qquad (8.38)
$$

Die Berechnung eines zeitabhängigen Systemrauschens bezeichnet man als **adaptives Kalmanfilter**, weil sich dadurch das tatsächliche Systemrauschen laufend an das modellierte Systemrauschen anpaßt. Leider gestattet dieser einfache Algorithmus nur die Berechnung jener Rauschkomponenten, deren entsprechende Zustandsvariablen meßbar sind. Eine Ausdehnung auf alle Komponenten würde jedoch den erforderlichen Rechenaufwand dramatisch erhöhen.

8.2.3 Rückwärtsfilterung von Meßdaten

Die erfolgreiche Anwendung der Kalmanfiltertechnik zur Filterung von Meßdaten und zur Schätzung von Zustandsvariablen des modellierten Systems setzt eine ausreichende Anzahl von Messungen voraus. Ohne diese Messungen, mit denen der Filteralgorithmus nach dem Prinzip der kleinsten Fehlerquadrate die Zustandsvariablen so optimiert, daß die Abweichungen zu den Meßwerten ein Minimum annehmen, nehmen die Schätzwerte gemäß der zunehmenden Werte der Kovarianzmatrix P eine zu große Unsicherheit an. So kann z.B. bei einem Navigationssystem, für das eine Stunde lang keinerlei Messungen vorlagen, der geschätzte Positionsfehler $\pm 1000m$ und die aus der Hauptdiagonalen der Kovarianzmatrix folgende Unsicherheit ebenfalls $\sigma^2 = 1000m \cdot 1000m$ betragen. Das relativ aufwendige Kalmanfilter, das eine Stunde lang beträchtliche CPU-Zeiten erfordert hat, liefert dann z.B. für den Positionsfehler das wertlose Ergebnis:

$$\delta x_{POSITION} = 1000m \pm 1000m \qquad (8.39)$$

Bei der praktischen Anwendung der Kalmanfiltertechnik taucht das Problem der fehlenden Messungen häufig auf. Kennzeichnet man den Zeitpunkt des Beginns der Filterung mit T_0, das Ende mit T_3 und das Zeitintervall, in dem keine Messungen vorliegen, mit $T_2 - T_1$, wobei für die einzelnen Zeitpunkte gelten soll,

$$T_0 \leq T_1 \leq T_2 \leq T_3 \qquad (8.40)$$

dann läßt sich das Problem lösen, wenn für die Zeiten T_0, T_1, T_2 und T_3 drei Bedingungen erfüllt sind:

1. Es liegen zu Beginn der Filterung zwischen T_0 und T_1 Messungen vor.

2. Es liegen am Ende der Filterung zwischen T_2 und T_3 Messungen vor.

3. Eine Filterung in Echtzeit ist nicht erforderlich.

Unter diesen Bedingungen kann eine modifizierte Filterrechnung durchgeführt werden, die man als **Rückwärts-Kalmanfilterung** bezeichnet.

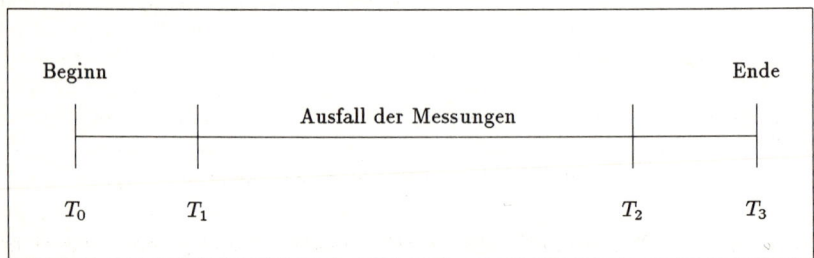

Bild 8.3: Zeitpunkte zur Kennzeichung der Rückwärtsfilterung

Die Grundidee eines Rückwärtsfilters basiert auf der Tatsache, daß sich zum Zeitpunkt T_2 der zwischen T_1 und T_2 extrapolierte Zustandsvektor mit dem aktuell geschätzten Zustandsvektor vergleichen läßt und die so gewonnene Information zeitlich betrachtet „rückwärts" bis zum Zeitpunkt T_1 interpoliert werden kann. Nimmt z.B. ein bestimmtes Element der Kovarianzmatrix entsprechend der Gleichung (8.39) zu den Zeitpunkten T_1 und T_2 den Wert $\sigma^2 = (10m)^2$ an, dann steigt die Kovarianzmatrix zwischen T_1 und T_2 zwar an, erreicht aber einen erheblich reduzierten Maximalwert, der in dem angesprochenen Fall sein Maximum bei $(T_1+T_2)/2$ mit ca. $\sigma^2 = (100m)^2$ annimmt.

Für den Fall des Navigationssystems liegen die genannten Randbedingungen besonders günstig, denn zu Beginn der Filterung parkt das Flugzeug auf dem Rollfeld auf einem exakt vermessenen Referenzpunkt und am Ende des Fluges rollt das Flugzeug wieder zu einem Referenzpunkt auf dem Zielflughafen bzw. demselben Flughafen. Bei anderen Anwendungsfällen der Kalmanfiltertechnik kann man für entsprechend definierte Anfangsbedingungen sorgen.

Den Verlauf der Kovarianz zwischen den Zeitpunkten T_0 und T_3 kann man qualitativ abschätzen, wenn man von einem mit der Zeit linear ansteigenden Fehler ausgeht. Das Gesamtsystem verhält sich dann wie eine Parallelschaltung der Elektrotechnik, wobei der eine Widerstand mit der Zeit linear zu- und der andere linear mit der Zeit abnimmt. Es gilt dann die Beziehung:

$$\sigma^2_{optimal} = \frac{[\sigma^2 \cdot t] \cdot [\sigma^2 \cdot (T_3 - t)]}{[\sigma^2 \cdot t] + [\sigma^2 \cdot (T_3 - t)]} \qquad (8.41)$$

Der Verlauf dieser Funktion ist im Bild 8.4 dargestellt.

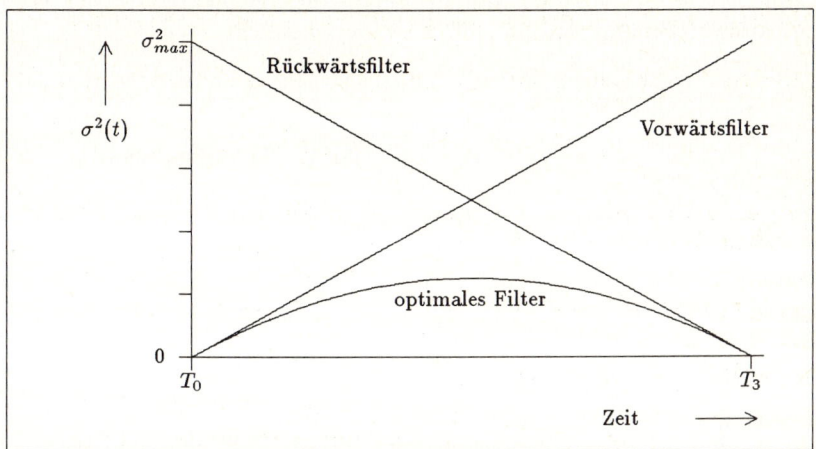

Bild 8.4: Komponenten der Verstärkungsmatrix des Kalmanfilters

Wie schon an der Gleichung (8.41) zu erkennen ist, benötigt ein entsprechender Rückwärts-Filteralgorithmus die Kovarianzmatrix, die während der Vorwärtsfilterung berechnet wurde. Deshalb sind die Filterergebnisse der Vorwärtsfilterung abzuspeichern und dann zur eigentlichen Rückwärts-Filterung wieder in einer zeitlich rückwärts ablaufenden Weise einzulesen.

Die Filtergleichungen des Rückwärtsfilters, die im Prinzip auf der Gleichung (8.41) basieren und von „Rauch-Tung-Striebel" zuerst veröffentlicht wurden, erfordern eine dreimalige Filterung der Datensätze, wobei die Algorithmen der Punkte 2 und 3 zusammengefaßt sind:

1. Vorwärts-Kalmanfilter

2. Rückwärts-Kalmanfilter

3. Optimale Kombination der Datensätze aus der Vorwärts- und Rückwärts-Kalmanfilterrechnung

Das Problem der Algorithmen von **Rauch-Tung-Striebel** ist ihre nicht ausreichend vorhandene numerische Stabilität, die bei langen Zeitdifferenzen $T_2 - T_1$ zur Instabilität der Filteralgorithmen führt. In der Praxis verwendet man deshalb besser die modifizierten Algorithmen nach **Fraser**, auf dessen aufwendige Herleitung wir hier verzichten wollen. Das Ergebnis, das eine große praktische Bedeutung erlangt hat, lautet mit der hochgestellten Bezeichnung r für die Rückwärtskomponenten:

$$\begin{aligned}
\boldsymbol{A}(k) &= \boldsymbol{P}_+(k)\Phi^T(k)\boldsymbol{P}_-(k+1)^{-1} \\
\boldsymbol{x}(k)^r &= \boldsymbol{x}_+(k) + \boldsymbol{A}(k)\left[\boldsymbol{x}(k+1)^r - \boldsymbol{x}_-(k+1)\right] \\
\boldsymbol{P}(k)^r &= \left[\boldsymbol{I} - \boldsymbol{A}(k)\Phi(k)\right]\boldsymbol{P}_+(k)\left[\boldsymbol{I} - \boldsymbol{A}(k)\Phi(k)\right]^T + \\
&\quad \boldsymbol{A}(k)\left[\boldsymbol{P}_-(k+1) + \boldsymbol{Q}(k+1)\right]\boldsymbol{A}(k)^T
\end{aligned}$$

$$(8.42)$$

Die Berechnungen beginnen mit der Inversion der Matrix **A**, die im Prinzip eine Gewichtsmatrix darstellt und deren Ordnung, im Gegensatz zum Vorwärts-Kalmanfilter, der Ordnung des Systems entspricht. Die Zählweisen der Vorwärts- und Rückwärtsrechnung sind im Bild 8.5 veranschaulicht.

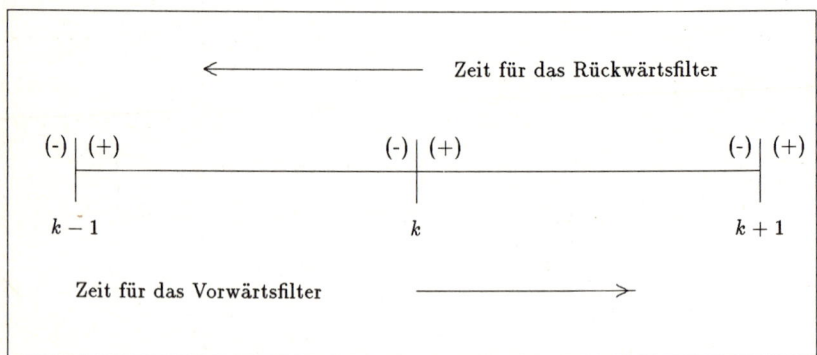

Bild 8.5: Zählweisen bei der Vorwärts- und Rückwärtsfilterung

Insgesamt ist nun ein beachtlicher numerischer Aufwand erforderlich. Deshalb erfolgte die Rückwärtsfilterung bisher fast ausschließlich in leistungsfähigen Großrechenzentren. Moderne PC-Systeme oder Workstations können diese Berechnungen inzwischen allerdings auch übernehmen. Ein IBM AT-kompatibler PC, der mit einem mathematischen Coprozessor ausgestattet ist, benötigt z.B. für ein System von 10 Zustandsvariablen Rechenzeiten, die schon deutlich unter der Dauer der gesamten Messung von $T_3 - T_0$ liegen. Problematischer ist in diesem Zusammenhang die enorme Vielzahl der abzuspeichernden und wieder einzulesenden Datensätze, die in dem genannten Fall mehrere MByte umfassen und durch die Zugriffszeiten auf Festplattenspeicher einen erheblichen Anteil an Rechenzeit erfordern.

Die Anwendung der Rückwärtsfilterung eignet sich besondes zur nachträglichen (off-line) Auswertung von Meßdaten. Trotzdem kann dieses Verfahren auch bei längeren Ausfallzeiten der Messungen in einer Art Echtzeit-Filterung eingesetzt werden, wobei dann die Ergebnisse um das Intervall $T_2 - T_1$ zeitversetzt auftauchen. Damit lassen sich dann Störungen beim Ablauf von Messungen gemäß der Gleichung (8.41) und auf der Basis des modellierten Systemverhaltens optimal interpolieren.

8.2.4 Zusammenstellung der Filtergleichungen

Damit liegen nun sämtliche Filtergleichungen vor, die in der nachfolgenden Tabelle 8.2 in der Reihenfolge ihrer Auswertung zusammengestellt sind:

Filtergleichungen	Kurzbezeichnung
$P_{(+)}(0) = P_0$ bzw. $\hat{\underline{x}}_+(0) = \hat{\underline{x}}_0$	Anfangswerte
$\hat{x}_{(-)}(k) = \Phi(k-1) \cdot \hat{x}_{(+)}(k-1)$ $P_{(-)}(k) = \Phi(k-1) \cdot P_{(+)}(k-1) \cdot \Phi^T(k-1) + Q(k)$	Extrapolation
$K(k) = P_{(-)}(k)H^T(k)\left[H(k)P_{(-)}(k)H^T(k) + R(k)\right]^{-1}$	Verstärkungsmatrix
$\hat{x}_{(+)}(k) = \hat{x}_{(-)}(k) + K(k)\cdot\left[z(k) - H(k)\cdot\hat{x}_{(-)}(k)\right]$ $P_{(+)}(k) = [I - K(k)\cdot H(k)]\cdot P_{(-)}(k)$	up-date
$B = E\left[\left(z(k) - H(k)\hat{x}_{(-)}(k)\right)\left(z(k) - H(k)\hat{x}_{(-)})(k)\right)^T\right]$	Filterresiduen
$D(k) = B(k) - R(k) - H(k)P_{(-)}(k)H(k)^T$ $D(k) > 0 \quad \rightarrow \quad Q(k) = D(k)$ $D(k) \leq 0 \quad \rightarrow \quad Q(k) = 0$	adaptives Systemrauschen
$A(k) = P_+(k)\Phi^T(k)P_-(k+1)^{-1}$ $x(k)^r = x_+(k) + A(k)[x(k+1)^r - x_-(k+1)]$ $P(k)^r = [I - A(k)\Phi(k)]P_+(k)[I - A(k)\Phi(k)]^T +$ $\qquad A(k)[P_-(k+1) + Q(k+1)]A(k)^T$	Rückwärtsfilter

Tab. 8.2: Zusammenstellung der Kalman-Filtergleichungen

8.3   Anwendungsbeispiel eines Kalmanfilters

Das nachfolgende Anwendungsbeispiel soll die Funktionsweise eines Kalmanfilters an einem konkreten Meßproblem veranschaulichen. Das Beispiel ist mit Absicht stark vereinfacht, um dem Leser die Berechnung der Filtergleichungen mit wenigen Hilfsmitteln zu ermöglichen. Trotzdem enthält dieses Beispiel schon alle Probleme, die bei der allgemeinen Anwendung der Kalmanfiltertechnik auftreten können.

Ein Beschleunigungsmesser, der auf einem Fahrzeug fest montiert ist, liefere mit 10Hz ein Signal $a^*(k)$, das sich aus dem Nutzsignal $a(k)$, einem angenommenen Nullpunktsfehler $\Delta a(k)$ und einem mittelwertfreien, hochfrequenten Störsignal $a_q(k)$ zusammensetzt:

$$a^*(k) = a(k) + \Delta a(k) + a_q(k) \tag{8.43}$$

Dieses Signal ergibt nach der numerischen Integration mit der Zeitkonstanten T_0 ein Geschwindigkeitssignal, für das gilt:

$$v(k + 1) = v(k) + T_0 \cdot a^*(k) \tag{8.44}$$

Durch die direkte Integration dieses Signales würde ein untolerierbar großer Geschwindigkeitsfehler entstehen, denn der Nullpunktsfehler führt zu einem linear mit der Zeit ansteigenden Geschwindigkeitsfehler $\Delta v(k)$, dem sich noch ein zufälliger Fehler $v_q(k)$ der numerischen Rechteckintegration überlagert. Somit gilt mit der Abtastzeit T_A für die Berechnung des Geschwindigkeitsfehlersignales:

$$\Delta v(k + 1) = \Delta v(k) + T_A \cdot \Delta a(k) + v_q(k) \tag{8.45}$$

Zur Verbesserung der Geschwindigkeitsmessung bzw. zur Bestimmung des Nullpunktsfehlers werde die Geschwindigkeit mit einem zweiten Sensorsystem, z.B. einem Dopplersystem, erfaßt. Das Dopplersystem liefert ein Signal v_{DD}, welches zwar keine Drift aufweist, jedoch einen relativ großen, hochfrequenten Rauschanteil r_q enthält.

$$v_{DD}(k) = v(k) + r_q(k) \tag{8.46}$$

Beide Systeme lassen sich nun mittels der Kalmanfiltertechnik zu einem Gesamtsystem zusammenfassen, wobei die erzielbaren Fehlertoleranzen, analog zu einer Parallelschaltung in der Elektrotechnik, stets geringer als die Einzelfehleranteile sind.

Für die Zustandsvariablen-Darstellung kann man als erste Komponente des Zustandsvektors den Geschwindigkeitsfehler $\Delta v(k)$ und als zweite Komponente den Nullpunktsfehler des Beschleunigungsmessers $\Delta a(k)$ wählen. Mit der Annahme eines Beschleunigungsmesserfehlers, der innerhalb der Abtastperiode T_A konstant bleibt, gilt dann für das Gesamtsystem:

$$\begin{aligned} \Delta v(k + 1) &= \Delta v(k) + \Delta a(k) \cdot T_A + v_q(k) \\ \Delta a(k + 1) &= \Delta a(k) + a_q(k) \end{aligned} \tag{8.47}$$

In der Matrizenschreibweise geht die Gleichung (8.47) in die sogenannte Systemgleichung über:

$$\underbrace{\begin{pmatrix} \Delta v(k + 1) \\ \Delta a(k + 1) \end{pmatrix}}_{\boldsymbol{x}(k+1)} = \underbrace{\begin{pmatrix} 1 & T_A \\ 0 & 1 \end{pmatrix}}_{\boldsymbol{\Phi}(k)} \cdot \underbrace{\begin{pmatrix} \Delta v(k) \\ \Delta a(k) \end{pmatrix}}_{\boldsymbol{x}(k)} + \underbrace{\begin{pmatrix} v_q(k) \\ a_q(k) \end{pmatrix}}_{\boldsymbol{q}(k)} \tag{8.48}$$

Die Systemgleichung lautet dann in der abgekürzten Schreibweise:

$$\boldsymbol{x}(k+1) = \boldsymbol{\Phi}(k) \cdot \boldsymbol{x}(k) + \boldsymbol{q}(k) \tag{8.49}$$

Der Meßvektor $z(k)$ des Kalmanfilters ergibt sich aus der Differenz zwischen der integrierten Beschleunigung und dem Signal des Dopplersystems:

$$z(k) = v(k) - v_{DD}(k) \tag{8.50}$$

Das Hilfsmittel der $\boldsymbol{H}$-Matrix des Kalmanfilters blendet aus dem n-dimensionalen Zustandsvektor jene Anzahl von Komponenten aus, die direkt gemessen werden können. Für das vorliegende Beispiel ist der Zustandsvektor zweidimensional, die Messung selbst dagegen nur noch eindimensional, denn nur die Geschwindigkeit ist direkt meßbar. Somit gilt:

$$\boldsymbol{H} = (\ 1 \quad 0\ ) \tag{8.51}$$

Die Meßmatrix $\boldsymbol{H}$ besitzt bei vielen Anwendungen der Kalmanfiltertechnik häufig nur wenige von Null verschiedene Elemente. Darin kommt in einer mathematischen Schreibweise zum Ausdruck, daß die Mehrheit der Zustandsvariablen nicht meßbar sind und deshalb vom Filteralgorithmus geschätzt werden. Die Bestimmung nichtmeßbarer Zustandsvariablen ist die eigentliche Aufgabe des Kalmanfilters, wodurch eine optimale Ausnutzung der aus Kostengründen nur in begrenzter Anzahl vorhandenen Sensorsysteme realisierbar ist.

Mit den Gleichungen (8.48) und (8.50) liegt nun eine mathematische Beschreibung dieses Meßproblemes vor. Man bezeichnet die in den Gleichungen (8.49) bzw. (8.51) dargestellten Beziehungen auch als **Fehlermodelle**, denn es wird hier ausschließlich ein Fehlerverhalten modelliert. Bei nichtlinearen Systemen ermöglicht erst die Modellierung der Fehleranteile eine Linearisierung des Systems. Als Ergebnis der Kalmanfilterung ergeben sich dann Zahlenwerte für die Fehleranteile, die von den ursprünglichen, als Rohdaten bezeichnete Signale, zu subtrahieren sind.

$$\begin{aligned} a(k) &= a^*(k) - \Delta a(k) \\ v(k) &= v^*(k) - \Delta v(k) \end{aligned} \tag{8.52}$$

Die numerische Berechnung dieses Anwendungsbeispiels erfordert die Annahme einiger Zahlenwerte für die Signale. Das Bild 8.6 stellt die Verläufe der beiden simulierten Sensorsignale $a^*(k)$ und v_{DD} dar.

Die Simulation der Sensorsignale basiert auf einem Zufallszahlengenerator und den folgenden angenommenen Zahlenwerten:

$$\begin{aligned} T_A &= 10\ s \\ a(k) &= 0 \\ \Delta a(k) &= 0,01\ m/s^2 \\ a_q &= \pm 0,1\ m/s^2 \\ v_{DD} &= (0 \pm 2)\ m/s \end{aligned}$$

Es ist hier zu beachten, daß der Filteralgorithmus nur alle 10 s ausgeführt wird,

die Integration der Geschwindigkeit jedoch eine erheblich geringere Integrations-
zeitkonstante von 0,1 s erfordert.

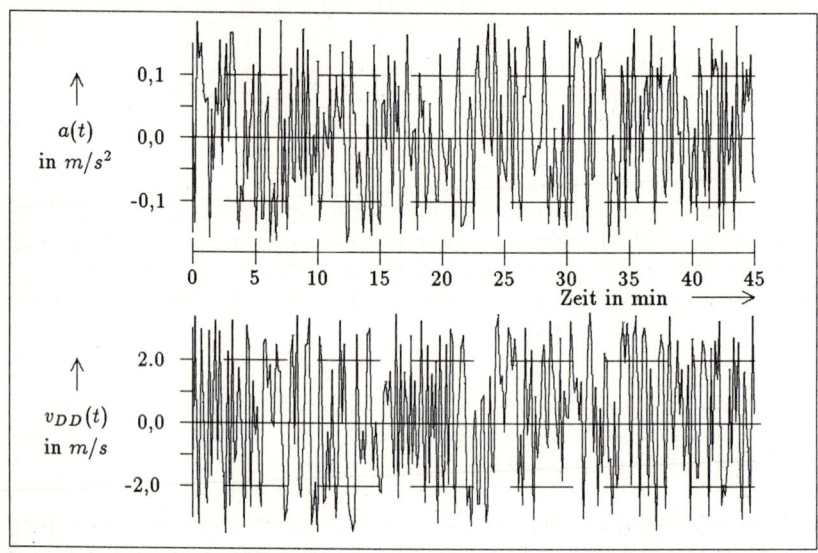

Bild 8.6: Verlauf der Sensorsignale (Beschleunigung, Geschwindigkeit)

Das Nutzsignal des Beschleunigungsmessers und des Dopplersystems ist jeweils
zu Null gesetzt, d.h. das Fahrzeug parkt. Der Nullpunktsfehler, der im Beschleunigungsmessersignal $a(t)$ enthalten ist, beträgt nur $\Delta a(k) = 0,01 m/s^2$ und die
eigentliche Aufgabe des Kalmanfilters besteht in der zahlenmäßigen Bestimmung
dieses Wertes sowie des sich daraus ergebenden Geschwindigkeitsfehlers.

Die Hauptdiagonalelemente p_{ii} der Kovarianzmatrix $\boldsymbol{P}$ beschreiben die Unsicherheiten, mit welcher der Filteralgorithmus die Fehleranteile schätzt. Es gilt

$$\Delta\hat{a}(k) = \Delta a(k) \pm \sqrt{p_{11}}$$
$$\Delta\hat{v}(k) = \Delta v(k) \pm \sqrt{p_{22}} \tag{8.53}$$

Zur Vereinfachung der Berechnung dieses Beispiels kann man die nicht modellierte
Unsicherheit der zu schätzenden Fehlerterme zu Null setzen.

$$E[q_v \cdot q_v] = \sigma^2_{\Delta v} \approx 0$$
$$E[q_a \cdot q_a] = \sigma^2_{\Delta a} \approx 0 \tag{8.54}$$

Alle physikalischen Größen sind in den SI-Einheiten m bzw. s definiert und werden
deshalb nachfolgend weggelassen. angegeben.

Die angegebenen Zahlenwerte führen zu den folgenden Matrizen:

$$\boldsymbol{\Phi} = \begin{pmatrix} 1 & 10 \\ 0 & 1 \end{pmatrix}$$

$$\boldsymbol{Q} = \begin{pmatrix} 0 & 0 \\ 0 & 0 \end{pmatrix}$$

$$\boldsymbol{E}[r^2] = \sigma_r^2 = 2^2 \tag{8.55}$$

Die rekursiven Algorithmen des Kalmanfilters starten von Anfangswerten $\boldsymbol{x}(0)$ und $\boldsymbol{P}(0)$. Der Startwert des Zustandsvektors beträgt $\boldsymbol{o}$, denn zu Beginn der Filterung sei der Fehler zunächst unbekannt. Die Anfangskovarianzmatrix $\boldsymbol{P}_0$ beschreibt die Unsicherheit des zu Null angenommenen Zustandsvektors. Geht man nun von einem Geschwindigkeitsfehler von maximal $\delta v = \pm 2$ und einem Beschleunigungsfehler von maximal $\delta a = \pm 0,01$ aus, dann gilt:

$$\boldsymbol{x}_0 = \begin{pmatrix} 0 \\ 0 \end{pmatrix}$$

$$\boldsymbol{P}_0 = \begin{pmatrix} 4 & 0 \\ 0 & 0,0001 \end{pmatrix} \tag{8.56}$$

Damit liegen alle Matrizen und Vektoren für den eigentlichen Filteralgorithmus vor und die gesuchten Zeitverläufe lassen sich in ein zweistufiges Berechnungsverfahren gliedern:

1. Berechnung der Matrizen $\boldsymbol{P}(k)$ und $\boldsymbol{K}(k)$, wozu die Sensorsignale nicht erforderlich sind.

2. Berechnung der Fehlerkomponenten auf der Basis der bereits berechneten Matrizen $\boldsymbol{P}(k)$ und $\boldsymbol{K}(k)$ und Korrektur der Sensorsignale zur Verbesserung des Fehlerverhaltens des Gesamtsystems.

8.3.1 Verstärkungs- und Kovarianzmatrix

Die Rechnung beginnt mit der Extrapolationsgleichung:

$$\boldsymbol{P}_{(-)}(1) = \begin{pmatrix} 1 & 10 \\ 0 & 1 \end{pmatrix} \cdot \begin{pmatrix} 4 & 0 \\ 0 & 0,0001 \end{pmatrix} \cdot \begin{pmatrix} 1 & 0 \\ 10 & 1 \end{pmatrix} + \begin{pmatrix} 0 & 0 \\ 0 & 0 \end{pmatrix}$$

$$= \begin{pmatrix} 4 & 10^{-3} \\ 0 & 10^{-4} \end{pmatrix} \cdot \begin{pmatrix} 1 & 0 \\ 10 & 1 \end{pmatrix} = \begin{pmatrix} 4,01 & 10^{-3} \\ 10^{-3} & 10^{-4} \end{pmatrix} \tag{8.57}$$

Die Verstärkungsmatrix ergibt sich zu

$$\boldsymbol{K}(1) = \begin{pmatrix} 4,01 & 10^{-3} \\ 10^{-3} & 10^{-4} \end{pmatrix} \begin{pmatrix} 1 \\ 0 \end{pmatrix} \left[\begin{pmatrix} 1 & 0 \end{pmatrix} \begin{pmatrix} 4,01 & 10^{-3} \\ 10^{-3} & 10^{-4} \end{pmatrix} \begin{pmatrix} 1 \\ 0 \end{pmatrix} + 4 \right]^{-1}$$

$$= \begin{pmatrix} 4,01 \\ 10^{-3} \end{pmatrix} \cdot [4,01 + 4]^{-1} = \begin{pmatrix} 0,5006 \\ 1,2484 \cdot 10^{-4} \end{pmatrix} \tag{8.58}$$

und für die neue Kovarianzmatrix folgt aus der up-date Gleichung:

$$\boldsymbol{P}_{(+)}(1) = \begin{pmatrix} 4,01 & 10^{-3} \\ 10^{-3} & 10^{-4} \end{pmatrix} - \begin{pmatrix} 0,5006 \\ 1,2484 \cdot 10^{-4} \end{pmatrix} \begin{pmatrix} 1 & 0 \end{pmatrix} \begin{pmatrix} 4,01 & 10^{-3} \\ 10^{-3} & 10^{-4} \end{pmatrix}$$

$$= \begin{pmatrix} 4,01 & 10^{-3} \\ 10^{-3} & 10^{-4} \end{pmatrix} - \begin{pmatrix} 0,5006 \\ 1,2484 \cdot 10^{-4} \end{pmatrix} \cdot \begin{pmatrix} 4,01 & 10^{-3} \end{pmatrix}$$

$$= \begin{pmatrix} 4,01 & 10^{-3} \\ 10^{-3} & 10^{-4} \end{pmatrix} - \begin{pmatrix} 0,5006 \cdot 4,01 & 0,5006 \cdot 10^{-3} \\ 1,2484 \cdot 10^{-4} \cdot 4,01 & 1,2448 \cdot 10^{-7} \end{pmatrix}$$

$$= \begin{pmatrix} 2,002 & 4,994 \cdot 10^{-4} \\ 4,994 \cdot 10^{-4} & 9,986 \cdot 10^{-5} \end{pmatrix} \tag{8.59}$$

Das Bild 8.7 stellt die Verläufe der beiden Komponenten der Verstärkungsmatrix dar.

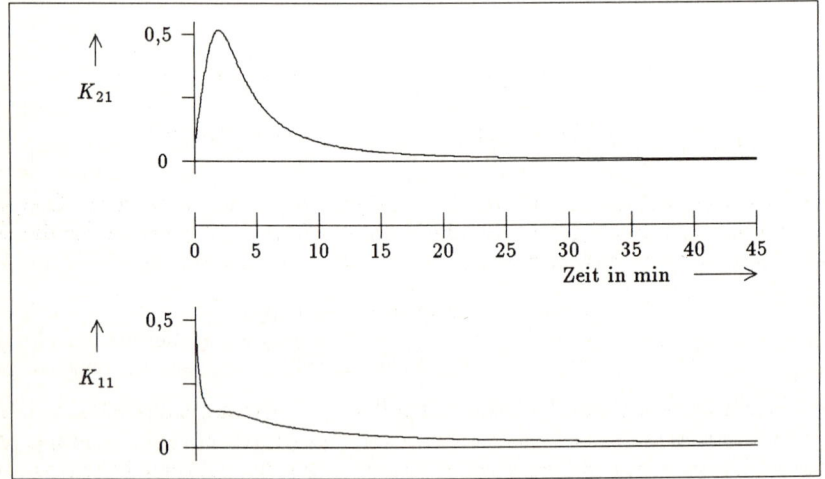

Bild 8.7: Komponenten der Verstärkungsmatrix des Kalmanfilters

Man erkennt, daß für das eingeschwungene Kalmanfilter die Verstärkungsfaktoren gegen Null konvergieren. Für die up-date Gleichungen des Kalmanfilters bedeutet dies die Identität der rekursiven Kovarianzmatrix. Für $\boldsymbol{K}(k) = \boldsymbol{o}$ gilt:

$$\boldsymbol{P}_{(+)}(k) = \boldsymbol{P}_{(-)}(k) \tag{8.60}$$

Auffällig an den Verläufen des Bildes 8.7 ist die relativ lange Einschwingzeit des Filters. Immerhin dauert es ca. 30 min, bis die Verstärkungsmatrix auf Null absinkt. Dieses träge Verhalten ist jedoch typisch für die Filterung eines stark gestörten Signales, denn die Beseitigung von Störamplituden, die, wie in diesem Beispiel das 10fache des Nutzsignales betragen, erfordert lange Filterzeiten. Der Leser kann sich diesen Effekt anschaulich so vorstellen, als ob das Filter die stark gestörten Signalen „voller Geduld so lange beobachtet", bis es aus den stark gestörten Zeitverläufen die um Zehnerpotenzen kleineren und deterministischen Nutzsignale erkennen kann. Mit zunehmender Filterzeit sinkt dann die Unsicherheit des Schätzvorganges. Die entsprechenden Verläufe der Elemente aus der Hauptdiagonalen der Kovarianzmatrix P sind im Bild 8.8 dargestellt.

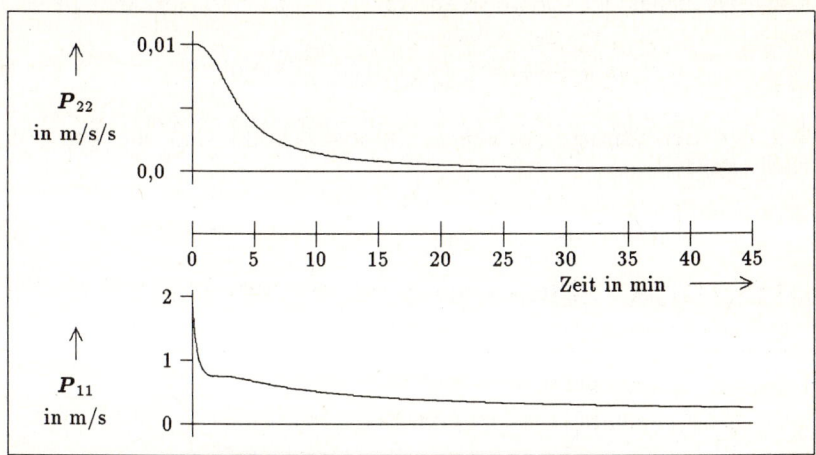

Bild 8.8: Verlauf der Hauptdiagonalelemente der Kovarianzmatrix P

Die Kurven beginnen jeweils mit der Anfangskovarianz entsprechend der Gleichung (8.56) und nach 45 min ergeben sich dann die folgenden Zahlenwerte für die Unsicherheiten der Fehlerschätzung:

$$\Delta a(k) = \Delta a(k)_{\text{wahr}} \pm 0,001$$
$$\Delta v(k) = \Delta v(k)_{\text{wahr}} \pm 0,2 \tag{8.61}$$

Beide Fehleranteile lassen sich demnach mit einer Unsicherheit schätzen, die ca. 1% des wahren Wertes entspricht. Dies ist eine bemerkenswerte Aussage, denn der Zustandsvektor, d.h. die Fehlerkomponenten, wurden bis jetzt überhaupt noch nicht bestimmt und die Messung z ging noch nicht in die Berechnung der Vektoren und Matrizen ein. Es handelt sich hier um eine hervorragende Eigenschaft des Kalmanfilters, denn die Bestimmung der Elemente der Verstärkungsmatrix K, mit denen die Meßwerte später gewichtet werden, und die Ermittlung der Kovarianzmatrix P, die eine Aussage über die erzielbaren Unsicherheiten der Fehlerschätzungen ermöglicht, sind damit unabhängig von den Sensorsignalen. Für viele einfache Anwendungsfälle, die durch statistisch stationäre Störsignale gekennzeichnet sind, genügt damit die einmalige Berechnung und Abspeicherung der Gewichtsfaktoren. Mit den bereits bestimmten Verstärkungs- und Kovarianzmatrizen ergibt sich damit eine drastische Reduzierung der Rechenzeit für den Kalmanfilter-Algorithmus.

8.3.2   Zustandsvektor

Die Berechnung des Zustandsvektors $x(k)$ beginnt mit der Propagation Equation, der Vorhersage gemäß der Gleichung (8.19) :

$$\hat{x}_{(-)}(1) = \begin{pmatrix} 1 & 10 \\ 0 & 1 \end{pmatrix} \cdot \begin{pmatrix} 0 \\ 0 \end{pmatrix} = 0 \tag{8.62}$$

Erst bei der Berechnung des neuen Zustandsvektors sind die Sensorsignale schließlich erforderlich.

$$\hat{x}_{(+)}(1) = 0 + \begin{pmatrix} 0,5006 \\ 1,2484 \cdot 10^{-4} \end{pmatrix} \cdot [z(1) - \hat{x}_{(-)}(1)] \tag{8.63}$$

Die simulierten Signale nehmen zu Beginn der Filterung nach einer Sekunde die folgenden Zahlenwerte an:

$$
\begin{aligned}
v(1) &= -0,033561 \\
v_{DD}(1) &= -1,549121 \\
z(1) &= v(1) - v_{DD}(1) = 1,515560
\end{aligned}
$$

Damit ergibt die Gleichung (8.63) die Zahlenwerte:

$$
\begin{aligned}
\hat{x}_{(+)}(1) &= 0 + \begin{pmatrix} 0,5006 \\ 1,2448 \cdot 10^{-4} \end{pmatrix} \cdot [1,515560 - 0] \\
&= \begin{pmatrix} 0,7587 \\ 1,8865 \cdot 10-4 \end{pmatrix}
\end{aligned}
$$

Man erkennt, daß nach dem ersten Rechenschritt von einer Sekunde der Anfangswert des Geschwindigkeitsfehlers von 0 auf 0,7587 angestiegen ist und gleichzeitig ein Nullpunktsfehler von $1,8865 \cdot 10-4$ geschätzt wurde.

Die weiteren Rechenschritte bestehen in einer laufenden Wiederholung der bisher durchgeführten Operationen. Das Bild 8.9 stellt die Verläufe der geschätzten Fehlerkomponenten graphisch dar. Man sieht, wie der angenommene und deshalb ausnahmsweise bekannte Nullpunktsfehler mit der vorhergesagten, geringen Unsicherheit von 1% aus dem stark gestörten Beschleunigungsmessersignal herausgefiltert wird. Für den Geschwindigkeitsfehler $\Delta v(k)$ ergibt sich der erwartete, linear ansteigende Verlauf, denn es gilt für den bekannten und zur Geschwindigkeit integrierten Nullpunktsfehler die Gleichung:

$$
\begin{aligned}
\Delta v(k+1) &= \Delta a(k) \cdot t \\
&= 0,01 \cdot t = 0,01 \cdot 45 \cdot 60 = 27 m/s
\end{aligned}
$$

Nach 45 min steigt der vom Nullpunktsfehler des Beschleunigungsmessers verursachte Geschwindigkeitsfehler linear auf den Wert von 27 m/s an.

Bei praktischen Anwendungsfällen der Kalmanfiltertechnik hängen die Einschwingzeiten nicht nur von der Größenordnung der Störsignale ab, sondern es kommt mehr noch auf die **Beobachtbarkeit** der Zustandsvariablen an. Die Beobachtbarkeit für das hier vorliegende Beispiel des Beschleunigungsmessersignales basiert auf dem vom Kalmanfilter zu leistenden numerischen Differenzieren des stark gestörten Geschwindigkeitssignales v_{DD}, denn nur dadurch ist der Wert des Nullpunktsfehlers $\Delta a(k)$ des Beschleunigungsmessers aus den gemessenen Geschwindigkeitssignalen v_{DD} zu ermitteln. Bei mehrdimensionalen Systemen führt die starke Kopplung zwischen den einzelnen Meßrichtungen der Sensorsignale häufig zu einer Verbesserung der Beobachtbarkeit, umgekehrt lassen sich solche Zustandsvariablen, die von der Messung völlig unabhängig sind, überhaupt nicht beobachten.

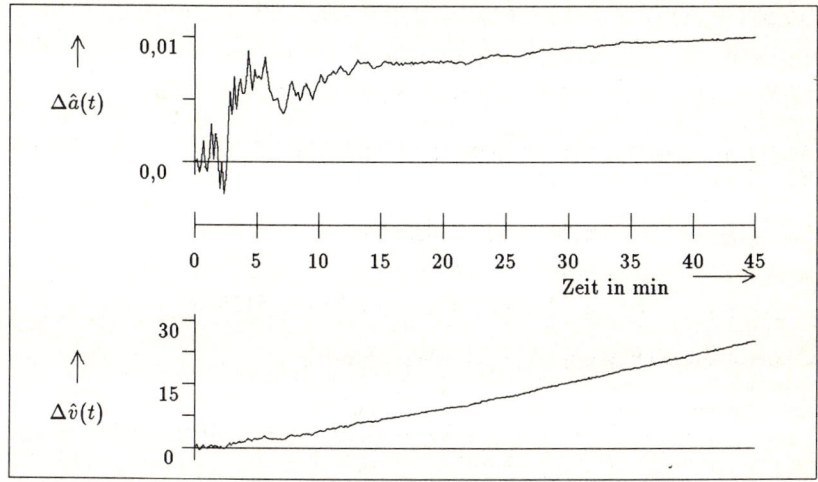

Bild 8.9: Verlauf der geschätzten Fehlerkomponenten

Abschließend läßt sich im Hinblick auf die bei der Anwendung der Kalmanfiltertechnik zu erwartetenden Probleme feststellen, daß die Entwicklung eines geeigneten Fehlermodells, die Definition ausreichend gut beobachtbarer Zustandsvariablen sowie die Modellierung der Rauschsignale zweifellos wesentlich größere Schwierigkeiten verursachen und ausreichende Erfahrung mit dieser Thematik voraussetzen, als die Realisierung des numerischen Rechenverfahrens, dessen Algorithmus z.B. in Form einer Programmbibliothek vorliegen kann.

8.4 Aufgaben

AUFGABE 8.1: Optimale Kombination zweier Sensorsignale

Im Abschnitt 8.3.2 dieses Buches wurde erläutert, wie zwei Sensorsignale mit unterschiedlicher und zeitvariabler Statistik auf optimale Weise zu kombinieren sind. Unter der Annahme eines konstanten statistischen Rauschverhaltens vereinfacht sich die Herleitung der Gewichtsfaktoren. Führen Sie diese Herleitung durch.

Lösung: siehe Abschnitt 8.1.1

AUFGABE 8.2: Eine mechanische Dehnung x werde gleichzeitig mit 2 Sensoren erfaßt. Für die „geschätzte" Dehnung $\hat{x}$ folgt dann,

$$\hat{x} = k_1 \cdot z_1 + k_2 \cdot z_2 \qquad \text{mit} \qquad z_1 = x + v_1 \qquad \text{bzw.} \qquad z_2 = x + v_2$$

wobei v_1, v_2 ein dem wahren Wert überlagertes, hochfrequentes Störsignal mit Erwartungswert

$$E\left[v_1\right] = E\left[v_2\right] = 0$$

ist. Wie sind nun die Gewichtsfaktoren zu wählen, damit für den Fehler der Schätzung $\hat{x} - x = \tilde{x}$ gilt

$$\text{Bedingung I:} \qquad E\left(\tilde{x}\right) = 0$$
$$\text{Bedingung II:} \qquad E\left(\tilde{x}^2\right) = 0$$

Die Lösung dieses Problems erfolgt in zwei Stufen:

Bedingung I:

$$\hat{x} - x = k_1 z_1 + k_2 z_2 - x = k_1 \left(x + v_1\right) + k_2 \left(x + v_2\right) - x = x \left(k_1 + k_2 - 1\right) + k_1 v_1 + k_2 v_2$$

$$E\left[x\left(k_1 + k_2 - 1\right) + k_1 v_1 + k_2 v_2\right] = 0$$

Da der Mittelwert Null ist, gilt

$$E\left[v_1\right] = E\left[v_2\right] = 0$$

und somit folgt

$$k_1 + k_2 - 1 = 0 \qquad \rightarrow \qquad k_1 = 1 - k_2 \qquad \rightarrow \qquad k_1 = k \qquad , \qquad k_2 = 1 - k$$

Eingesetzt in $\hat{x} - x$ ergibt sich

$$\hat{x} - x = k v_1 + (1 - k) v_2 = k \left(v_1 - v_2\right) + v_2$$

Bedingung II:

$$
\begin{aligned}
E\left[(\hat{x} - x)^2\right] &= E\left[k^2 \left(v_1 - v_2\right)^2 + 2 k v_2 \left(v_1 - v_2\right) + v_2^2\right] \\
&= E\left[k^2 v_1^2 + \left(1 + k^2 - 2k\right) v_2^2 - 2 k^2 v_1 v_2 + 2 k v_1 v_2\right]
\end{aligned}
$$

$$E\left[v_1 v_2\right] = 0, \text{ da } v_1, v_2 \text{ unabh.}$$

Für die zu optimierende Bedingung folgt somit:

$$E\left[(\hat{x} - x)^2\right] = E\left[k^2 v_1^2 + (1 - k)^2 v_2^2\right] = k^2 \sigma_1^2 + (1 - k)^2 \cdot \sigma_2^2 \qquad \rightarrow \qquad \min$$

Optimierungsaufgabe:

$$\frac{dE\left[(\hat{x} - x)^2\right]}{dk} = 2 k \sigma_1^2 + 2 (1 - k)(-1) \sigma_2^2 = 0$$

$$k \left(\sigma_1^2 + \sigma_2^2\right) = \sigma_2^2 \qquad \rightarrow \qquad k = \frac{\sigma_2^2}{\sigma_1^2 + \sigma_2^2}$$

Das Ergebnis lautet:

$$\hat{x} = \frac{\sigma_2^2}{\sigma_1^2 + \sigma_2^2} z_1 + \left(1 - \frac{\sigma_2^2}{\sigma_1^2 + \sigma_2^2}\right) z_2 \qquad \text{bzw.} \qquad \hat{x} = \frac{\sigma_2^2}{\sigma_1^2 + \sigma_2^2} z_1 + \frac{\sigma_1^2}{\sigma_1^2 + \sigma_2^2} z_2$$

Als Erwartungswert des Fehlers folgt dann

$$
\begin{aligned}
E\left[(\hat{x} - x)^2\right] &= k^2 \sigma_1^2 + (1 - k)^2 \sigma_2^2 \\
&= \frac{\sigma_2^4 \cdot \sigma_1^2}{(\sigma_1^2 + \sigma_2^2)^2} + \frac{\sigma_1^4 \cdot \sigma_2^2}{(\sigma_1^2 + \sigma_2^2)^2} \\
&= \frac{\sigma_2^4 \cdot \sigma_1^2 + \sigma_1^4 \cdot \sigma_2^2}{(\sigma_1^2 + \sigma_2^2)} = \frac{\sigma_1^2 \cdot \sigma_2^2 (\sigma_1^2 + \sigma_2^2)}{(\sigma_1^2 + \sigma_2^2)^2} \\
&= \frac{\sigma_1^2 \cdot \sigma_2^2}{\sigma_1^2 + \sigma_2^2} \qquad [\text{Parallelschaltung}]
\end{aligned}
$$

AUFGABE 8.3: Spannungsmessung

Eine Spannung werde mit 2 Spannungsmessern nach dem Prinzip der Aufgabe 8.2 bestimmt. Wie sind die Gewichtsfaktoren zu wählen, wenn gilt:

$$U_1 = U \pm 10mV \qquad \text{bzw.} \qquad U_2 = U \pm 50mV$$

Warum liegt hier eine ungünstige Auswahl der Meßgeräte vor?

Lösung:

Die Meßwerte werden nach der Beziehung

$$\hat{U} = \frac{25}{26} \cdot U_1 + \frac{1}{26} \cdot U_2$$

optimal kombiniert. Danach geht jedoch das Meßgerät U_2 nur mit dem zu vernachlässigenden Gewicht von 1 / 26 in den Schätzwert für die Spannung $\hat{U}$ ein. Günstiger wäre eine Kombination von 2 Meßgeräten mit etwa gleich großen Meßfehlern, weil dann eine Reduzierung der Meßunsicherheiten um den Faktor 2 möglich ist.

Literaturverzeichnis

Literatur zu Kapitel 1: Einführung

1. Gelb A., Applied Optimal Estimation, Cambridge, Massachusetts, MIT-Press, 1974

Literatur zu Kapitel 2: Mathematische Grundlagen

1. Bosch K., Mathematik-Taschenbuch, R. Oldenburg Verlag München Wien, 1989,ISBN 3-486-20754-7

2. Papula L., Mathematik für Ingenieure 1, Ein Lehr- und Arbeitsbuch für das Grundstudium, 4. Auflage, Friedr. Vieweg & Sohn, Braunschweig/Wiesbaden, 1988, ISBN 3-528-34236-6

3. Papula L., Mathematik für Ingenieure 2, Ein Lehr- und Arbeitsbuch für das Grundstudium, 4. Auflage, Friedr. Vieweg & Sohn, Braunschweig/Wiesbaden, 1988, ISBN 3-528-34237-4

4. Spiegel M.R., Statistik, MCGraw-Hill Book Company GmbH, Hamburg, 1983, ISBN 0-07-084375-9

Literatur zu Kapitel 3: Digitale Filter

1. Bellanger M.,Digital Processing of Signals, 2nd Edition, B.G. Teubner Stuttgart, 1989, ISBN 3-519-06440-5

2. Kammeyer K.D., Kroschel K.,Digitale Signalverarbeitung, B.G. Teubner Stuttgart, 1989, ISBN 3-519-06122-8

3. Lacroix A., Digitale Filter, Eine Einführung in zeitdiskrete Signale und Systeme, R. Oldenbourg Verlag, ISBN 3-486-20734-2, 1988

4. Leonhard W., Digitale Signalverarbeitung in der Meß- und Regeltechnik, B.G. Teubner Stuttgart, 1989, ISBN 3-519-06120-1

5. Lynn P.A., Fuerst W., Digital Signal Processing with Computer Applications, John Wiley & Sons, ISBN 0-471-91564-5, 1989

6. Openheim A.V., Willsky A.S., Signale und Systeme, Serie Informationstechnologie, VCH Weinheim, 1989, ISBN 3-527-26712-3

7. Openheim A.V., Willsky A.S., Signale und Systeme, Arbeitsbuch, Serie Informationstechnologie, VCH Weinheim, 1989, ISBN 3-527-26846-4

8. Strum R.D., Kirk D.E., Discrete Systems and Digital Signal Processing, Addison-Wesley Publishing Company, 1988, ISBN 0-201-09518-1

9. Widrow B., Stearns S.D., Adaptive Signal Processing, Prentice-Hall, Inc., New Jersey, 1985, ISBN 0-13-004029-01

Literatur zu Kapitel 4: Fourieranalyse

1. Brigham E.O., FFT, Schnelle Fourier-Transformation, 4. Auflage, R. Oldenbourg Verlag, ISBN 3-486-21332-6, 1989

2. Götz H., Einführung in die digitale Signalverarbeitung, B.G. Teubner Stuttgart, 1990, ISBN 3-519-00117-9

3. Lange D., Methoden der Signal- und Systemanalyse, Friedr. Vieweg & Sohn, 2. Auflage, Braunschweig/Wiesbaden, 1986, ISBN 3-528-14341-X

4. Mildenberger O., System- und Signaltheorie, Grundlagen für das informationstechnische Studium, Friedr. Vieweg & Sohn, Braunschweig/Wiesbaden, 1987, ISBN 3-528-03039-9

5. Papoulis A., Signal Analysis, Electrical & Electronic Engineering Series, McGraw-Hill, 4th Printing, 1988, ISBN 0-07-048460-0

6. Roberts R.A., Mullis C.T., Digital Signal Processing, Addison-Wesley Publishing Company, 1987, ISBN 0-201-16350-0

7. Schüßler H.W., Digitale Signalverarbeitung, Band I, Analyse diskreter Signale und Systeme, 2. Auflage, Springer-Verlag Berlin, 1988, ISBN 3-540-18438-4

8. Stearns S.D., Digitale Verarbeitung analoger Signale, R. Oldenbourg Verlag München, 1987, ISBN 3-486-20329-0, 1987

9. Wupper H., Einführung in die digitale Signalverarbeitung, Dr. Alfred Hüthig Verlag Heidelberg, Eltex Studientexte Elektrotechnik, 1989, ISBN 3-7785-1442-3

Literatur zu Kapitel 5: Regressions- und Korrelationstechniken

1. Anderson, T.W., The Statistical Analysis of Time Series, Wiley, New York, 1971

2. Bates, D.M., Watts, D.G. Nonlinear Regression Analysis and its Applications, Wiley, New York, 1988

3. Bendat, J.S., Piersol, A.G., Measurement and Analysis of Random Data, Wiley, New York, 1971

4. Blackman, R.B., Tukey, J.W., The Measurement of Power Spectra, Dover Publ., New York, 1958

5. Box, E.P., Jenkins, G.M. Time Series Analysis, Holden-Day, San Francisco, 1976

6. Davenport, W.B., Root, W.L., Random Signals and Noise, Mc Graw Hill, New York, 1958

7. Fuller, W.A., Introduction to Statistical Time Series, Wiley, New York, 1976

8. Kendall, M.G., Time Series, Griffin, London, 1973

9. Kreyszig, E., Statistische Methoden und ihre Anwendungen, Vandenhoeck & Ruprecht, Göttingen, 1975

10. Laning, J.H., Battin, R.H., Random Processes in Automatic Control, Mc-Graw Hill, New York, 1956

11. Otnes, R.K., Enochson, L., Digital Time Series Analysis, Wiley, New York, 1972

12. Schlitt, H., Systemtheorie für Regellose Vorgänge, Springer, Berlin, 1960

13. Schwarz J., Digitale Verarbeitung stochastischer Signale, R. Oldenburg Verlag München Wien, 1988, ISBN 3-486-20746-6

14. Wehrmann W., u.a., Real-time-Analyse, Industrielle Signal- und Systemanalyse im Zeit- und Frequenzbereich, 2. Auflage, Kontakt & Studium, Band 35, Expert Verlag, 7031 Grafenau 1/Württ., 1982, ISBN 3-88508-726-X

15. Wehrmann W., u.a., Korrelationstechnik, ein neuer Zweig der Betriebsmeßtechnik, 2. Auflage, Kontakt & Studium, Band 14, Expert Verlag, 7031 Grafenau 1/Württ., 1980, ISBN 3-88508-647

Literatur zu Kapitel 6: Trendanalyse-Verfahren

1. Anderson, B.D.O., Moore, J.B., Optimal Filtering, Prentice Hall, Englewood Cliffs, 1979

2. Capellini, V. et al., Digital Filters and their Applications, Academic Press, London, 1978

3. Chatfield, C., The Analysis of Time Series, Chapman and Hall, London, 1980

4. Chen, C., One-dimensional Digital Signal Processing, Marcel Dekker, New York, 1971

5. Durbin, J., Trend Elemination for the Purpose of Estimating Seasonal and Periodic Components of Time Series, Proceedings of the Symposium on Time Series Analysis, 1962

Literatur zu Kapitel 7: Modellierung zufälliger Prozesse

1. Box, E.P., Jenkins, G.M. Time Series Analysis, Holden-Day, San Francisco, 1976

2. Caines, P.E., Linear Stochastic Systems, Wiley, New York, 1988

3. Grant, R.T., The Synthesis of a Random Variable from a Knowledge of its Power Spectrum, Grumman Aircraft Engineering Corp., 1968

4. Jenkins, G.M., Watts, D.G., Spectral Analysis and its Applications, Holden-Day, San Francisco, 1968

5. Truxal, J.G., Entwurf Automatischer Regelsysteme, R. Oldenbourg, Wien, 1960

6. Unbehauen, R., Systemtheorie, R. Oldenbourg, München, 1983

Literatur zu Kapitel 8: Kalmanfiltertechnik

1. Ardalan S.H., Pole/Zero Fast Kalman Echo Cancellation and Application to Actual Measured Telephone Echo, IEEE International Conference on Communications, Chicago, 1985

2. Bellgardt K.H., Kuhlmann W., Meyer H.d., Schuegerl K., Thoma M., Application of an Extended Kalman Filter for State Estimation of a Yeast Fermentation, Gesellschaft für Biotechnologische Forschung, Braunschweig, IEE Proceedings, Part D, 1986

3. Biemond J., Rieske J., Gerbrands J., A Fast Kalman Filter for Images Degraded by Both Blur and Noise, IEEE Transactions on Acoustics, Speech, and Signal Processing, Vol ASSP-31, No. 5, P. 1248-1256, October 1983

4. Brammer K., Siffling G., Stochastische Grundlagen des Kalman-Bucy-Filters,Wahrscheinlichkeitsrechnung und Zufallsprozesse, 2. Auflage, Methoden der Regelungstechnik, R. Oldenburg Verlag München Wien, 1986, ISBN 3-486-20215-4

5. Brammer K., Siffling G., Kalman-Bucy-Filter, Deterministische Beobachtung und stochastische Filterung, 2.Auflage, Methoden der Regelungstechnik, R. Oldenburg Verlag München Wien, 1985, ISBN 3-486-34662-8

6. Fraser D.C, A New Technique for the Optimal Smoothing of Data, MIT Doctoral Thesis, T 474, 1967

7. Jacob Th., Lechner W., Einsatz von Satellitennavigationsempfängern (GPS) für ein integriertes Flugführungssystem zur Landeanflugführung, Internationales Symposium Forschung und neue Technologien im Verkehr, Band 6, 1988, ISBN 3-88585-514-3

8. Hotop H.-J., Lechner W., Stieler B., Probleme bei der bordseitigen Bestimmung der Windverhältnisse mit Optimalfiltern, DGLR/DGON Symposium Fliegen im Flughafen-Nahbereich, Bücherei der Ortung und Navigation, Nr. 120-2, Hamburg, April 1979

9. Koivo A.J., Zhang q., Guo T.H., Industrial Manipulator Control Using Kalman Filter and Adaptive Controller, IFAC Identifiction and System Parameter Estimation, Washington D.C., USA, 1982

10. Leach B.W., An Introduction to Kalman Filtering, National Research Council Canada, NAE MISC 57, March 1984

11. Lechner W., Application of Model Switching and Adaptive Kalman Filtering for Aided Strapdown Navigation Systems Advances in Control and Dynamic Systems, Vol. 20, Part 2 Academic Press, New York, 1983, ISBN 0-12-012720-2

12. Lechner W., Algorithmen zur automatischen 4-dimensionalen Flugbahnführung unter Berücksichtigung der momentanen Windsituation, DFL, FB 84-40

13. Lechner W., Lohl N., Windmapping für Verkehrsflugzeuge, Z.Flugwiss. Weltraumforschung (ZFW), Band 11, 1987

14. Lee T., A Direct Approach to Identify the Noise Covariances of Kalman Filtering, IEEE Trans. Autom. Control AC-25, August 1980

15. Mack G.A., Jain V.K., Speech Parameter Estimation by Time-Weighted-Error Kalman Filtering, IEEE Transactions on Acoustics, Speech, and Signal Processing, Vol ASSP-31, No. 5, P. 1300-1303, October 1983

16. Miller K.S., Leskiw D.M., An Introduction to Kalman Filtering with Applications, Malabar: Robert E. Krieger Publ., ISBN 0-89874-824-0

17. Schrick K., Anwendungen der Kalman-Filtertechnik, Anleitung und Beispiele, R. Oldenburg Verlag München Wien, 1977

18. Schuler H., Modellgestützte meßtechnische Überwachung chemischer Reaktoren, BASF AG, Ludwigshafen, Technisches Messen, 53, 1986

19. Singhal S., Wu L., Training Feed-Forward Networks with the Extended Kalman Algorithm, ICASSP-89, IEEE International Conference on Acoustics, Speech and Signal Processing, IEEE Cat No 89CH2673-2, Glasgow, 1989

Sachwortverzeichnis

Datenkommunikation

Verfahren – Netze – Dienste

von Dieter Conrads

1989. X, 263 Seiten mit 116 Abbildungen und 9 Tabellen.
(Moderne Kommunikationstechnik, Band 1; hrsg. von Firoz Kaderali)
Kartoniert DM 38,80
ISBN 3-528-04589-2

Dieser erste Band der neuen Reihe Moderne Kommunikationstechnik bietet eine fundierte, leicht verständliche Einführung in die grundlegenden Verfahren der Übertragungstechnik und beschreibt alle wichtigen Netzmodelle und Übertragungsprotokolle. Er faßt den derzeitigen Stand der Standardisierungen zusammen und gibt einen Ausblick auf zukünftige Entwicklungen.
Es werden folgende Schwerpunkte behandelt:

- Grundlagen der Datenübertragung
- Lokale Netze (LANs) und digitale Nebenstellenanlagen
- Weitverkehrsnetze
- Netzdienste der Deutschen Bundespost (ISDN)
- Grundlagen der Datenübertragung
- Kommunikationsdienste der Deuschen Bundespost

Zahlreiche Abbildungen erleichtern das Verständnis der wichtigsten Strukturen und Standards. Auf eine mathematische Darstellung wurde weitgehend verzichtet.
Der Band ist somit zugleich einführendes Lehrbuch für den Studenten der Nachrichtentechnik und der Informatik als auch eine Orientierungshilfe für den Praktiker, der sich mit dem Aufbau von Rechnernetzen befaßt.

Dr. *Dieter Conrads* ist am Zentralinstitut für angewandte Mathematik der Kernforschungsanlage Jülich tätig und ist dort für die Planung von Rechnernetzen zuständig.

Vieweg Verlag · Postfach 58 29 · D-6200 Wiesbaden 1

vieweg

Schaltungen der Nachrichtentechnik

von Dieter Stoll

1988. VIII, 198 Seiten mit 154 Abbildungen.
(Viewegs Fachbücher der Technik) Kartoniert DM 39,80
ISBN 3-528-04555-8

Inhalt: Verstärkerschaltungen – Siebschaltungen – Oszillatoren – Gleichrichter – Digital / Analog- und Analog / Digital-Wandler – Modulatoren und Demodulatoren – Digitale Schaltnetze – Digitale Schaltwerke und Zeitglieder – Mikroprozessoren – Optoelektronische Schaltungen.

Dieses Buch gibt einen Einblick in Schaltungen, die vorwiegend im Studium der Nachrichtentechnik, Elektronik und Informatik an Fachhochschulen eine Rolle spielen. Es hilft bei der Entwicklung dieser Schaltungen und bietet einen Überblick.

Die Darstellung ermöglicht dem Praktiker wie dem Studierenden einen verständlichen Zugang.

Prof. Dr.-Ing. *Dieter Stoll* lehrt an der Fachhochschule Konstanz im Fachgebiet Elektrische Nachrichtentechnik.

Vieweg Verlag, Postfach 58 29 · D-6200 Wiesbaden 1